普通高等教育通识类课程教材

信息技术与人工智能

主　编　王锦

副主编　王毅　李宇　杨毅　秦凯　付超

中国水利水电出版社
www.waterpub.com.cn
·北京·

内 容 提 要

　　本书适用于信息技术与人工智能的通识教育，从学生的实际学习需求出发，以新技术的应用为导向，主要介绍相关领域的热点问题，以科普性、技术性的形式进行描述，使用通俗易懂的语言介绍信息技术与人工智能的相关知识。本书主要内容包括现代信息技术概述、物联网技术、信息安全、大数据、人工智能、虚拟现实技术和鸿蒙操作系统等。通过阅读本书，学生可以全面地了解现代信息技术的有关知识。

　　本书配有用于教学的 PPT 与电子课件，既方便教师授课时演示讲解，也有助于学生课后复习，可以作为高职高专院校各专业通识课程的教材，也可以供广大读者学习和了解信息技术与人工智能。

图书在版编目（CIP）数据

信息技术与人工智能 / 王锦主编. -- 北京 ： 中国
水利水电出版社，2025. 8. --（普通高等教育通识类课
程教材）. -- ISBN 978-7-5226-3443-2

Ⅰ. TP3；TP18

中国国家版本馆 CIP 数据核字第 2025AM3378 号

策划编辑：崔新勃　　责任编辑：张玉玲　　加工编辑：王新宇　　封面设计：苏敏

书　　名	普通高等教育通识类课程教材 **信息技术与人工智能** XINXI JISHU YU RENGONG ZHINENG
作　　者	主　编　王锦 副主编　王毅　李宇　杨毅　秦凯　付超
出版发行	中国水利水电出版社 （北京市海淀区玉渊潭南路 1 号 D 座　100038） 网址：www.waterpub.com.cn E-mail: mchannel@263.net（答疑） 　　　　　 sales@mwr.gov.cn 电话：（010）68545888（营销中心）、82562819（组稿）
经　　售	北京科水图书销售有限公司 电话：（010）68545874、63202643 全国各地新华书店和相关出版物销售网点
排　　版	北京万水电子信息有限公司
印　　刷	三河市鑫金马印装有限公司
规　　格	184mm×260mm　16 开本　13 印张　333 千字
版　　次	2025 年 8 月第 1 版　2025 年 8 月第 1 次印刷
印　　数	0001—3000 册
定　　价	42.00 元

凡购买我社图书，如有缺页、倒页、脱页的，本社营销中心负责调换

前　　言

当前，随着 IT 技术在社会生活各个领域的应用和普及，新一轮科技革命和产业变革正在全面重塑现代社会的各个领域。信息技术与人工智能涵盖多个研究领域，实践性强，尤其是科学技术发展迅速，技术更新周期越来越短，导致原有教材滞后于技术发展。目前，针对高职高专院校普及信息技术与人工智能通识教育的教材并不多，为此我们组织编写了具有通识教育特色的信息技术与人工智能教材。本书意在让读者能够对信息技术与人工智能有一个比较全面的了解，对现代信息技术的应用有初步认识。本书按照信息技术的知识领域划分为 7 章。内容包括：现代信息技术概述、物联网技术、信息安全、大数据、人工智能、虚拟现实技术、鸿蒙操作系统等。把目前信息技术与人工智能领域的热点问题以科普性、技术性的形式进行叙述，最大限度地满足不同层次读者的需求。

本书从学生学习信息技术与人工智能的实际学习需求出发，以新技术的应用为导向，坚持理论联系实际的根本原则。编者针对非计算机专业学生的特点，结合多年从事大学生计算机基础课程教学的经验，编写了本书。本书由王锦任主编，由王毅、李宇、杨毅、秦凯、付超任副主编，秦凯审读了本书的内容，付超提供了本书的技术支持。具体编写分工为第 1 章、第 4 章、第 5 章由王锦编写，第 2 章由王毅编写，第 3 章由李宇编写，第 6 章由杨毅编写，附录由秦凯编写。尤其感谢东软熙康健康科技有限公司技术经理付超在本书编写中给予的专业技术支持、提供的相关案例。本书在编写过程中得到了教研室其他老师的大力支持和帮助，他们提出了许多宝贵的意见和建议，在此表示感谢。

由于编者水平有限，书中难免有错误或不妥之处，恳请广大读者批评指正。编者电子邮箱：860021799@qq.com。

编　者

2025 年 5 月

目　录

第 1 章　现代信息技术概述

目前，随着计算机技术和网络的发展，社会已经进入了信息化时代，各种信息技术日新月异。现代信息技术是计算机技术、计算机网络和多种技术应用结合的产物，已经融入人们的日常生活、工作、学习。

1.1　信息技术简介

信息技术（Information Technology，IT）是用于管理和处理信息所采用的各种技术的总称。它涉及信息的获取、存储、加工、传输、展示等多个环节，其目的是通过技术手段，让信息能够更高效、准确、安全地被人们利用，从而满足科学研究、企业管理、教育教学、娱乐休闲等众多领域的需求。

1.1.1　信息技术的定义

信息技术是一个广泛且不断发展的概念，其定义随着时代的进步和科技的发展而不断演变。以下是从不同角度对信息技术定义的描述。

（1）技术角度。信息技术通常被理解为与信息的收集、存储、处理、传输和展示相关的各种技术手段的总和。例如，现代信息处理技术包括数据挖掘、人工智能等，这些技术能够对大量的数据进行分析和处理，从中提取有价值的信息；现代信息传输技术则涵盖了网络通信、无线通信等，确保信息能够快速、准确地在不同地点之间传递。

（2）学科角度。信息技术学科的特点是具有广阔的发展空间。信息技术不仅涉及计算机科学、通信技术等领域，还与数学、物理学等基础学科有着紧密联系。徐晓彤在《信息技术的定义与发展》中指出，信息技术学科的特点就是还有能够发展的空间，了解信息技术的定义与发展，对信息技术在生活中的应用有着重要的研究价值。

（3）管理角度。从管理的角度来看，信息技术在组织和企业中扮演着重要的角色。Y.Bakopoulos 在 *Toward a More Precise Concept of Information Technology* 中提到，信息系统学科中，信息技术的概念至关重要，其多样化的能力和快速的发展是信息系统管理问题的核心。然而，目前仍缺乏一个能够在不同研究中进行比较和概括结果的信息技术定义，这限制了现代信息技术理论的构建和评估。

1.1.2　信息技术的发展

信息技术的发展历程是一个不断创新和变革的过程，从古至今，信息技术经历了以下几个时期。

（1）萌芽阶段。信息技术的萌芽可以追溯到古代的结绳记事、烽火传信等，这些都是古人为了传递和记录信息而创造的简单方法。

（2）电子管和晶体管时代。20 世纪 40 年代末至 50 年代，电子管和晶体管的出现极大地推动了信息技术的发展进程。电子管计算机虽体积庞大、能耗高，但为信息处理提供了基础。

随后晶体管替代了电子管，使计算机体积缩小、运算速度提高、可靠性增强，这一阶段信息技术主要应用于科学计算和军事领域。

（3）集成电路与微处理器时代。随着集成电路的发明和应用，多个电子元件可以集成在一块硅片上，大大提高了电路的集成度和可靠性。微处理器的出现更是革命性地改变了信息技术的面貌，使计算机更加小型化，并拓展到商业、工业和个人使用领域。

（4）个人电脑与网络时代。20 世纪 80 年代，个人电脑开始普及，操作系统、办公软件、图形界面等技术的发展，让电脑更易使用。同时，网络技术的兴起，特别是互联网的普及，加速了信息传播和交流，电子邮件、万维网、搜索引擎等新技术不断涌现，人们可轻松获取和分享全球信息。

（5）移动互联网与云计算时代。进入 21 世纪后，智能手机的普及和移动互联网的发展再一次给信息技术带来巨大变革，人们可随时随地通过移动设备接入互联网获取信息和服务。云计算技术兴起，拓展了数据存储和处理的边界，社交媒体、在线购物、移动支付等新型应用大量出现，改变了人们的生活方式。

（6）人工智能与大数据时代。近年来，人工智能和大数据技术迅猛发展。人工智能在语音识别、图像处理、自然语言处理等领域取得了显著进展，使机器能更深入地理解和处理人类语言和信息。大数据技术则让企业和政府能更有效地分析和利用海量数据，为决策提供科学依据。

1.1.3　信息技术的分类

信息技术可以从技术功能和应用领域进行分类。

1.　技术功能

（1）信息获取技术。信息获取技术主要如下。

1）传感器技术。传感器是一种能感受规定的被测量信息，并按照一定的规律转换成可用信号的器件或装置。例如，温度传感器可将环境温度转换为电信号，压力传感器能把压力变化转换为可测量的信号。在工业自动化领域，通过在生产设备上安装各种传感器，可以实时获取设备的运行状态信息，如温度、压力等参数，用于监测设备是否正常运行。

2）数据采集技术。数据采集技术主要用于从各种数据源收集数据。例如，在市场调研中，可以通过问卷调查软件收集消费者的意见和数据；在气象观测中，通过气象站的数据采集设备收集温度、湿度、风速、风向等气象数据。这些数据可以是结构化的（如数据库中的表格数据），也可以是非结构化的（如文本、图像、音频等）。

（2）信息存储技术。信息存储技术主要如下。

1）磁性存储技术。如硬盘是计算机中最常见的磁性存储设备，它利用磁性材料的磁化方向来存储二进制数据。硬盘具有存储容量大、数据保存时间长等优点，能够存储操作系统、应用程序、用户文件等各种数据。其工作原理是在高速旋转的盘片上，通过磁头的读写操作来实现数据的存储和读取。

2）光学存储技术。如光盘（CD、DVD、蓝光光盘）通过激光在记录层上烧蚀出不同的凹坑和平面来表示二进制数据。光盘具有成本低、便于携带等特点，常用于存储音频、视频、软件安装程序等数据。蓝光光盘由于其更高的存储密度，能够存储高清视频等大容量数据。

3）半导体存储技术。如随机存取存储器（Random Access Memory，RAM）和闪存。RAM

是计算机的主存储器，用于临时存储正在运行的程序和数据，其特点是读写速度快，但断电后数据丢失。闪存则广泛应用于 U 盘、固态硬盘（Solid State Disk，SSD）等设备中，它具有读写速度快、体积小、抗震性强等优点，是一种非易失性存储器，即使断电数据也不会丢失。

（3）信息处理技术。信息处理技术主要如下。

1）数据处理软件。如电子表格软件（Excel），它可以对大量的数据进行排序、筛选、分类汇总等操作。例如，企业财务人员可以使用 Excel 对财务报表数据进行处理，计算各种财务指标。还有专业的数据处理软件，如社会科学统计软件包（Statistical Package for the Social Sciences，SPSS）用于统计分析，它可以进行数据的相关性分析、方差分析等复杂的统计操作，帮助科研人员和市场分析师从数据中提取有价值的信息。

2）数据库管理软件。数据库管理系统（Database Management System，DBMS）用于组织、存储和管理大量的结构化数据。例如，企业的客户关系管理系统（Customer Relationship Management，CRM）和企业资源规划系统（Enterprise Resource Planning，ERP）都依赖数据库管理技术。常见的数据库管理系统有 Oracle、MySQL、SQL Server 等。通过结构化查询语言（Structured Query Language，SQL），可以对数据库中的数据进行插入、删除、查询和修改等操作，实现数据的高效管理。

（4）信息传输技术。信息传输技术主要如下。

1）有线通信技术。有线通信技术的传播介质包括双绞线、同轴电缆和光纤等。双绞线主要用于短距离的网络连接，如家庭和办公室的局域网布线；同轴电缆具有较好的抗干扰能力，曾广泛用于有线电视网络和早期的计算机网络；光纤则是目前最先进的有线通信介质，它通过光信号在光纤纤芯中的全反射来传输数据，具有传输速度快、带宽大、损耗小等优点，是长途通信和高速网络的主要传输介质。

2）无线通信技术。如无线电通信、微波通信、卫星通信和移动通信等。无线电通信用于广播、对讲机等短距离通信；微波通信适用于地面的短距离大容量通信，如城市之间的通信链路；卫星通信可以实现全球范围内的通信，如电视信号的全球转播、远洋船舶与陆地的通信等；移动通信是目前应用最广泛的无线通信技术，包括从早期的 2G 到现在的 5G 等，用于移动电话、移动互联网接入等。

（5）信息展示技术。信息展示技术主要如下。

1）图形用户界面。操作系统（如 Windows、macOS、Linux 等）都提供了图形用户界面（Graphical User Interface，GUI）。用户可以通过窗口、图标、菜单和鼠标操作等方式，直观地与计算机进行交互。例如，用户可以通过单击桌面上的图标打开对应的应用程序，又可以通过菜单执行各种命令。GUI 还包括图形化的软件界面设计，使得软件更易于使用。

2）多媒体展示技术。多媒体展示技术可以展示多种类型的信息，如在网页中嵌入图片、视频、音频等多媒体元素，使网页内容更加丰富生动；在数字展厅中通过大屏幕展示高分辨率的图片、播放视频介绍等方式来展示展品信息。多媒体展示技术还包括虚拟现实（Virtual Reality，VR）和增强现实（Augment Reality，AR）技术，VR 可以让用户沉浸在虚拟的环境中，AR 则是将虚拟信息叠加在现实场景中。

2. 应用领域

（1）办公信息化技术。如文字处理软件 Word、演示文稿软件 PowerPoint、邮件客户端 Outlook 等，这些软件可以提高办公效率，方便企业和机构的日常办公。还有办公设备，如打印机、复印机、扫描仪等，用于文档的打印、复印和数字化处理等。

（2）教育信息化技术。教育信息化技术包括在线教育平台技术（如 Coursera、网易云课堂等）和教育资源管理技术。在线教育平台技术包括课程视频播放技术、在线测试技术、师生互动技术等。教育资源管理技术用于学校和教育机构对教学资源（如教材、课件、教学计划等）的存储、分配和管理。

（3）医疗信息化技术。如医院信息系统（Hospital Information System，HIS）技术，用于管理医院的患者信息、病历、诊断、治疗等数据。又如远程医疗技术，通过网络实现医生和患者之间的远程会诊、远程监测等功能，涉及视频通信技术、医疗设备数据传输技术等。

（4）工业信息化技术。如工业自动化技术，通过传感器、控制器和执行器等设备实现工业生产过程的自动化控制。又如工业大数据技术，用于收集、分析工业生产过程中的大量数据，以优化生产流程、提高产品质量和降低成本。

（5）娱乐信息技术。如视频游戏技术，包括游戏开发引擎技术（如 Unity、Unreal Engine，用于制作各种类型的游戏）、游戏的网络对战技术、虚拟现实游戏技术等。此外，娱乐信息技术还包括流媒体技术，用于在线视频（如腾讯视频、爱奇艺）和在线音乐（如 Spotify、QQ 音乐）等娱乐内容的播放。

1.2　现代信息技术的应用

1.2.1　物联网

物联网（Internet of Things，IoT）是现代信息技术的重要组成部分，是通过射频识别技术（Radio Frequency Identification，RFID）、红外感应器、全球定位系统、激光扫描器等信息传感设备，按约定的协议把物品与互联网连接起来，进行信息交换和通信，以实现对物品的智能化识别、定位、跟踪、监控和管理的一种网络。

物联网的关键技术包括硬件技术和软件技术。

（1）硬件技术。硬件技术主要包括传感器技术、RFID 和无线通信技术等。传感器能够将探测到的物理、化学和生理等信息转换成电信号或其他所需形式的信息并发送；RFID 是一种非接触式的自动识别技术，具有不怕污损、可穿透障碍物、支持大容量数据存储和修改等优点；无线通信技术则是连接物联网设备的重要手段，包括蓝牙、Wi-Fi、Zigbee、无线载波通信技术（Ultra Wide Band，UWB）、远距离无线电（Long Range Radio，LoRa）等多种技术。

（2）软件技术。软件技术主要包括云计算、大数据分析、人工智能等。云计算通过互联网提供资源，实现服务的增加、使用和交付；大数据用于对海量物联网数据进行挖掘和分析，提取有价值的信息；人工智能则使物联网设备能够具备智能决策和自主学习的能力。

近年来，物联网产业在全球范围内呈现出快速发展的态势。我国也高度重视物联网技术和产业发展，出台了一系列政策支持，物联网基础设施加快布局，产业规模稳步增长，技术创新持续发力，行业应用不断拓展。截至 2023 年年底，我国 5G 基站总数达 337.7 万个，全国行政村连通 5G 的比例超过 80%，窄带物联网规模全球最大，实现了全国主要城市乡镇以上区域连续覆盖，物联网连接数保持高速增长，用户规模取得新突破。

未来，物联网将构成空天地海一体化的移动群智感知网络，连接数呈指数型增长，群体智能的技术能力将显著增强，向多类感知群体互动、多种计算模式互动、"感算控"多个系统层次互动的"群智互动感知"新阶段发展。同时，物联网技术将不断与区块链、边缘计算、云计算等新技术融合，推动数字经济和实体经济的深度融合，为经济社会发展创造更大的价值。

1.2.2　信息安全

信息安全是指为数据处理系统建立和采用的技术和管理的安全保护，其目的是保护计算机硬件、软件和数据不因偶然和恶意的原因而遭到破坏、更改和泄露，确保信息的保密性、完整性和可用性。

在数字化时代，个人信息的收集和存储无处不在。从网上购物记录、社交媒体账号信息到医疗记录等，这些信息包含了个人身份、财务状况、健康状况等诸多敏感内容。信息安全措施能够防止这些隐私信息被窃取、滥用。例如，通过加密技术保护用户在移动支付平台上的银行卡信息，防止黑客获取用户的资金账户细节，避免用户遭受经济损失和个人隐私泄露带来的骚扰。另外，个人的通信内容也需要保护。如电子邮件、即时通信等信息，如果没有信息安全防护，可能会被第三方拦截查看。信息安全确保个人通信的保密性，维护个人的通信自由和隐私。

企业拥有大量的商业机密，如产品研发资料、客户名单、营销策略、财务数据等。这些商业机密是企业的核心竞争力所在。信息安全措施可以防止竞争对手通过网络攻击或内部人员泄露获取这些机密信息。例如，一家科技公司正在研发的新技术细节如果被泄露，可能会导致竞争对手提前推出类似产品，抢占市场份额，使该企业遭受巨大的经济损失。数据泄露事件可能会对企业声誉造成严重损害。一旦客户信息、企业内部信息等敏感数据泄露，客户会对企业的信任度下降。良好的信息安全管理可以避免这种情况发生，确保企业在市场上的信誉和形象，从而保障企业的长期稳定发展。例如，金融机构如果频繁出现信息安全事故，客户就会担心自己的资金安全，进而选择其他金融机构。企业依赖信息技术来开展日常业务，如 ERP 系统、CRM 系统等。网络攻击或信息系统故障可能会导致业务中断。信息安全措施如备份恢复技术、灾难恢复计划等，可以在遭受攻击或故障时，快速恢复企业业务，减少业务中断带来的损失。例如，在遭受勒索软件攻击后，企业可以利用备份数据快速恢复系统，继续开展业务。

从国家层面来看，信息安全也是重中之重。军事信息系统存储着大量涉及国家安全的军事战略、武器装备数据、军事行动部署等信息。信息安全能够防止这些机密军事信息被外国情报机构窃取，确保国家军事战略的保密性、完整性和可用性。例如，通过先进的加密通信技术，保障军事指挥系统的信息传输安全，使军事命令能够准确无误地传达，避免军事行动受到干扰。国家的经济运行依赖金融、能源、交通等关键基础设施。保障这些设施的信息安全，能够防止外部势力对国家经济的恶意干扰。例如，在金融领域，信息安全措施可以防止金融市场数据被操纵，避免金融系统崩溃，维护国家经济的稳定运行。信息安全也与社会稳定息息相关。传播恶意的网络信息，如谣言、恐怖主义宣传等，可能会引发社会动荡。通过信息安全手段，如网络内容监管、信息过滤等，可以有效遏制这些有害信息的传播，维护社会秩序。

1.2.3　大数据技术

大数据（Big Data）是指无法在一定时间范围内用常规软件工具进行捕捉、处理和管理的数据集合。这些数据具有海量的数据规模（Volume），快速的数据流转和动态的数据体系（Velocity），多样的数据类型（Variety）以及价值密度低但商业价值高（Value）的特点，即"4V"特性。大数据技术则是从各种各样大数据中，快速获得有价值信息的技术，包括数据的采集、存储、清洗、分析挖掘、可视化等一系列环节。它涉及计算机科学、统计学、数学等多个学科领域。

在商业领域，大数据技术使企业能够收集和分析消费者的各种信息，如购买历史、浏览行为、社交媒体互动等。通过这些数据，企业可以深入了解消费者的需求、偏好和购买习惯。例如，电商平台可以根据消费者的历史购买记录和浏览行为，精准地推送符合其兴趣的商品推荐。这种精准营销能够提高营销活动的转化率，增加销售额，同时也提升了消费者的购物体验。企业还可以利用大数据进行客户细分。通过聚类分析等技术，将客户细分为不同的群体，针对每个群体的特点制定个性化的营销策略。比如，化妆品公司可以根据客户的年龄、肤质、购买频率等因素将客户分为不同的细分市场，然后为每个细分市场推出专门的产品系列和促销活动。在产品研发阶段，大数据可以提供有价值的市场反馈。企业可以收集消费者对现有产品的评价、投诉和建议等数据，了解产品的优点和不足。例如，通过分析用户在产品评价网站上的反馈，手机制造商可以发现消费者对手机电池续航、相机功能等方面的需求，从而在下一代产品研发中针对性地进行改进。大数据还可以用于产品功能的优化。例如，软件公司可以通过分析用户使用软件的行为数据，比如各个功能模块的使用频率、使用时间等，来确定哪些功能是用户常用的，哪些功能需要优化或废弃，从而不断完善产品功能，提高产品的竞争力。

在金融领域，大数据技术对于风险评估至关重要。银行和金融机构可以利用大数据分析借款人的信用记录、收入稳定性、消费行为等多维度数据，建立更加准确的信用评估模型。例如，通过分析借款人的信用卡还款记录、贷款历史以及其他金融交易数据，评估其信用风险，从而决定是否给予贷款以及贷款的额度和利率。企业在供应链管理中也可以利用大数据进行风险预测。通过分析供应商的交货时间、产品质量、市场价格波动等数据，企业可以提前识别潜在的供应中断风险、质量问题风险等，并采取相应的措施，如寻找备用供应商、调整库存策略等，以降低风险对企业运营的影响。

在政府和公共服务领域中，政府部门可以利用大数据技术收集和分析社会经济、人口、环境等多领域的数据，为公共政策的制定提供科学依据。例如，在城市规划方面，通过分析城市人口分布、交通流量、土地利用等数据，政府可以合理规划城市的基础设施建设，如确定公共交通线路、医院和学校的布局等。大数据还可以用于政策效果的评估。政府在实施某项政策后，可以通过收集相关的数据来评估政策是否达到了预期目标。例如，在环保政策方面，通过分析空气质量监测、企业污染物排放等数据，评估环保政策对环境质量改善的效果，以便及时调整和优化政策。在公共安全领域，大数据技术发挥着重要作用。警方可以利用大数据分析犯罪模式、犯罪热点地区等信息，合理调配警力资源，进行精准打击犯罪活动。例如，通过分析犯罪案件的时间、地点、类型等数据，发现犯罪活动的高发区域和时间段，加强这些区域和时间的巡逻和防控。在应急管理方面，如自然灾害、公共卫生事件等紧急情况下，大数据可以帮助政府快速获取信息、进行应急决策。对于公共服务机构，如医院和学校，大数据技术也有助于服务质量的提升。医院可以通过分析患者的病历、治疗效果、候诊时间等数据，优化医疗服务流程，提高医疗效率；学校可以通过分析学生的学习成绩、学习行为、心理健康等数据，为学生提供个性化的教育服务。

在科学研究领域，大数据技术促进了跨学科研究的发展。它可以整合不同学科的数据，为跨学科研究提供数据基础。例如，在环境科学和社会科学的交叉领域，通过整合气象、地理、人口等数据，研究气候变化对人类社会的影响。这种跨学科研究有助于打破学科壁垒，推动科学的全面发展。

1.2.4　人工智能技术

人工智能（Artificial Intelligence，AI）是一门融合了计算机科学、神经生理学、心理学、语言学、哲学等多种学科互相渗透发展的综合性学科。

从狭义来讲，人工智能是指计算机系统能够执行通常需要人类智能才能完成的任务，例如学习、推理、解决问题等。比如智能语音助手，像苹果的 Siri、小米的小爱同学等，它们可以理解用户的语音指令（如查询天气、设置闹钟等），并进行相应的操作，这展现了人工智能在自然语言理解和任务执行方面的能力。从广义来讲，人工智能是指人类制造的、能够模拟人类智能的系统，包括机器感知（视觉、听觉等）、机器学习、机器思维、机器行为等多个方面。以自动驾驶汽车为例，车辆通过各种传感器（摄像头、雷达等）感知周围环境，就像人的眼睛和耳朵一样；利用机器学习算法对路况和交通信号等进行分析判断，做出驾驶决策，体现了机器思维；通过控制汽车的转向、加速和刹车等部件实现机器行为。

人工智能对于现代社会的发展有很重要的意义。在工业制造领域，人工智能驱动的机器人和自动化系统可以实现 24 小时不间断地工作。例如，汽车制造工厂中，智能机器人能够精准地完成焊接、喷漆等复杂工序，且工作速度比人工快很多。这些机器人通过预先编程和机器学习算法不断优化工作流程，大大提高了生产效率。同时，在物流仓库中，自动分拣机器人可以快速识别并搬运货物，减少了人工分拣的时间并降低了错误率，提高了物流配送的整体效率。

人工智能可以对资源进行精细化管理。以能源管理为例，智能电网系统利用人工智能算法实时监测和分析电力需求和供应情况。根据不同时段的用电负荷、电价等因素，合理分配电力资源，如将电力优先供应给急需的工业生产环节，或者引导居民在低谷电价时段用电。

在农业方面，通过对土壤肥力、气候条件等数据的分析，人工智能可以帮助农民精准地确定种植作物的种类、施肥量和灌溉时间，实现农业资源的高效利用。

在天文学领域，人工智能算法可以处理海量的天文观测数据。例如，对来自太空望远镜的星系图像数据进行分析，能够自动识别星系的类型、结构和演化阶段。在基因测序方面，人工智能能够快速处理大量的基因数据，帮助科学家发现基因与疾病之间的潜在联系。科学家利用人工智能学习模型分析基因表达数据，可以预测某些基因变异可能导致的疾病风险，加速生命科学研究的进程。

在气候科学中，人工智能可以模拟大气环流、海洋洋流等复杂的自然现象。通过构建复杂的气候模型，结合大量的气象数据，预测气候变化趋势、极端天气事件的发生概率等。在材料科学中，人工智能可以模拟材料的微观结构和性能之间的关系，帮助研究人员设计新型材料。例如，预测某种新型合金在不同温度和压力下的强度和韧性，从而为材料的研发提供理论支持。

人工智能在疾病诊断方面发挥着重要作用。它可以辅助医生对疾病进行早期筛查，例如利用深度学习算法分析视网膜图像来检测糖尿病视网膜病变，这种早期检测能够及时发现疾病，提高治疗的成功率。在康复治疗中，人工智能康复设备可以根据患者的运动能力和康复进程，提供个性化的康复训练方案，帮助患者更快地恢复身体机能。

在交通运输方面，自动驾驶技术有望减少交通事故的发生；智能交通系统可以实时监控交通状况，为驾驶者提供最佳的行驶路线建议，减少交通拥堵。例如，通过手机上的交通导航应用，用户可以避开拥堵路段，节省出行时间。同时，在公共交通领域，人工智能可以优化公交和地铁的运营调度，提高公共交通的服务质量。

在影视制作方面，人工智能可以协助生成特效场景、预测电影票房等。例如，一些电影中的虚拟场景是通过人工智能技术合成的，为观众带来了更加震撼的视觉体验。在音乐创作领域，人工智能算法可以根据用户设定的风格、节奏等要求生成音乐作品，为音乐创作者提供灵感，也为普通用户提供了更多个性化的音乐选择。

通过对人工智能研究，人类可以更好地认知自身。例如，神经网络的学习机制可以类比人类大脑的神经元活动，研究人工智能的学习过程有助于揭示人类学习、记忆和思考的奥秘。同时，在语言理解方面，自然语言处理系统的研究可以帮助人们深入了解人类语言的生成和理解机制。

1.2.5　虚拟现实技术

虚拟现实（Virtual Reality，VR）是一种利用计算机技术生成的、可以让用户沉浸其中的虚拟环境，主要包括显示技术、感知交互技术和声音技术。它通过模拟视觉、听觉、触觉等多种感官信息，使用户感觉仿佛置身于一个真实的或者虚构的场景之中。例如，在一个VR游戏中，玩家戴上VR头盔后，能够看到一个栩栩如生的游戏世界，仿佛自己就身处这个充满奇幻色彩的场景之中。头盔中的显示屏会根据游戏内容显示出不同的画面，如在一个古代城堡的场景里，玩家能看到城墙上的砖石纹理、远处的山川河流等；同时，耳机里会传来相应的环境音效，如风吹过城堡的呼啸声、远处士兵的呐喊声等，这种全方位的感官体验让玩家产生强烈的沉浸感。

在教育领域，虚拟现实技术可以将抽象的知识转化为生动的、沉浸式的学习体验。例如在历史教学中，学生可以通过VR设备"穿越"回古代，身临其境地感受历史事件发生的场景。他们可以在虚拟的古希腊城邦中漫步，观察公民大会的召开，聆听哲学家的演讲，这种沉浸式体验能够让学生更好地理解历史背景和文化氛围，比传统的书本教学更能激发学生的学习兴趣。对于一些具有危险性或者成本高昂的实验操作，虚拟现实提供了一个安全且经济的替代方案。在化学实验教学中，学生可以在虚拟现实实验室中进行各种危险化学品的实验，如爆炸实验。即使操作失误，也不会造成人身伤害和财产损失。在医学教育方面，医学生可以在虚拟人体上进行手术操作练习，熟悉手术流程，降低在真实人体上进行手术的风险。VR技术可以根据学生的学习进度和特点提供个性化的学习内容。例如，在语言学习中，通过创建不同难度等级和场景的虚拟语言环境，学生可以根据自己的语言水平选择合适的场景进行交流练习。

在文化产业方面，VR技术为游戏产业带来了全新的体验模式。玩家不再是简单地通过键盘操作游戏角色，而是真正地"置身"于游戏世界中。以角色扮演游戏为例，玩家可以在虚拟的奇幻世界中与其他玩家进行面对面的互动，体验更加真实的战斗、探险等情节。这种沉浸式的游戏体验可以吸引更多玩家，推动了游戏产业的创新和发展。在文化领域，VR 技术可以让人们以全新的方式体验文化遗产和艺术作品。例如，通过 VR 技术可以创建虚拟博物馆，观众可以在虚拟的展厅中近距离观赏世界各地的文物，甚至可以观察文物的内部结构；对于艺术展览，VR 技术可以将二维的绘画作品转化为三维的沉浸式体验，观众可以在虚拟空间中围绕作品"行走"，感受艺术家的创作意图，这种方式为文化传播和交流提供了新的途径。

在建筑设计、工业产品设计等领域，VR 技术可以让设计师和客户在设计阶段就能够直观地体验设计成果。以建筑设计为例，设计师可以使用 VR 设备在虚拟建筑中行走，检查建筑空间的布局、采光、通风等情况，及时发现设计中的问题并进行修改。对于工业产品设计，设计师可以在虚拟环境中对产品的外观、人机工程学等方面进行评估，减少设计错误，提高设计效率。

在工业制造过程中，VR 技术可以为分布在不同地理位置的团队提供远程协作平台。例如，工程师可以通过 VR 设备在虚拟的工厂环境中共同讨论设备的安装、调试等问题。他们可以在虚拟环境中对设备进行可视化操作，就像在现场一样，这种远程协作方式可以节省时间和成本，提高工作效率。

1.3　信息技术的未来

信息技术未来会从以下几个方面发展。

（1）人工智能与机器学习继续深化。深度学习技术将不断进步，未来的 AI 系统将能更好地理解人类语言、情感及意图，具备更强的学习与推理能力，可从更少的数据中快速提取有用信息并作出精准决策。AI 会在更多行业实现深度应用与融合，如医疗领域的智能诊断辅助系统、教育领域的个性化学习方案推荐、交通领域的自动驾驶技术与智能交通管理等，推动各行业的智能化升级，创造全新的商业模式和服务形态。

（2）物联网与边缘计算融合发展。物联网将继续拓展连接的广度与深度，通过大量低成本传感器和智能设备广泛部署，实现对环境、物体乃至人体状态的实时监测与控制。通过物联网与边缘计算技术的结合，数据可以在接近数据源的地方进行处理和分析，提高响应速度和服务质量，为智慧城市、智能家居、工业互联网等领域的发展提供有力支撑。企业能够借助物联网与边缘计算实现生产过程的智能化监控、预测性维护以及资源的优化配置，提高生产效率、降低成本，加速产业的数字化转型和创新发展。

（3）云计算与大数据的进一步拓展。云计算将不断拓展服务的范围和功能，除传统的计算、存储和网络服务外，还将融合人工智能、大数据、物联网等技术，形成更加综合、强大的云服务平台。企业和开发者可以更便捷地获取和使用各种云服务，快速构建和部署应用程序，推动业务创新和发展。随着数据量的持续增长，大数据技术将不断创新和完善，更高效地处理和分析海量、多源、异构的数据。通过深入挖掘大数据中的价值，企业可以更好地了解市场需求、客户行为和竞争对手，优化业务决策、提升运营效率、开展精准营销等，实现数据驱动的业务增长。

（4）区块链技术的广泛应用。区块链的去中心化、不可篡改、透明且可追溯等特点，使其在构建信任机制方面具有独特优势。除了数字货币领域，区块链技术未来还将在供应链管理、版权保护、身份认证、电子票据、公益捐赠等众多领域得到广泛应用，增强交易透明度、降低欺诈风险，提高数据和业务的安全性与可信度。区块链技术可以简化和优化复杂的业务流程，实现多方之间的高效协作和信息共享，降低信任成本和沟通成本。例如，在跨境贸易、金融结算、医疗健康等领域，区块链技术有望打破传统的中心化模式，构建更加公平、高效、可信的业务生态系统。

（5）5G 及下一代通信技术的发展。5G 的低延迟、高带宽、大容量特性将推动更多创新应用的发展，如远程医疗、工业自动化、高清视频会议、云游戏等。随着 5G 网络的不断建设和完善，其在各个行业的应用将不断深化，为经济社会发展提供更强大的支撑。

全球科研机构和企业已着手 6G 等下一代通信技术的研究，6G 有望实现更高速率、更低延迟、更广连接的通信能力，为未来的智能社会、数字经济等提供更优质的通信基础设施。6G 等下一代通信技术还将与人工智能、物联网、卫星通信等技术深度融合，形成空天海地一体化的通信网络，满足未来各种复杂场景下的通信需求。

（6）虚拟现实与增强现实技术的发展。VR 和 AR 技术将不断提升沉浸感和交互性，为用户带来更加逼真、自然的虚拟和增强现实体验。在游戏、娱乐、教育、文化等领域，人们可以通过 VR 和 AR 设备身临其境地感受虚拟世界、探索历史文化、参与互动式学习和娱乐活动，推动数字内容产业的发展。除了消费级应用，VR 和 AR 技术还将在工业设计、建筑规划、教育培训、军事模拟、远程协作等领域得到更广泛的应用。

（7）网络安全的创新。随着信息技术的广泛应用，网络安全威胁日益复杂和多样化，数据泄露、黑客攻击、恶意软件等问题将更加突出。未来的网络安全技术将不断创新和发展，采用零信任架构、多因素认证、行为分析、威胁情报等多种手段，加强对网络和数据的保护，提高安全防护能力。

在数字化时代，个人隐私和数据安全成为人们关注的焦点。信息技术将更加注重隐私保护，通过加密技术、匿名化处理、数据权限管理等措施，确保用户的个人信息不被泄露和滥用，同时满足企业和社会对数据的合理利用需求。

思 考 题

1．什么是信息技术？
2．现代信息技术的发展经历了哪几个阶段？
3．现代信息技术从应用领域角度可以划分为哪几类？

第 2 章　物联网技术

2.1　物联网概述

物联网起源于传媒领域，是信息科技产业的第三次革命。近几年，通信技术和智能设备的快速发展，各国的政策支持、技术研发使物联网技术和物联网产业得到迅速发展和广泛应用。

2.1.1　物联网的发展背景

物联网的发展历程可以分为三个主要阶段：萌芽期、初步发展期以及高速发展期。

1．萌芽期（1991—2004 年）

1995 年，比尔·盖茨在《未来之路》一书中构想了物物互联，只是当时受限于无线网络、硬件及传感设备的发展，并未引起世人的重视。1998 年，美国麻省理工学院创造性地提出了当时被称作电子代码系统（Electronic Product Code，EPC）的"物联网"构想。

1999 年，美国麻省理工学院首先提出物联网的定义，将其定义为通过 RFID 和条码等信息传感设备与互联网连接起来，实现智能化识别和管理的网络，物联网开始受到关注。同年，在美国召开的移动计算和网络国际会议中提出"传感网是下一个世纪人类面临的又一个发展机遇"。

2003 年，美国《技术评论》将传感网络技术列为改变未来生活的十大技术之首。

2004 年，"物联网"这个术语开始出现在各种书名中，并在媒体上传播。

2．初步发展期（2005—2009 年）

2005 年 11 月 17 日，国际电信联盟（International Telecommunication Union，ITU）发布了《ITU 互联网报告 2005：物联网》，报告指出，无所不在的"物联网"通信时代即将来临，世界上所有的物体都可以通过因特网主动进行交换。RFID、传感器技术、纳米技术、智能嵌入技术将得到更加广泛的应用，这标志着物联网行业进入了初步发展阶段。

3．高速发展期（2009 年以后）

2009 年万国商业机器（International Business Machines，IBM）公司首席执行官彭明盛提出了"智慧地球"的概念，提出了物联网三步走的战略；奥巴马将物联网作为美国今后发展的国家战略方向之一，各国都把目光投向了物联网。随着技术的不断进步和应用的不断扩大，物联网进入了高速发展时期。各国政府和产业界纷纷将物联网作为战略重点，推出了各种政策和项目来支持和推动其发展。物联网的应用领域也越来越广泛，包括智能交通、智能家居、智能医疗、智能制造等，逐渐成为影响经济和社会发展的重要因素。

在我国，物联网曾被称为传感网。中国科学院（简称中科院）早在 1999 年就启动了传感网的研究，并取得了一些科研成果，建立了一些适用的传感网。

2009 年 8 月 7 日，时任国务院总理的温家宝在中科院无锡高新微纳传感网工程技术研发中心提出加速物联网技术的发展。之后全国各地相继建立了与物联网产业相关的组织。

2021年7月13日，中国互联网协会发布了《中国互联网发展报告（2021）》，报告指出物联网市场规模达1.7万亿元，人工智能市场规模达3031亿元。

2021年9月，中华人民共和国工业和信息化部（简称工业和信息化部）等八部门印发《物联网新型基础设施建设三年行动计划（2021—2023年）》（工信部联科〔2021〕130号），明确到2023年年底，在国内主要城市初步建成物联网新型基础设施，社会现代化治理、产业数字化转型和民生消费升级的基础更加稳固。

2.1.2　物联网的定义

物联网是指通过各种信息传感器、RFID、全球定位系统、红外感应器、激光扫描器等各种装置与技术，实时采集任何需要监控、连接、互动的物体或过程，采集其声、光、热、电、力学、化学、生物、位置等各种需要的信息，通过各类可能的网络接入，实现物与物、物与人的泛在连接，实现对物品和过程的智能化感知、识别和管理。物联网是一个基于互联网、传统电信网等的信息承载体，它让所有能够被独立寻址的普通物理对象形成互联互通的网络，这有两层意思：第一，物联网的核心和基础仍然是互联网，是在互联网基础之上延伸和扩展的一种网络；第二，将用户端延伸和扩展到了物与物之间，进行信息交换和通信。

2.1.3　物联网的应用范围

物联网应用广泛，遍及各个领域，在智能工业领域，物联网系统可以实现对工业生产过程的实时监测和控制，提高生产效率和产品质量；在智能农业领域，物联网系统可以实现对农作物生长环境的监测和精准农业管理，提高农产品的产量和质量；在智能交通领域，物联网系统可以实现对交通流量的实时监测和调度，缓解交通拥堵和提高交通安全性；在医疗健康领域，物联网系统可用于远程医疗、病人监测等。

在环境保护、社区服务、商业金融、政府工作、公共安全、智能消防、食品溯源等多个领域物联网都有着重要应用。物联网将物与物、人与物连接起来，进行智能化的识别、定位、跟踪、监控和管理。

物联网把新一代IT技术充分运用在各行各业之中，把感应器嵌入和装备到各种物体中，如把感应器嵌入和装备到油网、电网、路网、水网、建筑、大坝等物体中，然后将物联网与互联网整合起来，实现人类社会与物理系统的整合。在这个整合的网络当中，存在具备超强算力的中心化计算机群，能够对整合网络内的人员、机器、设备和基础设施实施实时的管理和控制，以精细动态方式管理生产生活，提高资源利用率和生产力水平，改善人与自然的关系。

2.2　物联网体系结构

物联网作为信息时代的重要发展技术，已经成为连接物理世界与数字世界的桥梁。物联网典型体系结构分为3层，自下而上分别是感知层、网络层和应用层。感知层负责数据采集，通过传感器、RFID等设备获取物理世界的信息；网络层负责数据传输，通过互联网、移动通信网等将感知层采集到的数据可靠地传输到应用层；应用层则对数据进行处理和分析，实现各种具体的应用，如智能交通、智能家居等。物联网系统结构如图2-1所示。

图 2-1　物联网系统结构图

2.2.1　感知层

感知层是物联网的基础，主要负责信息的收集与简单处理。它通过各种传感器，如 RFID 标签、读写器、摄像头、全球导航卫星系统（Global Navigation Satellite System，GNSS）等，实现对物体和环境的识别和信息采集。这些设备能够感知和识别外部世界的信息，并将其转化为数字信号进行传输和处理。感知层具有多样化的感知手段和实时性、准确性、低功耗和小型化等特点。

感知层的核心是传感器技术，它们能够实时监测和采集各种物理量（如温度、湿度、压力、声音等），并将这些数据转化为可供计算机处理的数字信号。这些传感器可以广泛应用于工业、农业、环保、交通、安防等各个领域，为物联网提供了丰富的数据源。

2.2.2　网络层

网络层是物联网的桥梁，主要负责信息的远距离传输和智能处理，通过现有的互联网、广电网络、通信网络等实现数据的传输。网络层包括通信网与互联网的融合网络、网络管理中心、信息中心和智能处理中心等组成部分。网络层将感知层获取的信息进行传递和处理，实现信息的远距离通信和实时更新。网络层具有高带宽、低延迟、广泛的覆盖范围、安全性和可靠性高等特点。

网络层的关键技术是通信技术，包括移动网络、互联网、卫星网络等。这些通信技术能够将感知层采集的数据信息快速、准确地传输到远程数据中心或应用服务器，实现信息的共享和交换。同时，网络层还具备强大的数据处理能力，能够对传输的数据进行转换、存储和分析，为应用层提供高质量的数据支持。

2.2.3　应用层

应用层是物联网的目的，主要负责服务发现和服务呈现。它通过中间件技术、海量数据存储和挖掘技术以及云计算平台支持等手段，实现传感硬件和应用软件之间的物理隔离和无缝连接。应用层具有定制化和个性化、跨领域和融合性、实时性和交互性等特点。

应用层将网络层传输的数据进行再加工和综合利用，为各行业提供智能化的解决方案，实现各种具体的应用，如智能家居实现家庭设备的智能化控制和管理；工业自动化提高生产效率和质量；智能交通优化交通流量并提高交通安全；环境监测实时监测环境数据，保护环境；医疗健康提供远程医疗和健康管理服务；农业物联网实现农业生产的智能化和精准化；智能物流提高物流效率和降低成本；智慧城市提升城市管理和服务水平。

物联网体系结构是一个复杂而庞大的系统，包括感知层、网络层和应用层三个层次。这些层次相互协作，共同实现了物联网的智能化、自动化和实时化管理。随着物联网技术的不断发展和应用领域的不断拓展，物联网体系结构将不断完善和优化，为人类社会的可持续发展提供更加有力的支持。

2.3 物联网自动识别技术

自动识别技术（Automatic Identification and Data Capture，AIDC）就是应用一定的识别装置，通过被识别物品和识别装置之间的交互接触，自动获取被识别物品的相关信息，并提供给后台的计算机处理系统来完成相关后续处理的一种技术。自动识别技术是一种高度自动化的信息采集技术，是信息数据自动识读、自动输入计算机的重要方法和手段，主要包括条形码技术，RFID、近场通信技术、生物识别技术等。

2.3.1 条形码

条形码技术是一种在计算机的应用实践中产生和发展起来的自动识别技术。

1. 条形码技术的定义与原理

条形码（Barcode）是将宽度不等的多个黑条和空白，按照一定的编码规则排列，用以表达一组信息的图形标识符。

条形码技术的核心内容是通过利用光电扫描设备识读这些条形码符号来实现机器的自动识别，并快速准确地把数据录入计算机进行数据处理，从而达到自动管理的目的。

2. 条形码的分类

（1）一维条码。一维条码由一系列垂直条纹和空白区组成，它们的宽度和间距不同，可以表示不同的字符和信息。其特点是识别速度快、准确率高，但可容纳的字符数量有限。

常见的一维条码包括 Code 39、EAN 码、UPC 码、交叉 25 条码、库德巴条码、25 条码等，如图 2-2 所示。

图 2-2　常见的一维条码

1）Code 39。Code 39 广泛应用于制造业、军事和医疗保健行业。

2）Code 128。Code 128 广泛应用在企业内部管理、生产流程、物流控制系统方面。

3）EAN-13。EAN-13 是商品标识代码，使用 13 位数编码，第 13 位数与第 12 位数共同表示国家/地区代码。

4）UPC 码。UPC 码主要应用在零售商品上。

5）交叉 25 码。交叉 25 码常用于物流和仓储领域。

6）ISBN 码。ISBN 码主要用于标识图书。

7）库德巴条码（Codabar）。库德巴条码可表示数字和一些特殊字符。

条形码的格式通常由以下几个部分组成：

1）起始符。起始符标志条形码的开始。

2）数据符。数据符包含实际的编码数据。

3）校验符。校验符用于验证条形码的准确性。

4）终止符。终止符标志条形码的结束。

不同类型的条形码可能具有不同的格式和编码规则，具体取决于所采用的码制。在实际应用中，需要根据具体需求选择合适的条形码类型和格式。以商品条码为例，中国的商品条形码开头是 690～695，所以国内产品基本为 69 码。商品条形码格式主要为 EAN-13，其是目前国内商品主要使用的商品条形码格式，且在全球大部分国家流行。EAN-13 码是 13 位条形码，其数字通常分为 4 个部分：前 3 位代表国家代码（如 690～695 代表中国），接下来 5 位代表生产厂商代码，再接下来 4 位代表厂内商品代码，最后 1 位是校验码，如图 2-3 所示。

一维条码技术成熟，使用广泛，设备成本低廉，灵活实用，可以识别商品的基本信息，如商品代码、价格等，但不能提供更详细的信息，如果要调用更多的信息，需要计算机数据库的进一步配合，并且一维条形码只支持英文和数字。

（2）二维条码（简称二维码）。《物联网"十二五"发展规划》中提出将二维码作为物联网的一个核心应用。二维码（2-dimensional bar code）是用某种特定的几何图形按一定规律在平面（二维方向上）分布的黑白相间的图形记录数据符号信息的。在代码编制上巧妙地利用构成计算机内部逻辑基础的"0""1"比特流的概念，使用若干个与二进制相对应的几何形体来表示文字数值信息，通过图像输入设备或光电扫描设备自动识读以实现信息自动处理。二维码能够在横向和纵向两个方向同时表达信息，因此能在很小的面积内表达大量的信息。二维条码不仅可以存储字符、数字，还可以存储图形、声音、视频等数字化的信息。

常见的二维条码包括 QR 码、Code 128、行排式二维条码（堆积式二维条码或层排条码）、矩阵式二维条码等，如图 2-4 所示。

图 2-3　EAN-13 码

图 2-4　常见的二维条码

二维条码的特点：

1）信息容量大。二维条码具有较大的信息容量，比一维条形码的信息容量高出几十倍。可以存储更多的信息，如文字、数字、网址等。一维条形码通常只能存储少量信息，如产品编号。

2）编码范围广。二维条码可以将图片、声音、文字、签字、指纹等可以数字化的信息进行编码，并表示多种语言文字和图像数据。

3）容错能力强。二维条码具有纠错功能，即使局部损坏，如穿孔、污损等，仍能正确读取信息。一维条形码的容错能力相对较弱。

4）保密性和防伪性好。二维条码可以引入加密措施，提高保密性和防伪性。

5）译码可靠性高。二维条码的译码错误率远低于一维条形码，误码率不超过千万分之一。

6）成本低，易制作，持久耐用。二维条码的制作成本低，且制作出来的条形码持久耐用。

7）条码符号形状、尺寸大小比例可变。二维条码的符号形状和尺寸大小比例可以根据需要进行调整。

（3）三维码。三维码是一种三维立体结构的条形码，主要特征是利用色彩或灰度（或称黑密度）表示不同的数据并进行编码。三维码可容纳的信息量更大，可靠性高、视觉效果突出。三维码可在各种需要保密及防伪等重要领域中应用，如对各种证件、文字资料、图标及照片等图形资料进行编码，但制作成本较高。常见的三维码包括 Data Matrix、PDF 417 等。

3．条形码的识别设备

常见的条形码识别设备有激光扫描器、光耦合装置（Charge Coupled Device，CCD）扫描器、光笔、数据采集器等。这些设备在不同的场景中都有广泛的应用，如零售、物流、医疗、制造等领域。普通的条形码通过激光条码扫描器进行扫描，是一种远距离条码阅读设备，性能优越，识别速度快，误码率低，应用广泛，包括手持激光扫描器和固定激光扫描器，如图2-5 所示。二维码主要利用摄像头配合软件进行扫描和识别。图2-6 为微信扫描二维码支付。

图 2-5　激光扫描器（手持和固定）

图 2-6　微信扫描二维码支付

条形码技术作为一种重要的自动识别技术，在现代社会中发挥着越来越重要的作用。它广泛应用于各个领域，提高了工作效率、降低了成本、改善了数据精度。然而，条形码技术也存在一些限制和不足之处，需要在实际应用中综合考虑其优势和限制。

2.3.2　RFID

1．RFID 技术的定义

RFID 技术，即射频识别技术，是一种非接触式的自动识别技术，是融合了无线射频技术和嵌入式技术的综合技术。它通过射频信号自动识别目标对象并获取相关数据，无需人工干预，可工作于各种恶劣环境。

作为条形码等识别技术的升级换代产品，RFID 技术可以应用在各个领域中：在物流与供应链管理中，RFID 可以实现货物的跟踪、库存管理和物流自动化；在智能交通中，电子不停车收费（Electronic Toll Collection，ETC）系统可以识别车辆、不停车收费；在门禁系统中，RFID 可以取代传统的钥匙，提高安全性和便利性，如图 2-7 所示；在图书馆管理中，RFID 可以实现图书的自助借还和盘点；在医疗管理中，RFID 可用于病人健康实时监测、远程诊断；在零售行业中，RFID 可用于商品销售数据实时统计，结算和防盗管理。图 2-8 为 RFID 自动贴标签机。

图 2-7　使用 RFID 技术的门禁系统

图 2-8　RFID 自动贴标签机

2. RFID 系统组成和工作原理

RFID 系统由电子标签、阅读器（或读写器）、天线三部分组成，RFID 系统的结构图如图 2-9 所示。

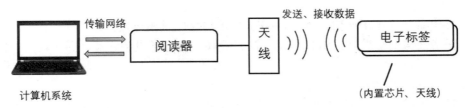

图 2-9　RFID 系统的结构图

（1）电子标签（Tag）。电子标签也称射频卡，由耦合元件及芯片组成，每个电子标签具有唯一的电子编码，装设在被识别的物体对象上。

（2）阅读器（Reader）。阅读器也称读写器，读卡器，用于读取（或写入）标签信息的设备，可设计为手持式或固定式。

（3）天线（Antenna）。天线是一种以电磁波的形式在电子标签和阅读器间传递射频信号的装置。

阅读器通过天线发送一定频率的射频信号，当电子标签进入发射天线工作区域时，收到阅读器发来的电磁波信号，凭借感应电流所获得的能量发送出存储在芯片中的产品信息；阅读器读取信息并解码后，送至后台处理器进行有关数据处理。

3. RFID 技术的优点

（1）扫描速度快。RFID 可同时识别多个电子标签，读取速度快。

（2）体积小、样式多。电子标签可被制成各种形状，如卡片、钥匙扣等，方便携带。

（3）抗污染能力和耐久性。RFID 对水、油、化学药品等物质具有很强的抵抗性，可在恶劣环境下使用。

（4）可重复使用。电子标签可以重复地新增、修改、删除内部存储的数据，方便信息的更新。

（5）穿透性和无屏障阅读。在被覆盖的情况下，阅读器仍能穿透纸张、木材和塑料等非金属或非透明的材质，并能够进行穿透性通信。

（6）记忆容量大。电子标签的容量可以根据用户的需要从几字节到数兆字节不等。

（7）安全性。RFID 的数据可以加密，提高了数据的安全性。

随着技术的不断发展，RFID 技术将朝着更高的频率、更小的尺寸、更低的成本、更广泛的应用领域和与其他技术的融合等方向发展。

2.3.3　近场通信技术

1. 近场通信的定义

近场通信（Near Field Communication，NFC）技术，即近距离无线通信技术，是一种非接触式识别和互联技术，由 RFID 和网络技术整合演变而来的，具有在单一芯片上集成感应式读卡器、感应式卡片和点对点通信的功能，可以在移动设备、消费类电子产品等设备间进行近距离无线通信，实现移动支付、门禁、移动身份识别、防伪等应用。

2. NFC 技术的特点

与 RFID 相比，NFC 技术具有以下特点：

（1）通信距离近。NFC 技术的通信距离通常在几厘米之内，最小有 4 厘米，最大也有 20 厘米。

（2）耗电量低。由于通信距离近，NFC 技术的耗电量相对较低。

（3）保密性与安全性高。NFC 技术一次只能和一台电子设备连接，拥有较高的保密性与安全性。

3. NFC 技术的应用场景

（1）移动支付。NFC 技术在移动支付领域应用广泛，用户通过具有 NFC 功能的手机进行支付，无需携带现金或银行卡，如图 2-10 所示。

图 2-10　使用 NFC 技术的移动支付系统

（2）门禁系统。将门禁卡信息存储在支持 NFC 功能的手机中，手机靠近门禁系统即可实现门禁卡的刷卡功能。

（3）公交卡。可以在支持 NFC 功能的手机上开通公交卡功能，并通过手机进行刷卡乘车。

（4）数据传输。NFC 技术可以实现两个 NFC 设备之间的数据传输，例如传输文件，图片等，如图 2-11 所示。

图 2-11　两个 NFC 设备之间的数据传输

2.3.4　生物识别技术

1. 生物识别技术的基本原理

生物识别技术主要是利用人体固有的生理特性和行为特征进行身份认证。生理特征包括指纹、虹膜、面部、掌纹、静脉等，行为特征包括步态、笔迹、声音等。这些特征具有唯一性、稳定性和难以复制的特点，使生物识别认证技术具有较大的优势。生物识别系统对人的生理特征进行取样，提取其唯一的特征并转化成数字信息，将这些信息组成特征模板，以便在身份验证时进行比对。

2. 主流的生物识别技术

（1）指纹识别。指纹识别技术是应用最早最为广泛的生物识别技术。每个人的指纹都不相同，不同手指的指纹也不一样，指纹识别就是通过读取手指表面的纹路信息，识别指纹的细节特征来进行身份验证。其技术成熟度高，识别速度快，现在已经成为智能手机、门禁系统等领域的标配，如图 2-12 所示。

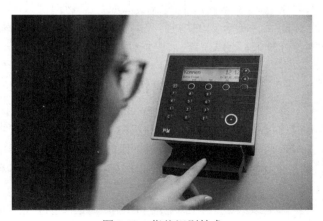

图 2-12　指纹识别技术

（2）虹膜识别。虹膜识别技术利用虹膜的独特纹理进行身份验证，虹膜具有高度独特性、稳定性和不可更改的特点，误识率非常低，因此虹膜技术被广泛应用于高安全要求的场景中，如银行金库、军事设施等。

（3）掌纹识别。掌纹识别技术通过手掌的物理特征，包括纹理、褶皱等信息来进行身份验证。该技术具有采样简单、图像信息丰富、不易伪造、非接触性、准确率高、适用范围广等特点，受到国内外研究人员的广泛关注。

（4）人脸识别。人脸识别技术利用人面部独特的生理特征进行身份验证，包括眼睛、鼻子、嘴巴等部位的形状、大小、位置等信息。人脸识别技术具有识别速度快、识别准确率高、安全性高、使用条件简单等特点，是一种容易被人们接受的识别技术，广泛应用于支付、门禁、安防等领域。

（5）声纹识别。声纹识别技术通过分析声音的频率、音色等物理特征来进行身份验证。在公安司法中声纹识别技术可以缩小侦察范围，例如在电话银行中用以确认用户身份。

（6）指静脉识别。指静脉识别技术利用特定波长的红外光线照射指静脉血液里的血红蛋白，通过图像传感器获取清晰的图像，从而进行身份验证。这种识别方式对人体无害，不易被盗取、伪造，可应用于银行金融、政府国安等领域的门禁系统，比指纹识别技术、虹膜识别技术更安全、更高效。

3. 生物识别技术的应用场景

生物识别技术在现实生活中的应用场景十分广泛。

（1）身份验证和门禁控制。在企业和政府机构的门禁系统中，采用指纹、人脸或虹膜等特征进行身份验证，提高门禁系统的安全性和便利性。

（2）金融支付和金融安全。智能手机和支付终端利用人脸识别或指纹识别技术进行用户身份验证，有效防止账户被盗用或发生欺诈行为，保障支付安全和用户隐私。

（3）医疗健康。在患者身份识别、医生权限管理、病历信息访问等方面应用生物识别技术，确保医疗信息的安全性和准确性。

（4）边境管理和机场安全。通过人脸、虹膜等识别方式，快速准确地确认旅客身份，确保边境和机场的安全。

（5）智能家居。智能家居产品采用指纹或人脸识别技术进行用户身份验证，如智能门锁。

随着人工智能、大数据、云计算等技术的快速发展，生物识别技术将迎来更加广阔的发展前景。随着网络安全和隐私保护意识的增强，生物识别技术将在保障用户隐私的前提下，实现更加高效、安全的身份验证，为人们带来更加便捷生活体验。

2.4　物联网传感技术

物联网传感技术是指通过各种传感器设备，收集、传输和处理物理世界中的数据信息，并将这些信息通过互联网等通信网络进行传输和应用的技术，以实现智能化识别、定位、监控和管理。物联网传感技术由各种各样的传感器和传感网组成，传感器和传感网是物联网的最底层和最基础环节。

物联网传感技术正在深刻地改变人们的生活和工作方式。通过利用这项技术，人们可以更好地感知和理解数据信息，从而做出更明智的决策。未来，随着物联网技术的不断发展和完善，物联网传感技术将在更多领域发挥重要作用，为人类创造更加美好的生活和工作环境。

2.4.1　传感器概述

1. 传感器基本概念

传感器是物联网的基础组成部分，能精确感知客观世界。传感器是一种检测装置，它能感知被测量的物理、化学或生物信息，并将被测量的信息转换为电信号或其他形式的输出信号，以便进行处理、传输和显示。

一般传感器主要由敏感元件、转换元件和变换电路组成，如图 2-13 所示。

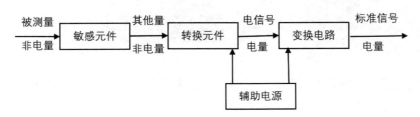

图 2-13　传感器的组成示意图

敏感元件直接感受被测量的部分，能够将被测量的物理量转换为其他形式的能量；转换元件是传感器的核心元件，它将敏感元件输出的能量转换为电信号或其他形式的输出信号；变换电路在辅助电源的支持下将转换元件输出的信号进行放大、滤波、线性化等处理，变换为适用于传输或测量的标准电信号。

2. 传感器的分类

由于被测量信息的种类繁多，因此传感器的种类和规格十分繁杂，工作原理和使用条件各不相同，分类方法也很多。

（1）按被测物理量分类，包括温度传感器、位移传感器、压力传感器、能耗传感器、速度传感器、加速度传感器、射线辐射传感器、湿度传感器、电流传感器、气敏传感器、真空度传感器、生物传感器等。例如：温度传感器用于测量环境或物体的温度，位移传感器可检测物体的位移变化。

（2）按输出信号的性质分类，包括模拟传感器、数字传感器和开关传感器。

1）模拟传感器。模拟传感器用于输出模拟信号，即信号的大小连续变化，与被测物理量成比例关系。例如，传统的指针式电压表就是一种模拟传感器，其指针的偏转角度与输入电压大小成正比。

2）数字传感器。数字传感器用于输出数字信号，通常为脉冲、频率或二进制数码。数字传感器具有较高的精度。

3）开关传感器。在检测到某一特定阈值时，开关传感器的输出值为一个设定的低电平或高电平信号。

（3）按制造工艺分类可分为集成传感器、薄膜传感器、厚膜传感器、陶瓷传感器等。

（4）按工作原理分类可分为电感式传感器、电阻式传感器、电容式传感器、磁电式传感器、光电式传感器、热电式传感器等。

下面简单介绍几种生活中常见的传感器。

（1）红外传感器。红外传感器用于电动门、感应水龙头、电子测温仪、空间望远镜等，其能够感知红外辐射，如图 2-14 所示。

图 2-14　红外传感器

（2）温度传感器。温度传感器用于空调、电冰箱、饮水机等设备中，其能够感知温度并自动调节。

（3）压力传感器。压力传感器用于汽车轮胎压力监测、医疗设备中的血压计等，其测量压力并转换为电信号，如图 2-15 所示。

图 2-15　压力传感器

（4）气敏传感器。气敏传感器用于煤气和天然气泄漏检测等，可以检测家中的煤气和天然气泄漏，及时发出警报，防止火灾和中毒事故。酒精检测，气敏传感器可以检测呼气中的乙醇浓度，用于酒驾检测和防止酒后驾车，如图 2-16 所示。

图 2-16　气敏传感器

（5）触摸传感器。触摸传感器广泛应用于智能手机、平板电脑、触摸屏等设备中。通过测量电容或电阻的变化，触摸传感器可以识别触摸动作，实现人机交互，如图 2-17 所示。

图 2-17　触摸传感器

（6）智能传感器。智能传感器是传感器集成化与微处理器相结合的产物，如智能手表可以监测心率、运动步频等，如图 2-18 所示。

图 2-18　智能传感器

3. 传感器的应用

在物联网中，传感器被广泛应用于各种场景，用于实现万物互联，收集各种数据，为智能决策提供支持。例如，在工业自动化中，通过使用高精度的位移传感器和压力传感器可以监测生产过程中的各项参数，确保生产过程的自动化控制和优化；在交通运输中，传感器可以用于汽车的自动驾驶、智能交通系统等；在医疗保健中，传感器可以监测人体的生理参数，如心率、血压等，帮助疾病的诊断和治疗；在环境保护中，传感器能够自主地感知、识别和预测环境变化，以实现环境的监测和保护；在智能家居系统中，可以通过温度、湿度和光照等传感器自动调节，提供舒适的居住环境。

2.4.2　无线传感网

1. 无线传感网概述

传感器网络实现了数据的采集、处理和传输三种功能。它与通信技术和计算机技术共同构成信息技术的三大支柱。无线传感器网络（Wireless Sensor Network，WSN），简称无线传感网，是一种分布式传感器网络，由随机分布的集成有传感器、数据处理单元和通信单元的微小节点，通过自组织的方式构成的无线网络。

无线传感网实时监测、感知和采集网络覆盖区对象的各种信息，并通过无线方式发送出去。这些网络由大量静止或移动的传感器节点组成，能够协作地探测、处理和传输监测信息，为各种应用提供实时、准确的数据支持。

无线传感网可以广泛应用于国防军事、国家安全、环境科学、交通管理、灾害预测、医疗卫生、制造业、城市信息化建设等领域。例如，在工业生产中，无线传感网可以更加全面地对不同部位实时监测，如温度、压力、湿度、气体浓度等参数；在智能交通中，无线传感网可以实现交通流量监测、车辆跟踪、汽车导航等功能。

2. 无线传感网的基本结构

无线传感网主要由 3 部分组成：传感器节点、汇聚节点（Sink）、管理节点，其中以传感器节点为核心单元，如图 2-19 所示。

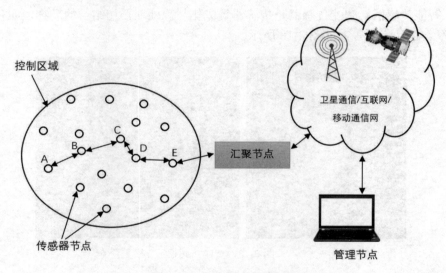

图 2-19　无线传感网结构图

传感器节点通常是一个微型的嵌入式系统，由传感器、数据处理单元和通信单元组成。传感器用于测量周边环境中的各种物理量，如温度、湿度、噪声、光强度等，数据处理单元对传感器采集到的数据进行初步处理；通信单元负责节点之间的无线通信，形成多跳的自组织网络系统，例如图 2-19 中的 A→B→C→D→E，在传输过程中，信号可能被多个节点处理。

在无线传感网中，大量传感器节点被随机分配在监测区域内部，通过自组织方式形成一个感知网络，采集到的数据经过多跳通信的方式进行传输和处理后送到 Sink 节点，Sink 节点处理后再通过互联网、卫星通信或移动通信网等方式将数据传送到管理节点（远程中心），用户可以通过应用进行数据分析、处理和可视化。

无线传感网的关键技术包括网络拓扑控制、网络协议、网络安全、时间同步、定位技术、数据融合等。

3. 无线传感网的特点

（1）规模庞大，节点密集。无线传感网中的节点数量多，分布密集，这些静止或移动节点可以覆盖广泛的区域,适用于大规模监测任务。

(2)自组织网络。无线传感网中没有严格意义上的控制中心,所有节点地位平等,传感器节点具有自组织能力,能够自主进行配置和管理,无需依赖预设的基础设施,可以快速地组建起一个功能完善的无线网络传感器网络,具有很强的灵活性和适应性。

(3)动态性。传感器节点会动态地加入或减少,网络拓扑结构也随之变化。无线传感网具有较强的动态系统可重构性。

(4)以数据为中心的网络。无线传感网的主要目的是收集和处理数据,网络的设计和优化通常以数据为中心,能够高效地传输、存储和处理大量数据。

(5)应用相关。无线传感网为特定应用设计,它不会考虑过多的需求,只关注与本身应用相关的部分,不同的无线传感网的硬件系统、软件系统和网络协议都有很大的差别。

(6)多跳路由通信。由于传感器节点的通信距离有限,需要通过中间节点进行路由,实现多跳通信。

无线传感器网络具有多种显著特点,这些特点使得它在各种应用领域中具有广泛的应用前景和巨大的潜力。

2.5 物联网通信技术

物联网的通信技术按照接入网类型可分为有线接入技术和无线接入技术。

有线网接入技术包括以太网、RS-485、RS-232、M-Bus 等,具有传输质量高、稳定性好、数据传输速率高、更安全等优点,但也有建设成本高、灵活性差等缺点。无线接入技术包括Wi-Fi、蓝牙、ZigBee 等,无线接入需配置认证机制与加密协议,具有建设成本低、灵活性高等优点,但也有传输质量低、稳定性差、数据传输速率低等缺点。当前,无线网络应用呈现普及化与高速化趋势,笔记本电脑、手机等终端设备都支持 Wi-Fi,主要原因是方便快捷,无线接入不受线缆约束。

在实际应用中,有线网接入技术和无线网接入技术各有优缺点,需要根据具体的应用场景和需求进行选择。

2.5.1 有线接入技术

有线接入技术是指通过有线方式将物联网设备连接到网络中的技术,具有传输质量高、稳定性好、数据传输速率高等优点。

1. 主要类型

(1)以太网:以太网(Ethernet,ETH)是一种局域网(Local Area Network,LAN)技术,用于在计算机和其他设备之间进行数据传输。它是最常用的有线接入技术之一,通过集线器、交换机和路由器构成一个网络,利用双绞线(或者光纤)将网络设备与主机连接起来。以太网支持各种应用,包括访问互联网、局域网通信、文件传输、实时视频流等,以太网连接设备如图 2-20所示。

图 2-20   以太网连接设备

（2）RS-485 和 RS-232。RS-485 和 RS-232 都是串行通信接口，用于在计算机和外部设备或不同设备之间传输数据。

1）RS-485。RS-485 也称 EIA-485，是一种串行通信标准。RS-485 支持一对多通信，采用总线型结构，节点数多，传输距离比较远，理论上最大传输距离可达 1200 米。RS-485 采用平衡发送和差分接收，抗干扰性强，广泛应用于工业控制系统、建筑自动化等领域。

2）RS-232。RS-232 是一种串行通信标准，适用于点对点通信，成本低，传输距离近，一般用于 20 米以内的通信。常用的串口线一般只有 1～2 米，常用于连接鼠标、打印机等外部设备，也适用于少量仪表、工业控制等领域。RS-232 接口如图 2-21 所示。

公头　　　　母头

图 2-21　RS-232 接口

（3）M-Bus。M-Bus 是一种用于智能仪表数据传输的串行通信协议，使用普通双绞线，抗干扰性强，通信距离远，广泛应用于水、电、气等公用事业计量仪表的数据采集和传输。

（4）电力载波通信。电力载波通信（Power Line Communication，PLC）是电力系统特有的通信方式，是电力载波通信利用现有的电力线来传输数据的通信技术。它可以将模拟信号或数字信号加载到电力线上进行高速传输，不需要额外铺设通信线路。成本低，覆盖范围广，传输远，安全性高，安装简便，广泛应用于智慧电网、智能家居、智慧城市中。

（5）通用串行总线。通用串行总线（Universal Serial Bus，USB）是一种串口总线标准，也是一种输入输出接口的技术规范。USB 总线是高速串行总线的一种，在传输的同时还能为下级负载供电，安装十分方便，扩展端口简易，传输方式多样化，兼容性好。USB 接口具有热插拔功能，可连接多种外设，如鼠标和键盘等，如图 2-22 所示。USB 推出后，迅速抢占市场，可直接替代串口和并口，已成为 21 世纪计算机与外部设备数据交互标准接口，被广泛地应用于个人电脑和移动设备等信息通信产品，并扩展到相关电子产品领域。

图 2-22　USB 接口

2. 技术特点

（1）传输质量高。有线接入技术通过物理线缆传输数据，相比无线技术，其传输质量更高，受外界干扰更少。

（2）稳定性好。有线接入技术具有更好的稳定性，数据传输不易受到天气、环境等因素的影响。

（3）数据传输速率高。有线接入技术通常能提供更高的数据传输速率，满足物联网设备对高速数据传输的需求。

（4）建设成本高。相比无线接入技术，有线接入技术的建设和维护成本更高，需要铺设线缆、安装设备等。

（5）灵活性差。有线接入技术的灵活性较差，一旦线缆铺设完成，难以随意更改网络布局。

3. 应用场景

（1）工业领域。在工业自动化、智能制造等场景中，有线接入技术能够提供稳定、高速的数据传输，满足工业设备对通信质量的要求。

（2）智能家居。虽然无线接入技术在智能家居中占据主导地位，但有线接入技术也在某些场景中发挥着重要作用，例如通过有线方式连接智能家居控制中心与各个设备。

（3）智慧城市。在智慧城市建设中，有线接入技术被广泛应用于交通监控、环境监测等领域，为城市管理和服务提供有力的技术支持。

2.5.2　无线接入技术

1. 蓝牙技术

蓝牙（Bluetooth）技术是无线数据通信和语音通信开放性的全球规范，是一种低成本、低功耗、短距离无线连接的通信技术，用于在固定设备或移动设备建立短距离的无线通信环境。蓝牙技术在各种家用电子产品、汽车电子设备、医疗电子设备等领域得到广泛的应用。蓝牙图标如图 2-23 所示。

图 2-23　蓝牙图标

蓝牙技术最初由爱立信公司于 1994 年开发，1998 年，爱立信、诺基亚、IBM、东芝、英特尔五家公司联合宣布一种无线通信新技术——蓝牙技术，由此其正式诞生。蓝牙技术是一种短距离无线通信的技术规范，最初的目的是取代各种数字设备上的有线电缆连接，此后，蓝牙技术不断发展，从最初的 1.0 版本经过多次更新和改进，发展到了现在的蓝牙版本。蓝牙设备体积小、功率低、功能多样，应用已经不局限于计算机外部设备，几乎可以被集成到任何数字设备中。蓝牙工作在全球统一开放的 2.4GHz ISM（工业、科学、医学）频段，使用 IEEE 802.15 协议。

（1）工作原理。蓝牙设备是蓝牙技术应用的主要载体，常见蓝牙设备有电脑、手机、耳机、鼠标等，如图 2-24 所示。蓝牙设备容纳蓝牙模块，支持蓝牙无线电连接与软件应用。每一对设备进行蓝牙通信时，一个为主设备，另一个为从设备。连接时，由主设备查找，发起配对，建立连接，形成蓝牙微网。主设备和从设备使用跳频技术传输信号，可以双向进行数据或语音通信，蓝牙设备可以建立点对点或点对多点连接，具有传输效率高、安全性高的优势。一台主设备最多可以和 7 台从设备进行通信。

图 2-24　蓝牙设备

（2）蓝牙技术的特点。

1）工作频段全球通用、安全性高。蓝牙设备工作在全球通用的 2.4GHz ISM 频段，大多数国家 ISM 频段在 2.4～2.4835GHz，用户不必经过任何申请就可以使用该频段，而且其采用了多种安全机制，如身份认证、加密算法等，保密性强。

2）无线连接、功耗小。蓝牙设备无需电缆，通过无线进行通信，具有较低的功耗，特别适用于电池供电的移动设备，如智能手机、可穿戴设备等。

3）传输距离较短。蓝牙技术的主要工作范围在 10 米左右，不同设备会有所差异，适用于个人区域网络环境，例如在家庭、办公室等相对较小的空间内连接多个设备。

4）适用设备多，连接方便。蓝牙技术被广泛应用于多种设备，包括手机、电脑、耳机、音箱设备等，配对连接过程简单，用户只需将蓝牙设备设置为可发现状态，然后在另一台蓝牙设备上搜索并选择要连接的设备，即可完成连接。

5）抗干扰能力强。蓝牙技术采用短数据包进行数据传输，数据短，误码率比较低，具有跳频的功能，有效避免了 ISM 频带遇到干扰源。

（3）应用领域。

1）智能网联汽车。蓝牙技术用于车辆内部设备之间的通信，如连接手机与车载音响系统，实现免提通话、音乐播放等功能；还可用于车辆与外部设备（如智能手机、智能手表等）的交互，实现远程控制车辆、获取车辆状态信息等功能，如图 2-25 所示。

图 2-25　通过蓝牙技术实现手机和汽车智能系统连接

2）语音传输。常见的蓝牙耳机、蓝牙音箱等设备让用户可以摆脱有线耳机的束缚，自由地享受音乐、接听电话、观看视频等，并且可以在一定范围内自由移动。

3）数据传输。蓝牙技术可用于在不同设备之间传输文件、照片、视频等数据，例如从手机向电脑传输文件，或者在两台电脑之间共享数据等。在一些办公场景中，蓝牙技术可以方便地连接打印机、扫描仪等外设，实现无线打印和扫描功能，如图 2-26 所示。

4）智能家居。蓝牙系统可嵌入微波炉、洗衣机、电冰箱、空调机等传统家用电器，通过手机蓝牙连接，实现远程操控。智能家居系统中的各种设备，如智能灯泡、智能插座、智能门锁、智能窗帘等，都可以通过蓝牙技术相互连接和控制，用户可以通过手机或其他智能设备上的应用程序，远程控制家中的智能设备，实现智能化的家居生活体验。

5）医疗保健。一些医疗设备，如血糖仪、血压计、心率监测器等，可以通过蓝牙技术与智能手机或其他终端设备连接，将测量的数据实时传输到应用程序中，方便用户记录和跟踪自己的健康状况，医生也可以远程获取患者的健康数据，进行分析和诊断。此外，在一些医院的医疗设备之间，也可以采用蓝牙技术进行数据传输和通信。

图 2-26　蓝牙技术的数据传输应用

6）其他领域。蓝牙技术在运动和健身领域也有着广泛应用，例如运动手环、智能手表等设备可以通过蓝牙与手机连接，同步运动数据、接收通知等；在游戏领域，一些游戏手柄、虚拟现实设备等也可能采用蓝牙技术与主机或其他设备连接；在工业自动化领域，蓝牙技术可以用于连接和控制各种传感器、执行器等设备，实现工业自动化生产和监控等。

2. Wi-Fi 技术

Wi-Fi 技术是一种基于 IEEE 802.11 标准的无线网络通信技术。Wi-Fi（Wireless Fidelity，无线保真）是一种可以将智能手机、笔记本电脑、平板电脑等电子设备，连接到无线局域网（Wireless Local Area Network，WLAN）的技术。在无线局域网的范畴，Wi-Fi 指"无线相容性认证"，实质上是一种商业认证，同时也是一种无线联网技术。Wi-Fi 技术作为一种重要的无线网络通信技术，在现代社会中发挥着越来越重要的作用。随着技术的进步和应用场景的拓展，Wi-Fi 技术为人们提供更加便捷、高效的无线上网体验。Wi-Fi 图标如图 2-27 所示。

图 2-27　Wi-Fi 图标

Wi-Fi 技术是电气和电子工程师协会（Institute of Electrical and Electronics Engineers，IEEE）于 1997 年定义的一个无线网络通信工业标准（IEEE 802.11）。随着技术的不断进步，Wi-Fi 经历了多个版本的迭代更新，包括 802.11b、802.11a、802.11g、802.11n、802.11ac、802.11ax（Wi-Fi 6），每个版本的 Wi-Fi 都在尝试解决前一代技术在速度、覆盖范围、干扰等方面的局限性，同时不断增加新功能以满足不断增长的网络需求。

（1）工作原理。Wi-Fi 利用无线电波信号进行传输信息，这些无线电波信号的频率通常在 2.4GHz 和 5GHz 两个频段。一个 Wi-Fi 网络通常包含至少 1 个无线接入点（Access Point，AP）、1 个或多个无线终端，无线接入点允许无线终端连接到 Wi-Fi 网络。常见的设备就是无线路由器，在其电波覆盖的有效范围都可以采用 Wi-Fi 连接方式进行联网，该连接通常有密码保护，但也可以设置为开放的。

为了避免多个设备同时发送数据时产生冲突，Wi-Fi 设备在发送数据前会先侦听信道是否空闲，采用载波监听多路访问/冲突避免（Carrier Sense Multiple Access with Collision Avoid，CSMA/CA）机制，以减少冲突的发生。

（2）Wi-Fi 技术的特点。

1）无线接入。Wi-Fi 通过无线电波在设备与接入点之间进行数据传输，实现了无线局域网的通信功能，让用户可以在一定范围内摆脱有线连接的束缚，在覆盖范围内自由移动并保持网络连接。

2）传输速度快。Wi-Fi 技术通常能提供较高的数据传输速度，比如 Wi-Fi 6 最高速率可达9.6Gbps，可满足高清视频播放、大型文件下载、在线游戏等各种应用需求。

3）覆盖范围广。Wi-Fi 的覆盖范围因环境和设备不同有所差异，一般在家庭、办公室等环境中，单个无线路由器的覆盖范围即可满足日常使用需求，通过多个路由器或中继设备还能扩大覆盖区域。

4）建设便捷，无需布线。相比于有线网络，Wi-Fi 网络的建设相对简单，无需铺设大量网线，只需安装无线路由器等设备并进行简单配置即可投入使用，节省布线成本和时间。用户只需在设备上搜索并选择要连接的 Wi-Fi 网络，输入密码（如有）即可完成连接。

5）可扩展性强。可以通过增加无线路由器、接入点等来扩展网络覆盖范围和提高网络容量，以满足更多用户和设备的接入需求。

Wi-Fi 信号的覆盖范围受到多种因素的影响，如发射功率、天线增益、障碍物（如墙壁、金属物体等）、环境干扰等。一般来说，2.4GHz 频段的信号传播距离较远，但传输速率相对较低；5GHz 频段的信号传输速率较高，但传播距离相对较近。

（3）应用场景。Wi-Fi 技术广泛适用于多种场景，如家庭、办公室、学校、商场、酒店、机场等公共场所，为各类智能设备如手机、电脑、平板设备等提供网络连接，方便用户无线上网。随着物联网技术的发展，Wi-Fi 技术也应用于智能家居、智慧城市等领域，如图 2-28 所示。

图 2-28 Wi-Fi 技术在智能家居中的应用

3. ZigBee 技术

ZigBee 技术是一种短距离的双向无线通信技术，主要用于距离短、功耗低且传输速率不高的各种电子设备之间进行数据传输。ZigBee 的名字源于蜜蜂，当蜜蜂发现食物后，会通过跳"Z"字形的舞蹈来向同伴传递食物位置和方向等信息，这形象地体现了该技术在设备间传递信息的特点。

（1）工作原理。ZigBee 技术通过设备组网、数据传输、特定的网络拓扑结构和通信机制以及低功耗设计等实现无线通信。基于 IEEE 802.15.4 标准，ZigBee 网络由一个或多个无线节点自动形成一个分布式的网络结构。这种网络具有自组织和自修复的能力，数据通过无线电波从一个节点传送到另一个节点，可在 2.4GHz（全球流行）、868MHz（欧洲流行）和 915MHz（美国流行）3 个频段上工作。ZigBee 设备采用了 CSMA/CA 机制，以减少发送数据时产生冲突的可能性，并对传输的数据进行加密处理，设置认证机制，保证数据传输的安全可靠。

（2）网络拓扑结构。ZigBee 网络可以采用星型、树型或网状型等拓扑结构，如图 2-29 所示。

1）星型拓扑。以一个中心节点为核心，其他节点与中心节点直接相连。这种结构简单，易于管理和控制，对中心节点的可靠性要求较高，中心节点一旦出现故障，可能会导致整个网络瘫痪，适用于小范围的室内领域应用。

2）树型拓扑。由一个根节点和多个子节点组成，子节点又可以有自己的子节点，形成层次结构。这种拓扑结构适用于节点分布具有一定层次关系的场景。

3）网状型拓扑。节点之间可以相互连接，形成一个多路径的网络。这种结构具有较高的可靠性和灵活性，数据可以通过多条路径进行传输，网状型拓扑的管理和控制相对复杂，适用于设备分布范围广的应用，例如智慧农业、工业检测和控制等。

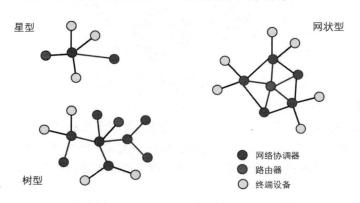

图 2-29　ZigBee 网络拓扑结构类型

（3）ZigBee 技术的特点。

1）低功耗。ZigBee 设备在休眠状态下耗电量极低，适合使用电池供电的设备，能长时间运行。ZigBee 设备配备两节 5 号电池可在低耗电待机模式下可持续运行超过 6 个月的时间。

2）低速率短距离。ZigBee 工作在 20～250Kbps 的通信速率，相邻节点间传输范围一般介于 10～100 米之间，协议简单，成本低。

3）自组网。ZigBee 设备可以自动组成网络，无需人工干预，且具有自我修复和扩展网络的能力。

4）工作频段灵活。使用工业科学医疗（Industrial Scientific Medical，ISM）频段，分别是2.4GHz（全球流行）、915MHz（美国流行）和868MHz（欧洲流行），这三个频段均为免执照频段。

5）高容量。ZigBee 可采用星型、树型、网状型网络结构，一个主节点最多可以管理254个子节点，主节点还可以由上一层网络节点管理，扩大了网络的覆盖范围。

6）高安全。ZigBee 提供了三级安全模式，保障数据传输的安全性。

（4）应用领域。ZigBee 技术广泛应用于家庭自动化、工业现场控制、环境控制、医疗护理、零售服务等领域，支持小范围内基于无线通信的控制和自动化。例如，在智能家居中，可应用于各种家电、智能灯泡、智能插座、传感器等设备，实现设备之间的互联互通和自动化控制；在工业领域，可用于监测和控制工业设备、传感器等，实现自动采集，分析和处理数据，适合危险场合或人力所不能及的场所；在医疗监护中，借助各种传感器和 ZigBee 网络，可以实时监测血压、体温、心率等信息，帮助医生做出快速反应，如图 2-30 所示。

图 2-30　ZigBee 技术的应用领域

4. LoRa 技术

LoRa 即远距离无线电，是一种远距离、低功耗的无线通信技术，是美国 Semtech 公司开发的一种低功耗局域网无线标准，在同样的功耗条件下 LoRa 技术比其他无线通信技术传播的距离更远，实现了低功耗和远距离的统一。LoRa 技术适用于智能抄表，路灯控制等长距离传输的场景。

（1）工作原理。LoRa 技术基于扩频技术，具有前向纠错能力，可以将信号扩展到较宽的频带上传输，提高了通信的抗干扰能力和稳定性，在保持低功耗的同时，极大地增加了通信距离。在接收端，通过相关解调技术恢复原始信号。在嘈杂的无线环境中，LoRa 信号能保持较好的传输质量，实现数据的低功耗远距离可靠传输。

（2）LoRa 技术的特点。

1）低功耗。LoRa 设备的功耗非常低，可以使用电池供电，并能长时间运行，降低了设备的维护成本和更换电池的频率。例如，在智能水表中，LoRa 设备可实现长时间的稳定工作。

2）远距离通信。LoRa 技术的通信距离可达数千米甚至几十千米，能够满足大范围的物联网设备组网需求。

3）组网方式灵活。LoRa 技术可以采用星型、网状型等多种组网结构，适应不同的应用场景和需求。

4）抗干扰能力强。由于采用了扩频技术以及特殊的调制方式，LoRa 技术在面对各种干扰源时，仍能保持稳定的通信，保证数据传输的可靠性。

（3）应用领域。LoRa 技术广泛应用于物联网中的各种场景，如在智能城市中，可以对智能路灯、智能垃圾桶进行监测，对充电桩、停车位进行远程管理，在提高公共服务、降低成本方面起到重要作用；在智能工业中实现工业自动化控制、设备状态监测，保证生产安全顺畅运行，如图 2-31 所示；在智能农业中对土壤湿度进行监测、气象数据采集，助力农业发展。LoRa 技术在水、电、气等远程抄表系统中得到了大量应用，能够准确、及时地采集表计数据，提高抄表效率和管理水平。

图 2-31　LoRa 技术在工业自动化控制中的应用场景

2.6　物联网典型应用

物联网技术、大数据技术和云计算技术和我们的生活息息相关。利用物联网技术收集资料（通过传感器连接无数的设备和载体，包括家电产品），收集到的动态信息会被上传云端。利用大数据、云计算等技术将对信息进行分析加工，生成人类所需的实用技术。

基于物联网的各种创新应用将成为新一轮创业的热点领域，广泛应用于智慧城市、工业物联网、智慧家居、农业物联网和各种可穿戴设备等领域，而这些领域无疑具有巨大的发展潜力。

2.6.1　智慧交通

智慧交通是未来交通系统的发展方向，它是将先进的信息技术、数据通信传输技术、电子传感技术、控制技术及计算机技术等有效地集成运用于整个地面交通管理系统而建立的一种大范围、全方位发挥作用的，实时、准确、高效的综合交通运输管理系统。

1. 交通管理和监控

随着社会车辆越来越普及，交通拥堵甚至瘫痪已成为城市的一大问题。对道路交通状况实时监控，通过数据分析、优化算法等手段实现交通信号灯的智能化管理，可以提高道路通行能力。将实时的交通信息、路线规划、出行建议等服务传递给驾驶人，让驾驶人及时做出出行调整，能够有效缓解交通压力。

2. 公共交通管理

函盖地铁、公交车、有轨电车等公共交通方式为乘客提供安全、快速和便捷的出行服务。例如，在公交车上安装定位系统，能及时了解公交车行驶路线及到站时间，乘客可以根据这些信息确定出行计划，免去时间浪费。

3. 城市智慧停车系统

社会车辆增多，除会带来交通压力外，停车难也日益成为一个突出问题，不少城市推出了智慧路边停车管理系统，该系统基于云计算平台，结合物联网技术与移动支付技术，通过传感器、摄像头等设备实现车辆识别、导航、预约等功能，共享车位资源，提高停车场使用效率和用户的方便程度。该系统可以兼容手机模式和 RFID 模式，通过手机端 App 可以实现及时了解车位信息、车位位置，提前做好预定并实现交费等操作，很大程度上解决了"停车难、难停车"的问题。

4. 共享出行

以共享单车为例，共享单车是结合了物联网概念与技术，形成的一种智能出行模式。此体系包含 3 个部分：手机端、单车端和云端。共享单车的实现并不复杂，其实质是一个典型的"物联网+互联网"应用。应用的一边是车（物），另一边是用户（人），通过云端的控制来向用户提供单车租赁服务。

其主要工作流程如下：

（1）用户通过手机端 App 寻找附近的共享单车，并进行充值、开锁和费用计算，这是物联网体系中的用户端口。

（2）单车端则可进行行程数据的收集，通过用户识别（Subscriber Identity Module，SIM）卡，将全球定位系统（Global Positioning System，GPS）的信息和电子锁的状态传送给云端。

（3）云端则进行整个系统的调控，收集信息并下传命令，对单车端进行控制。

2.6.2　智慧医疗

智慧医疗是通过打造健康档案区域医疗信息平台，利用最先进的物联网技术，实现患者与医务人员、医疗机构、医疗设备之间的互动，逐步达到信息化。近几年，智慧医疗在辅助诊疗、疾病预测、医疗影像辅助诊断、药物开发等方面发挥了重要作用。在不久的将来，医疗行业将融入更多人工智能、传感技术等高科技，使医疗服务走向真正意义的智能化，推动医疗事业的繁荣发展。在中国新医改的大背景下，智慧医疗正在走进寻常百姓的生活。随着人均寿命的延长，现代社会人们需要更好的医疗系统。远程医疗、电子医疗（E-health）日趋重要。借助于物联网、云计算技术、人工智能的专家系统、嵌入式系统的智能化设备等构建起完善的物联网医疗体系，使全民平等地享受顶级的医疗服务，同时减少了医疗资源缺乏导致的看病难、医患关系紧张、事故频发等现象。随着技术的不断进步和应用场景的不断拓展，物联网在智慧医疗领域的应用将会越来越广泛和深入。

1. 远程医疗

远程医疗利用远程通信技术、全息影像技术、电子技术和计算机多媒体技术对医疗卫生条件较差及特殊环境提供远距离医学信息和服务。远程医疗包括远程诊断、远程会诊、远程护理、远程教学、远程医疗信息服务等医疗活动。

远程医疗已在我国城乡地区逐渐得到广泛的应用。在心脏科、脑外科、精神病科、眼科、放射科以及其他医学专科领域的治疗中发挥了积极作用。物联网技术使得病人在原地、原医院就可以实现远程专家的诊疗。通过物联网技术获取患者的健康信息，并将信息传送给远地专家医生，医生可以对患者进行虚拟会诊，完成病历分析、病情诊断，并确定治疗方案和护理。这对解决医院看病难、排队时间长等问题有很大的帮助，让偏远地区的百姓也能享受到优质的医疗资源，可以节约医生和病人大量时间和金钱。

2. 特殊病人管理

婴儿防盗系统依托医疗专用无线物联网平台，采用 RFID 射频技术研发而成，通过给母亲与新生婴儿佩戴标签，可以有效预防和阻止婴儿被盗、抱错等事故发生，标签感应灵敏，任何未经授权破坏标签的行为都会触发报警，可以设置多种告警策略。婴儿防盗管理软件安装在护士站的电脑终端，提供整个病区婴儿防盗运行状态、母婴状态、标签状态等信息。婴儿防盗系统可以更好地推进医院信息化建设进程，有效提升医院管理水平和效率，减少医院管理成本。

除了婴儿防盗系统，物联网技术还可以应用于重症病人、阿尔茨海默患者、精神疾病患者等特殊患者的管理。通过物联网技术，可以实现对这些患者的实时定位和监控，确保他们的安全。

3. 移动医疗

目前在全球医疗行业采用的移动应用解决方案，有无线查房、移动护理、药品管理和分发、条形码病人标识带的应用、无线语音、网络呼叫、视频会议和视频监控等。基本上病人在医院经历过的所有流程，从住院登记、发放药品、输液、配药中心、标本采集和处理、急救与手术到出院结账，都可以利用移动医疗技术帮助优化。移动医疗可以高度共享医院原有的信息系统，达到简化工作流程，提高整体工作效率的目的。

RFID 移动护理系统是物联网技术在医疗系统中的应用之一。给每个住院病人佩戴一个特制的 RFID 电子腕带，每个病房护士工作站配备手持读写器设备（Personal Digital Assistant，PDA），自动识别采集和存储每日病人的各种信息，并将医嘱、病人基础生命特征数据等工作过程中各个环节的属性信息记录在 RFID 腕带芯片中，通过 PDA 与服务器进行数据互联，这样有效地将病房的管理信息化，提高了整体工作效率，减少了各种人为的错误。

基于 RFID 技术实现了无线护理信息系统，实现了患者身份和药品的正确识别，实现了医嘱的闭环执行，有效地预防和避免了医疗差错的发生。解决了医院内无线网络安全以及 RFID 自身的信息安全和患者隐私数据的保护等问题。

（1）RFID 腕带管理。RFID 腕带管理主要是在后台系统建立起 RFID 腕带与患者信息的对应关系，RFID 腕带内可记录患者姓名、年龄、性别、是否对药物过敏等信息，方便医护人员对患者身份进行确认。

（2）移动护理和查房。通过移动护理系统生成医嘱执行项目，护士使用 PDA 到患者的床旁，扫描患者佩戴的 RFID 腕带条码信息，通过无线网络自动将需要执行的医嘱调用，护士可以快速准确地通过 PDA 记录医嘱具体执行的信息，记录患者生命体征及相关项目，进行用药、治疗信息确认，实现动态实时的床边护理服务，有效避免执行错误发生。还可以通过护理系统实时查看病人的电子病历，获取相关信息，方便快捷。

（3）RFID 病人跟踪。在病区安装 RFID 读写门禁设备，患者出入病区时能够自动地反应在护士站上，便于管理。通过 RFID 病人跟踪系统，护士站的电子显示屏或医院的监控电脑或医生的随身 PDA 上均可显示病人的位置。从而实现了对病人实时状态监护，保障住院病人安全。也可以限制病人到某些非安全地带，以及避免某些病人离开医院。

2.6.3　智慧农业

智慧农业就是将物联网技术运用到传统农业中，运用传感器和软件通过移动平台将农业生产中的各个环节紧密连接起来，形成一个庞大的数据网络。这些数据实时反映着农业生产的状况，为农业生产提供了全面的监控和管理，实现农业可视化远程诊断、远程控制、灾变预警等功能。除精准感知、控制与决策管理外，智慧农业还包括农业电子商务、食品溯源防伪、农业休闲旅游、农业信息服务等方面的内容。

1. 农业生产环境监测

通过布设于农田、温室、园林等目标区域的大量无线传感节点，每个无线传感节点可实时地监测土壤水分、土壤温度、空气温度、空气湿度、光照强度、气体浓度、电导率、植物养分含量等参数信息并汇总到中控系统。农业生产人员可通过监测收集的大量数据更加准确地了解作物的生长需求和环境变化，分析并制定更加合理的种植计划和管理策略，进行调温、调光、换气等动作，实现对农业生长环境的智能控制。通过环境监测还可以根据种植作物的需求提供各种声光报警信息和短信报警信息，可以及时发现并解决问题，避免不必要的损失，如图 2-32 所示。

图 2-32　农业生产环境监测

2. 畜牧养殖监控

物联网技术使对散养牲畜的管理变得更加方便。通过给牛、羊等牲畜佩戴具有定位功能的智能项圈、智能耳标、智能尾标等设备，可以对牲畜的健康状况进行监测，还可以起到电子围栏的功能，牲畜一旦偏离定位位置，系统会自动报警，如图 2-33 所示。

图 2-33　佩戴智能耳标的动物

3. 水产养殖方案

通过对水产养殖水域的环境以及现场设备的集中监控，经过云服务器分析，得出科学的生产操作指导，实现水产养殖的智能化。

4. 食品安全

食品卫生与安全问题已成为人们关注的热点。食品生产环节众多，要保障食品安全，必须从源头抓起，加工、贮存、包装、运输、销售等环节一个都不能漏掉。通过物联网技术则可对食品生产各环节进行实时监测，及时进行纠正。利用物联网技术，建设食品溯源系统，通过对食品的高效可靠识别和对生产、加工环境的监测，实现食品追踪、清查功能，进行有效的全程质量监控，提高食品安全与品质，实现食品绿色化。物联网技术贯穿生产、加工、流通、消费各环节，实现全过程严格控制，使用户可以迅速了解食品的生产环境和过程，从而为食品供应链提供完全透明的展现，保证向社会提供优质的放心食品，增强用户对食品安全程度的信心，并且保障合法经营者的利益，提升食品的品牌效应，促进了食品业的可持续发展和绿色转型。

思 考 题

1. 什么是物联网，物联网的系统结构分几层，各是什么？
2. 简述蓝牙技术的特点。
3. 什么是传感器，传感器的一般组成部分是什么？
4. 结合生活，列举几种生物识别技术的应用。

第 3 章 信 息 安 全

3.1 信息安全概述

信息安全是现代信息社会的重要组成部分，随着技术的进步和网络的普及，信息安全面临的挑战愈发严峻。无论是在个人层面、企业层面，还是国家层面，信息安全都直接关系到数据的可靠性与系统的稳定性。本节将通过定义信息安全，阐述其核心目标及重要性，建立基本的认知框架。

3.1.1 信息安全的定义

信息安全（Information Security）通常是指保护信息的机密性、完整性和可用性，以防止未经授权的访问、篡改和破坏。广义的信息安全还涵盖身份认证、数据不可否认性、抗拒服务拒绝攻击等方面。信息安全的核心是确保信息在整个生命周期内的安全性。无论是在数据的生成、存储、传输、处理还是销毁阶段，都需要采用适当的技术和管理手段，保障信息的安全。

在不同的经典著作中，作者对信息安全的视角和定义的维度不同，例如威廉·斯托林斯（William Stallings）在 *Computer Security: Principles and Practice* 中从学术角度对信息安全进行了定义：保护信息系统及其数据免受未授权访问、破坏和修改的综合性学科。它涵盖物理安全、网络安全、数据加密和访问控制。

在 *Security Engineering: A Guide to Building Dependable Distributed Systems* 一文中，罗斯·J·安德森（Ross J. Anderson）将信息安全定义置于更广泛的工程背景下，强调了信息安全的核心为：构建健壮、可信的系统，通过识别潜在威胁并采取预防措施，确保系统不会因意外或恶意攻击而失效。并阐明信息安全不仅限于技术层面，还包括人类行为（如社会工程攻击）和政策制定（如合规要求）。

从以上著作中对信息安全的定义来看，随着技术的快速发展，信息安全的定义和范畴在不断演变。尤其是近年来，人工智能的技术革新在推动信息系统智能化的同时，也为信息安全带来了新的挑战和机遇。一方面，深度学习和机器学习技术被广泛应用于入侵检测系统（Intrusion Detection System，IDS）、恶意软件识别和异常行为分析等领域，显著提高了安全防护的效率和准确性；另一方面，攻击者也利用人工智能技术开发出更复杂、更隐蔽的攻击方式，如生成对抗网络（Generative Adversarial Networks，GAN）用于生成伪造数据、逃避传统检测系统。

此外，物联网、云计算和区块链等新兴技术的普及，使得信息安全的边界不再局限于单一系统，而是扩展到广泛的分布式环境。这些技术一方面增加了信息资源的攻击面，另一方面也推动了防御技术的多样化。

因此，信息安全不仅是一门解决现有问题的学科，更是一个持续演化的领域，需要结合最新的技术趋势，动态调整其定义和目标。理解信息安全的动态性对于培养未来的信息安全从业者和研究者尤为重要。

3.1.2　信息安全的目标

信息安全的核心目标是保护信息和信息系统的机密性、完整性和可用性，这三者被称为信息安全的三要素（CIA Triad），如图 3-1 所示。每一要素都在保障信息安全中发挥着至关重要的作用，但在实际场景中，这些目标通常需要综合考虑并相互平衡。下面将详细解释每一要素，并结合实际案例帮助读者理解。

图 3-1　信息安全的三要素

1．机密性（Confidentiality）

机密性指的是防止未经授权的访问或披露，确保信息仅被授权的用户或系统访问，其核心在于通过控制访问权限保护敏感信息的隐私性。

案例：

（1）医疗数据泄露事件。某医院的患者信息因未加密存储而被黑客窃取，导致患者的隐私数据在黑市上被出售。此事件揭示了未采取加密技术的严重后果。

（2）电子支付中的机密性。某在线支付平台未能有效加密用户的信用卡信息，在支付过程中遭遇中间人攻击（Man-in-the-Middle Attack）。攻击者通过拦截用户与支付服务器之间的通信，窃取了未经加密的敏感数据，包括信用卡号、有效期和信用卡安全（Card Verification Value，CVV）码。此后，攻击者利用这些信息进行非法交易，造成大量用户的财产损失。

防御手段举例：

（1）数据加密（Encryption）。例如高级加密标准（Advanced Encryption Standard，AES）加密保护敏感数据。

（2）访问控制（Access Control）。设置用户权限，确保只有授权用户才能访问特定数据。

（3）身份认证（Authentication）。使用密码、生物识别或多因素认证验证用户身份。

2．完整性（Integrity）

完整性指的是确保信息的准确性、一致性和可靠性，防止数据在存储或传输过程中被篡改或破坏。

案例：

（1）电子邮件篡改攻击。某公司管理人员收到一封经过精心伪造的电子邮件，表面上看似由公司财务总监发出，内容要求紧急转账至指定账户。由于邮件未使用数字签名技术，管理人员无法验证邮件的真实性。事实上，这封邮件的内容和发送地址均已被攻击者篡改，导致公司向错误账户转账，造成重大经济损失。

（2）电子病历系统。某医疗机构的电子病历系统（Electronic Health Record，EHR）遭受网络攻击，攻击者通过非法手段入侵系统，并篡改了多名患者的病历信息。例如，将患者的过敏史和诊断结果改为错误内容，导致医护人员基于错误的信息制定治疗方案，进而引发医疗事故。

防御手段举例：

（1）数据校验（Data Validation）。通过哈希算法（如 SHA-256）验证数据是否被修改。

（2）数字签名（Digital Signature）。验证数据的来源和完整性。

（3）版本控制（Version Control）。记录数据的变化历史，便于追溯和恢复。

3. 可用性（Availability）

可用性指的是确保授权用户在需要时可以访问信息或信息系统，避免因系统故障、恶意攻击或其他因素导致服务中断。

案例：

（1）分布式拒绝服务攻击导致网站瘫痪。某在线零售商在促销期间遭遇了分布式拒绝服务（Distributed Denial of Service，DDoS）攻击。DDoS攻击是一种通过操控大量受感染设备（称为"僵尸网络"）向目标服务器发送海量请求的方式，目的是耗尽服务器的资源（如带宽和计算能力），从而导致服务器无法正常运行。在此次攻击中，零售商的网站因大量虚假流量的涌入而完全瘫痪，用户无法进行下单操作，公司因此蒙受了巨大的收入损失。攻击者利用了该网站未部署完善的流量过滤机制，使得恶意流量轻易击穿了防护。

（2）医院信息系统停机事件。某医院的信息系统成为勒索软件攻击的目标。勒索软件是一种恶意软件，通过加密受害者的数据，迫使其支付赎金以恢复访问权限。攻击者通过钓鱼邮件的方式入侵医院的服务器，随后加密了所有的患者预约和急救信息。医院未采取有效的备份策略，关键数据无法恢复，导致急救流程被迫中断，严重影响了患者的治疗。此次事件暴露出了该医院信息系统在数据冗余和防御恶意软件方面的漏洞。

防御手段举例：

（1）冗余备份（Redundancy and Backup）。定期备份数据以防止因硬盘故障导致的数据丢失。

（2）分布式拒绝服务攻击防护（DDoS Mitigation）。通过防火墙和流量清洗等手段防御DDoS攻击。

（3）灾难恢复（Disaster Recovery）。制定紧急预案，快速恢复因自然灾害或事故导致的服务中断。

在实际场景中，信息安全的机密性、完整性和可用性往往需要权衡。例如，在军事系统中，机密性可能优先于可用性，而在医疗急救系统中，可用性则更为重要。这种优先级的选择应基于系统的使用场景和安全策略。

通过理解和实际案例的结合，可以看出机密性、完整性和可用性是信息安全不可或缺的目标，它们共同构成了信息安全的基础，为信息系统的正常运行提供了保障。

3.1.3 信息安全的重要性

信息安全在现代社会的重要性不言而喻。从个人隐私的保护到企业数据的安全，再到国家安全的保障，信息安全的重要性层层递进，体现出其对社会各个层面的深远影响。下面将从个人、企业到国家三个层次，逐步探讨信息安全的重要性。

1. 保护个人隐私：信息安全的基石

个人隐私的保护是信息安全最基础的层面。在数字化时代，每个人的个人信息都以数据的形式广泛存在于互联网和各类数据库中，包括社交账号、健康记录、支付信息等。一旦这些信息遭到泄露或滥用，可能会导致个人面临经济损失、身份盗用甚至心理伤害等风险。

案例：

（1）社交媒体隐私泄露。某知名社交媒体平台因漏洞导致数百万用户的私人信息（如电话号码、电子邮件）被泄露，导致用户隐私受到侵害并面临诈骗风险。

（2）医疗数据滥用。某医院的患者数据被非法出售，用于未经授权的商业研究，严重侵犯了患者的隐私权。

保护个人隐私不仅是维护个人权益的基本要求，也是信息安全实践的第一步。

2. 保障企业数据：经济发展的命脉

企业的数据是其核心资产，包含商业机密、客户信息、财务报表等。一旦企业数据遭受攻击或泄露，可能导致商业竞争力的削弱、市场信誉的丧失，甚至威胁企业生存。

案例：

（1）商业机密泄露。某科技公司研发的核心技术因内部系统遭受网络攻击而被竞争对手获取，直接导致市场份额大幅下降。

（2）勒索软件攻击。某中小企业的数据库被勒索软件加密，攻击者要求支付高额赎金以解锁数据。由于缺乏有效的备份系统，企业被迫支付赎金，造成经济损失并影响运营。

企业数据安全不仅关系到个体企业的生存，还直接影响整体经济的发展。特别是在全球化的背景下，信息安全已经成为企业竞争力的重要组成部分。

3. 守护国家安全：信息安全的最高层次

信息安全在国家层面的重要性尤为突出。随着关键基础设施和军事系统的数字化，信息安全的威胁已经从经济和社会层面延伸到国家安全层面。一旦国家核心信息系统被攻击或关键数据泄露，可能引发严重的政治、经济和社会动荡。

案例：

（1）关键基础设施攻击。某国家的电力系统遭受高级持续性威胁（Advanced Persistent Threat，APT）攻击，导致大面积停电，严重影响居民生活和经济运行。

（2）国家数据泄露。某国防部内部数据因间谍活动被窃取，威胁军事部署和战略安全。

国家安全是信息安全的重要制高点。为此，各国纷纷投入巨资构建信息安全防御体系，通过立法、技术研发和国际合作，全面提升国家级信息安全能力。

4. 个人、企业与国家安全的相互关联

个人、企业和国家的信息安全看似分属于不同层次，但它们之间存在紧密的联系和深刻的相互作用。在信息高度互联的时代，任何一个层次的安全问题都可能扩展并影响其他层次，形成从个人到企业再到国家的安全威胁链条。

（1）个人信息安全对企业和国家安全的影响。个人的信息泄露不仅威胁隐私权，还可能通过多种方式对企业和国家层面造成影响。例如：

1）个人信息被用作攻击入口。攻击者可以通过获取个人员工的信息（如邮箱账号或登录密码），进一步攻击企业的内部网络。这种手法被称为社会工程攻击（Social Engineering Attack）。如某大型企业因高管邮箱被攻击而导致核心数据泄露的事件，就源于个人信息安全的薄弱环节。

2）个人数据的国家级影响。当大量公民的个人数据被窃取时，攻击者可能利用这些数据绘制人口特征、经济状况甚至地缘政治信息，从而对国家信息安全产生威胁。例如，某国人口健康数据库被攻击者窃取，用于非法行为和间谍活动，暴露了国家在信息安全层面的漏洞。

（2）企业数据安全对个人和国家的关联。企业数据的安全问题不仅对其自身有影响，还可能通过其服务的客户或关联的国家系统引发更大范围的安全风险。例如：

1）企业数据泄露对个人隐私的影响。许多企业持有大量个人用户数据（如电商平台或社交网络）。一旦企业数据遭到攻击，可能导致成千上万用户的隐私信息被泄露。

2）关键企业的安全威胁国家安全。一些企业，特别是涉及能源、交通、金融等关键基础设施的企业，其数据和系统安全与国家安全直接相关。例如，某国能源企业因遭受网络攻击导致系统瘫痪，进而引发全国范围的能源供应危机。

（3）国家安全对企业和个人的保护作用。国家层面的信息安全措施不仅保护了国家利益，也为企业和个人提供了重要的防护屏障。例如：

1）国家级网络安全政策。国家通过制定数据保护法规和网络安全政策，要求企业遵循安全标准，从而间接保护个人信息安全。例如，《中华人民共和国网络安全法》《中华人民共和国数据安全法》《中华人民共和国个人信息保护法》等通过法律手段强化了对用户数据隐私的保护。

2）国家网络防御系统的作用。在国家面临网络战或 APT 攻击时，国家级网络防御系统可以减轻其对企业和个人的影响，例如通过威胁情报共享、攻击溯源和快速响应防止攻击蔓延。

3.2　常见的威胁和风险

在信息安全领域，威胁和风险是无处不在的。随着技术的发展，网络攻击手段和恶意行为的复杂性也不断提升。本节将介绍常见的威胁类型，并结合实际案例帮助读者理解这些风险对个人、企业和国家的影响。

3.2.1　恶意软件

恶意软件是指专门设计用来破坏、窃取或扰乱系统和数据的程序。常见类型包括病毒、木马和蠕虫。

1. 病毒

电脑病毒是一种的恶意程序，它可以感染计算机文件或系统，通过复制自身的方式进行传播。病毒通常需要依附于合法文件或程序，通过用户交互（如打开文件或运行程序）激活。一旦激活，病毒很可能删除文件、窃取数据、篡改系统设置，甚至使计算机无法正常运行。病毒得名于其与生物病毒类似的传播特性——依附宿主、自我复制，并对宿主系统造成破坏。

世界上最早的计算机病毒被称为 Creeper，由鲍勃·托马斯（Bob Thomas）在 1971 年设计，最初是作为一个实验程序。在早期的阿帕网（ARPANET）中，Creeper 病毒感染了 DEC PDP-10 主机，显示信息 "I'm the creeper, catch me if you can!"。尽管它不会对系统造成实际破坏，但它开创了病毒传播的概念。

真正具有破坏力的病毒始于 1986 年的 Brain 病毒。它由两位巴基斯坦程序员编写，是世界上首个计算机病毒。Brain 感染了 IBM 兼容电脑的软盘启动区，一旦用户尝试启动受感染的软盘，病毒便会被激活，减缓系统运行速度并影响硬盘读写。

（1）Melissa 病毒。Melissa 病毒（1999 年）是一种宏病毒，附着在 Microsoft Word 文档中，通过电子邮件传播，如图 3-2 所示。一旦用户打开病毒文档，病毒会自动将带有病毒的邮件发送给用户通信录中的前 50 个联系人。Melissa 病毒导致全球邮件系统瘫痪，带来了数千万美元的损失。

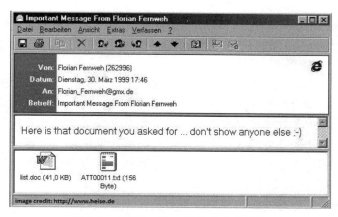

图 3-2　传播 Melissa 病毒的电子邮件

（2）CryptoLocker 病毒。CryptoLocker 是恶名昭著的勒索病毒之一，首次被发现于 2013 年 9 月。如图 3-3 所示，CryptoLocker 病毒通过伪装成合法电子邮件附件（如假冒的快递通知、发票文件）进行传播。邮件附件通常是一个 ZIP 文件，里面包含一个带有恶意代码的可执行文件。一旦用户解压缩并运行了该文件，病毒便会被激活。激活后，CryptoLocker 病毒会加密用户硬盘上的文件，使用强加密算法（如 RSA-2048）生成唯一的解密密钥。用户被要求支付比特币形式的赎金才能获取解密密钥。如果受害者拒绝支付，病毒会删除解密密钥，永久锁定文件。CryptoLocker 病毒感染了全球 25 万多台电脑，给企业和个人用户造成了数百万美元的经济损失。许多受害者在无备份的情况下，被迫支付赎金以恢复文件。

图 3-3　CryptoLocker 勒索用户支付 300 美金赎金

（3）CIH 病毒。CIH 病毒又称"切尔诺贝利病毒"，是由中国台湾大学学生陈盈豪（Chen Ing-Hau）编写的一种极具破坏力的病毒。CIH 病毒通过感染 Windows 可执行文件进行传播。用户在运行被感染程序时，病毒会被激活并将自身复制到其他可执行文件中，从而继续扩散。CIH 病毒具备删除硬盘主引导记录（Master Boot Record，MBR）的能力，使计算机无法启动。CIH 病毒设定了特定的激活日期，其中最著名的版本在每年的 4 月 26 日（切尔诺贝利核事故周年纪念日）触发破坏功能。CIH 病毒感染了全球数百万台计算机，特别是在亚洲地区。直接经济损失高达数亿美元，并导致许多用户的硬盘和主板报废。

病毒通常具有以下特征：

（1）依附性。病毒需要附着在合法文件或程序上，如文档、可执行文件或引导区。

（2）自我复制。病毒能够通过复制自身感染更多文件或系统。

（3）激活条件。大多数病毒需要用户交互（如打开感染文件）才能激活。

（4）潜伏性。某些病毒会隐藏在系统中一段时间，伺机触发特定行为。

（5）破坏性。病毒可能修改系统文件、删除数据，甚至导致硬件损坏。

病毒的危害也体现在多个方面：

（1）破坏数据。病毒可能删除或篡改重要文件，导致数据永久丢失。

（2）性能下降。病毒可能消耗系统资源，导致电脑运行缓慢甚至崩溃。

（3）隐私泄露。某些病毒会窃取敏感数据，如密码、账户信息或机密文件。

（4）传播其他恶意软件。病毒可能作为载体传播木马、勒索软件或蠕虫，进一步扩大危害。

（5）经济损失。病毒攻击可能导致企业运营中断、数据恢复成本增加，甚至影响公众服务，如医院或政府机构的运行。

病毒是恶意软件的一种，具有极强的破坏力和传播能力。从最早的实验性程序 Creeper 病毒到现代复杂的病毒（如 WannaCry），其发展反映了技术进步与安全挑战的并存。了解病毒的定义、历史案例和特征，是提升信息安全意识和制定防护措施的基础。面对病毒威胁，人们需要及时更新系统、使用防病毒软件，并保持警惕，避免因一时疏忽导致严重后果。

2. 木马

木马（Trojan Horse）是一种伪装成合法软件或文件的恶意程序，以欺骗的方式诱导用户主动运行。木马本身不会像病毒或蠕虫那样主动复制和传播，但它可以窃取敏感信息、安装其他恶意软件，甚至远程控制目标设备。木马得名于古希腊神话中用于欺骗敌人的"特洛伊木马"，其本质是通过伪装实现入侵。木马往往隐藏在伪造的应用程序、电子邮件附件或恶意网站的下载链接中。用户一旦运行木马程序，攻击者即可获取系统权限，实施进一步破坏或窃取数据。

历史上首个被广泛承认的木马是 Animal 程序，它由约翰·沃克（John Walker）在 1975 年编写，最初是一种益智游戏程序。虽然 Animal 本身并非恶意软件，但它包含一个 Pervade 模块，该模块在未经许可的情况下，将自己复制到了系统的其他目录中。这种伪装和隐蔽的传播方式为后来的木马程序设计奠定了基础。

真正具有恶意的木马程序出现在 20 世纪 90 年代。例如，NetBus 木马（1998 年）允许攻击者远程访问和控制 Windows 系统，实施包括窃取文件、远程控制鼠标等恶意行为。

木马因其隐蔽性和伪装性，在历史上多次被用于大规模攻击，以下是一些著名案例：

（1）Zeus 木马（2007 年）。Zeus 是一种专门用于窃取银行账户信息的木马。它通过钓鱼邮件和伪造网站传播，感染了全球成千上万台电脑。一旦安装，Zeus 会记录用户的按键输入（键盘记录），窃取在线银行的登录凭据，导致大量用户的资金被非法转移。据估算，Zeus 木马造成的全球经济损失高达数十亿美元。

（2）Poison Ivy 木马（2005 年）。Poison Ivy 是一款远程访问工具（Remote Access Trojan,

RAT），如图 3-4 所示，攻击者通过它可以完全控制受害者的电脑，包括窃取文件、打开摄像头、记录键盘输入等。它被广泛用于企业间谍活动和大规模窃取数据，许多国家的关键基础设施也受到了它的威胁。

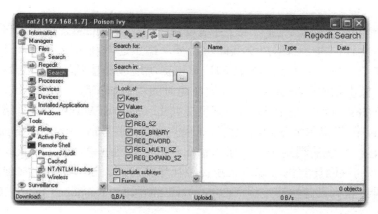

图 3-4　黑客端 Poison Ivy 木马的界面

（3）FakeAV 木马（2010 年）。FakeAV 是一种伪装成杀毒软件的木马程序，用户运行后会显示虚假的病毒警告，诱导用户支付"修复"费用。这种木马不仅骗取用户的金钱，还会进一步安装其他恶意软件，扩大危害范围。

木马与其他恶意软件相比，有以下显著特征：

（1）伪装性。木马通常伪装成合法软件，欺骗用户主动运行。例如伪装成系统更新包、杀毒软件或办公工具。

（2）无传播性。木马不会像病毒和蠕虫那样主动复制和传播，它的传播范围通常取决于用户的下载和运行。

（3）多功能性。木马可以被编程为执行各种恶意任务，例如窃取数据、记录键盘输入、安装后门等。

（4）隐蔽性。木马运行后可能隐藏自身，不被用户察觉，直到其完成恶意操作。

木马的隐蔽性和多功能性使其成为极具威胁的恶意软件，其危害体现在以下几个方面：

（1）窃取敏感数据。木马能够记录用户的账号密码、支付信息，甚至窃取企业机密数据。

案例：某公司的财务人员通过电子邮件下载了一个伪装成发票的木马程序，导致公司内部的财务数据泄露，造成了巨大的经济损失。

（2）远程控制设备。木马可以赋予攻击者对受害系统的完全控制权限。

案例：某木马攻击导致一名受害者的摄像头被远程打开，隐私画面被拍摄并用于勒索。

（3）安装其他恶意软件。木马常作为其他恶意软件（如勒索软件或蠕虫）的载体。

案例：某教育机构的服务器感染了一款木马，木马随后在系统中安装了一个勒索病毒，导致所有学生数据被加密，并被要求支付高额赎金以解锁。

（4）破坏系统运行。木马可以删除文件、篡改系统设置或恶意删除关键数据，导致系统瘫痪。

案例：某医院的网络被木马攻击后，核心系统被锁定，急救服务中断了两天。

木马是一种极具隐蔽性和破坏力的恶意软件，因其伪装性和多功能性在信息安全历史上屡次造成重大损害。从早期的简单远程访问工具到现代复杂的金融木马，木马的形式和用途不断演化。了解木马的定义、历史案例和危害，有助于用户提升安全意识，例如避免运行未知程序、及时更新系统和使用专业的安全软件，以减少受到木马攻击的风险。

3. 蠕虫

蠕虫（Worm）是一种能够独立运行并通过网络自动传播的恶意程序。它不同于病毒，不需要依附于宿主文件，也无需用户交互即可传播。蠕虫通常利用网络漏洞或开放端口传播，能够迅速感染多个系统，并对网络环境和计算机资源造成严重破坏。蠕虫得名于其"爬行"式的传播方式，像生物中的蠕虫一样，能够在短时间内迅速扩散，影响范围广泛。

历史上最早的蠕虫程序是 1988 年的莫里斯蠕虫（Morris Worm）。这是第一个在互联网上广泛传播的蠕虫，由康奈尔大学的研究生罗伯特·泰潘·莫里斯（Robert Tappan Morris）设计。该蠕虫利用 UNIX 系统的漏洞传播，原本意在测试互联网规模，但由于代码设计缺陷，它感染了全球约 10%的联网计算机，许多系统资源耗尽并瘫痪。这一事件直接促使了网络安全领域的兴起和美国计算机紧急响应小组（Computer Emergency Response Team，CERT）的成立，以下是一些著名案例：

（1）爱虫蠕虫。爱虫蠕虫（ILOVEYOU Worm，2000 年）起初被认为是病毒，但实际上它是利用电子邮件传播的蠕虫。一旦用户打开伪装成"情书"的附件，蠕虫会自动发送自身到用户的通信录联系人，并删除系统中的重要文件。这场蠕虫攻击波及全球超过 5000 万台电脑，造成超过 100 亿美元的经济损失。

（2）冲击波蠕虫。冲击波蠕虫（Blaster Worm，2003 年）的制作者杰弗里·帕森（Jeffrey Parson）利用了 Windows 系统的远程过程调用（Remote Procedure Call，RPC）漏洞进行传播，感染后计算机上显示警告信息："Billy Gates, why do you make this possible? Stop making money and fix your software!"该蠕虫迅速感染了全球数百万台电脑，导致系统频繁崩溃，并对许多企业和机构的网络造成严重干扰。

（3）震网蠕虫。震网蠕虫（Stuxnet Worm，2010 年）是一种高度复杂的工业蠕虫，主要针对工业控制系统（Industrial Control System，ICS）。它通过感染离线系统的 USB 设备传播，破坏目标设备的工业流程，特别是针对伊朗核设施的离心机运行进行破坏。这是蠕虫被用于国家级网络战的标志性案例。

（4）WannaCry 勒索蠕虫。WannaCry 勒索蠕虫（2017 年）利用 Windows 的"永恒之蓝"漏洞传播，同时加密用户文件并要求支付比特币赎金以解锁。该蠕虫在全球范围内感染超过 15 万台计算机，导致医院、政府部门和企业业务大规模中断。WannaCry 勒索蠕虫不仅带来了直接经济损失，也进一步暴露了系统漏洞管理的重要性。

蠕虫与病毒和木马相比，有以下显著特征：

（1）独立性。蠕虫是独立的恶意程序，不需要依附其他文件或程序即可运行和传播。

（2）自动传播性。蠕虫无需用户操作，能够通过网络漏洞、共享文件夹或恶意网站自动扩散。

（3）快速传播。蠕虫可以在短时间内感染大量设备，对网络环境造成极大影响。

（4）多功能性。现代蠕虫往往不仅具备传播能力，还会执行勒索、窃取数据、安装后门程序等多种恶意行为。

（5）隐蔽性。蠕虫的传播过程通常不易察觉，感染完成后可能长期潜伏，伺机实施破坏。

蠕虫的快速传播能力和破坏性使其成为信息安全领域的重大威胁，其危害主要包括：

（1）耗尽网络资源。蠕虫会产生大量的网络流量，导致带宽拥堵，网络服务中断。

案例：SQL Slammer 蠕虫（2003 年）利用 Microsoft SQL Server 的漏洞传播，仅用 10 分钟就感染了全球超过 75000 台服务器，导致全球互联网大规模中断。

（2）耗尽系统资源。蠕虫的运行会占用大量 CPU 和内存资源，导致系统性能下降甚至崩溃。

案例：感染 Blaster 蠕虫后，许多 Windows 系统用户的电脑无法正常启动，导致人们的工作和生活严重受阻。

（3）传播其他恶意软件。许多蠕虫还会作为载体传播木马、勒索软件或间谍软件，进一步扩大攻击范围。

案例：Conficker 蠕虫（2008 年）不仅感染了数百万台设备，还安装了后门程序，用于窃取数据和创建僵尸网络。

（4）针对工业控制系统进行破坏。工业蠕虫可以直接影响关键基础设施的运行，带来经济和社会安全问题。

案例：Stuxnet 蠕虫破坏了目标国家的工业设备，间接引发了国际争议。

蠕虫是恶意软件中传播能力最强的一类，其独立性和自动化传播特性使得感染范围可以迅速扩大。从早期的莫里斯蠕虫到现代的 WannaCry 勒索蠕虫，蠕虫的危害已从单纯的网络资源破坏扩展到窃取数据和破坏工业基础设施。了解蠕虫的定义、历史案例和特征，有助于用户采取预防措施，例如及时更新系统漏洞补丁、关闭不必要的端口、部署入侵检测系统（Intrusion Detection System，IDS），以减少遭受蠕虫攻击的风险。

4. 病毒、木马、蠕虫的异同点

病毒、木马、蠕虫的异同点见表 3-1。

表 3-1　病毒、木马、蠕虫的异同点

特性	病毒	木马	蠕虫
传播方式	依附文件，通过用户操作（如打开文件）扩散	用户主动下载和运行，木马本身不传播	通过网络漏洞、共享文件夹等方式自动传播，不依赖用户操作
是否依附宿主文件	是	否	否
是否需用户操作	是	是	否
传播范围	传播速度较慢，范围有限	通常局限于单一系统或目标，影响范围小	利用网络自动传播，传播速度快，影响范围广
危害	破坏文件、感染系统，可能导致数据丢失	窃取敏感数据、远程控制系统，可能造成隐私泄露，经济损失或系统瘫痪	消耗网络资源、传播其他恶意软件，可能导致大规模网络瘫痪
独特特点	需要宿主文件，激活后自我复制扩散	伪装合法程序，通常不主动传播	独立存在，自动利用网络漏洞传播

3.2.2　网络攻击

DDoS、网络钓鱼、XSS 和 SQL 注入是网络攻击中最常见的四种类型，它们分别利用不同的技术手段和漏洞对目标系统造成威胁。理解这些攻击的定义、历史、案例和危害，有助于用户和企业提高安全意识，采取针对性的防护措施。

1. DDoS

DDoS 攻击是一种通过操控大量分布式设备（通常是僵尸网络）向目标服务器发送海量请求的方式，导致服务器资源耗尽，无法正常为合法用户提供服务。这种攻击常用于瘫痪网站、服务平台或关键基础设施。DDoS 的攻击原理如图 3-5 所示。

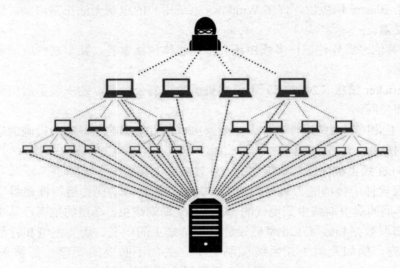

图 3-5　DDoS 的攻击原理

DDoS 攻击的雏形可以追溯到 1996 年的"SYN 洪水"攻击，但真正大规模的 DDoS 攻击始于 2000 年。当时，15 岁的攻击者 Mafia Boy 对包括雅虎（Yahoo）、易贝（eBay）和美国有线电视新闻网（Cable News Network，CNN）在内的多个大型网站发动了 DDoS 攻击，造成了全球互联网的大规模瘫痪。

2016 年的"Mirai 僵尸网络攻击"利用受感染的物联网设备（如摄像头和路由器）向域名系统（Domain Name System，DNS）服务提供商 Dyn 发起 DDoS 攻击，导致亚马逊、网飞（Netflix）、推特（Twitter）等大型平台无法访问，全球互联网受到严重影响。

DDoS 攻击的主要危害包括网站或服务长时间瘫痪、企业经济损失、用户信任下降，以及对关键基础设施（如金融系统或公共服务）的潜在威胁。

2. 网络钓鱼

网络钓鱼（Phishing）是一种通过伪装成可信实体（如银行、电子商务平台或技术支持）的方式诱骗目标用户泄露敏感信息（如账号密码、支付信息或身份信息）的攻击手段。网络钓鱼攻击通常通过电子邮件、短信或伪造网站实现。

网络钓鱼的概念可以追溯到 20 世纪 90 年代，当时攻击者通过伪造美国在线（American Online，AOL）客户服务的电子邮件诱骗用户提供账号信息。随着电子邮件和网络支付的普及，网络钓鱼攻击迅速成为一种常见的网络威胁。

2016 年的"Podesta 电子邮件泄露事件"是一次著名的网络钓鱼攻击。攻击者通过伪造的 Google 登录页面诱骗美国总统竞选经理约翰·波德斯塔（John Podesta）泄露了其邮箱密码，导致大量敏感信息被曝光，并在选举期间产生了重大影响。

网络钓鱼攻击的危害包括个人隐私泄露、账户被盗、经济损失以及企业机密信息外泄。同时，这种攻击方式简单高效，难以完全防御。

3. XSS

跨站脚本攻击（Cross-Site Scripting，XSS）是一种通过在网页中插入恶意脚本代码的方式，让受害者浏览器执行攻击者指定操作的攻击手段。攻击者可以利用 XSS 窃取用户的敏感信息（如 Cookie）、劫持会话或篡改网页内容。

XSS 攻击最早出现在 20 世纪 90 年代后期，随着动态网页和用户交互内容的流行，这种攻击方式逐渐被广泛使用。如今，XSS 已成为 Web 应用中最常见的漏洞之一。

2005 年，知名社交网络聚友（MySpace）被 XSS 攻击利用。攻击者萨姆·卡姆卡尔（Samy Kamkar）编写了一个自我复制的恶意脚本，短时间内感染了超过一百万个 MySpace 账户，其被称为"Samy 蠕虫"。这是 XSS 攻击与蠕虫结合的经典案例。

XSS 攻击可能导致用户会话被劫持、个人隐私数据泄露、钓鱼页面生成以及系统被进一步渗透。由于 XSS 攻击通常依赖用户浏览器执行代码，受害者往往难以察觉。

4. SQL 注入

SQL 注入（SQL Injection）是一种通过在 Web 应用程序的输入字段中插入恶意 SQL 语句，操控目标数据库执行非预期操作的攻击方式。攻击者可以利用 SQL 注入窃取敏感数据、篡改数据库内容，甚至破坏数据库结构。

SQL 注入攻击的概念于 1998 年首次被公开记录。随着动态网站的普及，攻击者利用这种技术针对不安全的数据库访问接口进行攻击。21 世纪初 SQL 注入攻击开始大规模出现。

2012 年，领英（LinkedIn）的一次 SQL 注入漏洞导致了超过 650 万用户的加密密码被泄露。这些密码随后被公开在黑客论坛上，引发了对用户数据安全的广泛关注。

SQL 注入攻击可能导致敏感数据（如用户账号、支付信息）被窃取，数据库被篡改或删除，企业将面临严重的经济和声誉损失。未经严格验证的用户输入通常是 SQL 注入的主要攻击点。

3.2.3　内部威胁

1. 内部威胁的来源和类型

内部威胁是信息安全中最隐蔽和复杂的威胁类型，其来源的多样性和不可预测性，使得防范和检测具有极大的挑战性。不同于外部攻击，内部威胁通常来自企业或组织内部，攻击者往往拥有合法的访问权限，这种合法性掩盖了其恶意行为的轨迹。根据内部威胁的行为特性和动机，可将其分为以下几类：

（1）恶意员工。恶意员工是内部威胁中最具破坏力的类型之一，他们往往对公司怀有不满，或出于个人利益而蓄意泄露或破坏公司数据。恶意员工的行为包括但不限于泄露敏感数据、篡改或删除数据、制造系统瘫痪等。恶意员工的威胁在于其对公司内部系统的深度了解以及广泛的访问权限，使其可以精准地选择攻击目标，最大程度地放大破坏效果。

（2）无意失误。无意失误指员工在日常工作中因操作不当或疏忽而引发的安全问题。这种类型的内部威胁往往没有恶意，但其造成的损害可能与恶意行为同样严重。无意失误的行为包括但不限于错误配置系统、误发邮件或文件、删除或覆盖重要数据等。由于这些行为通常源于员工的技术能力不足或安全意识薄弱，其危害具有突发性和不可预测性。无意失误的隐蔽性较高，难以通过传统的安全防护措施提前预防，常常需要通过技术和培训相结合的方法加以应对。

（3）第三方合作伙伴。第三方合作伙伴指与企业或组织有业务往来的外部供应商、外包团队或技术服务提供方，他们可能因权限管理不当或安全措施薄弱而成为内部威胁的来源。第三方合作伙伴的威胁有滥用权限、暴露安全漏洞、数据共享不当等。这类威胁的危险在于企业难以完全控制第三方的行为，同时共享的敏感数据或系统权限可能被不当使用或泄露。因此，第三方合作伙伴的内部威胁需要通过合同约束、定期安全审查和严格的权限管理来降低风险。

（4）社会工程学操控。社会工程学操控是攻击者通过心理学技巧和欺骗手段，诱导内部人员泄露敏感信息或执行恶意操作的一种攻击方式。这类攻击通常利用人性的弱点，如信任、恐惧或好奇心。社会工程学操控的行为包括但不限于：冒充合法身份索要密码、伪造邮件诱导转账、通过恶意 USB 设备传播病毒等。这种威胁的危险在于，攻击者绕过了技术防线，直接从内部人员入手突破企业的安全措施。由于此类威胁难以完全通过技术手段防御，加强员工的安全意识和教育是有效应对的关键。

2. 经典内部威胁案例

（1）恶意员工。2018 年，特斯拉首席执行官埃隆·马斯克（Elon Musk）向全体员工发送了一封电子邮件，披露公司内部发生了一起严重的破坏事件。一名员工因未获得晋升而心生不满，遂对公司的制造操作系统进行了未经授权的代码更改，并向外部泄露了大量机密数据。

（2）无意失误。2017 年伦敦格伦菲尔塔火灾发生后，肯辛顿与切尔西区议会（Kensington and Chelsea Council）作为事故管理单位，负责协调救灾工作、重建安排及与媒体的沟通。在火灾发生后的媒体报道准备阶段，该议会无意中向媒体提供了一份包含 943 名空置房屋业主的详细名单。泄露的个人信息包括这些业主的姓名和地址，其中一些业主为社会知名人士。这份名单原本仅用于统计和内部使用，但由于工作人员的失误，被直接分享给了媒体记者。最终，英国信息专员办公室（Information Commissioner's Office，ICO）对肯辛顿与切尔西区议会处以 12 万英镑的罚款。

（3）第三方合作伙伴。2013 年，美国零售商 Target 遭遇大规模数据泄露事件，约 4000 万张信用卡和 7000 万个客户账户受到影响（包括姓名、地址、电话号码和电子邮件地址）。事件规模之大，直接影响了 Target 的经营和消费者信任。攻击者通过 Target 的一家第三方供应商进入其网络，利用恶意软件窃取支付信息，Target 为应对此次事故付出了巨额成本，包括 1.62 亿美元的赔偿和修复费用。

（4）社会工程学操控。2016 年，比利时银行 Crelan 成为一起商业电子邮件诈骗的受害者。攻击者冒充 Crelan 银行 CEO 的身份，向财务部门发送了一封伪造的电子邮件，要求财务人员直接按照邮件指令将款项转至指定账户。攻击者在邮件中强调了"紧急性"和"保密性"，制造心理压力，让财务人员无法与其他同事核实邮件的真实性，最终 Crelan 银行被骗走了 7000 多万欧元的资金。

3. 内部威胁的防范措施

技术层面的防护是应对内部威胁的基础手段之一。首先，企业应全面落实最小权限原则（Least Privilege），确保每位员工只能访问其工作必需的数据和系统资源，从根本上减少敏感信息被滥用的可能性。其次，部署实时监控和入侵检测系统能够快速识别和响应异常行为，例如大规模数据下载或非工作时间的异常访问。此外，数据加密技术同样重要，通过对敏感数据的加密存储和传输，即使数据被泄露，也难以被攻击者直接利用。最后，定期审查系统日志有助于发现潜在威胁，例如权限被异常提升或被多次尝试访问的记录，为早期威胁检测提供依据。

除技术防护外，管理和流程的改进也至关重要。企业应严格执行员工背景调查，对具有敏感权限的岗位尤其需要确认其诚信和可靠性。在员工离职管理中，及时回收其系统权限和工作设备，并定期核查离职前的活动记录，防止数据泄露或恶意破坏。此外，制定和实施清晰的内部安全政策也是必要措施，例如敏感数据访问的审批流程、异常行为的处理机制等。建立定期的安全审计机制，对权限管理、系统配置等关键环节进行检查，可以有效降低内部威胁的发生概率。

员工安全意识的培养是防范内部威胁的关键补充。企业应定期对全体员工进行信息安全培训，使其了解常见的威胁类型（如社会工程学）和应对策略。例如，通过模拟网络钓鱼邮件测试，帮助员工识别伪装攻击的特征并及时上报可疑行为。此外，对关键岗位的人员提供更深入的安全知识培训，确保他们能够正确处理敏感数据和紧急情况。安全文化的建立也同样重要，企业可以鼓励员工积极参与安全管理，让每个人都意识到自身行为对信息安全的重要性。

通过技术手段、管理流程和员工教育的三重结合，企业可以从多个层面应对和防范内部威胁，减少安全事件发生的可能性，保护敏感数据和系统资源。

3.3　密码学基础

3.3.1　凯撒加密

1. 凯撒加密的历史背景

凯撒加密（Caesar Cipher）起源于古罗马，由著名的军事统帅朱利叶斯·凯撒（Julius Caesar）发明，用于在战场通信中保护军事机密。凯撒利用这种简单的替换加密方法，将字母表中的每个字母按照固定的位移量替换为另一个字母，从而使敌军难以理解信息的内容。据记载，凯撒通常将位移量设置为 3，这样明文中的每个字母都被替换为其后第三个字母。尽管凯撒加密在当时的技术环境下被认为是一种有效的保密手段，但由于其加密方式过于简单，密码空间有限（对于英文字母来说仅有 26 种可能的位移量），很容易被暴力破解。随着密码学的逐步发展，凯撒加密的实际应用逐渐减少，但它作为密码学的起点具有重要的历史意义，并为后来的替换密码和更复杂的加密方法奠定了基础。

2. 凯撒加密的原理

加密公式：$C=(P+k)\ mod\ n$，其中 P 是明文字母（Plain text）的序号，C 是密文字母（Cypher text）的序号，k 是位移量，也就是密钥（key），n 是字母表长度。

解密公式：$P=(C-k)\ mod\ n$

例：假设加密者设置偏移量 $k=3$，现将需要发送的明文"HELLO"加密。

（1）按照英语字母表（从 0 到 25）将每个字母映射成数字。

H→7

E→4

L→11

L→11

O→14

（2）对每个字母应用公式 $C=(P+k)\ mod\ 26$ 其中 $k=3$。

H：$C = (7+3)\ mod\ 26 = 10$→K

E：$C = (4+3)\ mod\ 26 = 7$→H

L：$C = (11+3)\ mod\ 26 = 14$→O

L：$C = (11+3)\ mod\ 26 = 14$→O

O：$C = (14+3)\ mod\ 26 = 17$→R

加密后生成的密文就是"KHOOR"。

在接收者收到密文后，只需要用同样的偏移量 $k=3$，套用解密公式，即可将密文恢复成明文。

（1）将密文字母转为数字。

K→10

H→7

O→14

O→14

R→17

（2）套用解密公式。

K：$P = (10-3)\ mod\ 26 = 7$→H

H：$P = (7-3)\ mod\ 26 = 4$→E

O：$P = (14-3)\ mod\ 26 = 11$→L

O：$P = (14-3)\ mod\ 26 = 11$→L

R：$P = (17-3)\ mod\ 26 = 14$→O

3. 凯撒加密的意义

凯撒加密由于加密方式简单且密钥空间有限，非常容易被破解。最直接的破解方法是暴力破解，即尝试所有可能的位移量，直到找到能够解密出明文的密钥。此外，频率分析是一种更高效的破解手段，通过统计加密文本中各字母的出现频率，匹配常用字母（如英语中 E、T、A 等）出现的模式，可以快速推断出加密所使用的位移量。这些方法都说明凯撒加密的安全性在现代已完全无法满足实际需求。

作为最简单的替换密码，凯撒密码清晰地展示了加密的基本原理，帮助初学者快速理解加密与解密的概念。凯撒加密还常用于谜题设计、游戏或非正式的秘密交流，例如朋友之间的加密消息或儿童教育中的解谜任务。更重要的是，它为现代密码学的发展奠定了理论基础，其思想衍生出更复杂的替换密码与对称加密算法，对密码学的启蒙和发展具有重要意义。

3.3.2　对称加密和非对称加密

密码算法的核心要素是通过特定的数学方法和规则对信息进行加密和解密，从而保护信息的机密性、完整性和真实性。一个密码算法通常包括以下几个基本要素：明文（需要保护的原始信息）、密文（加密后的信息）、密钥（用于加密和解密的信息参数）以及算法规则（加密和解密的具体操作步骤）。加密的本质是通过密钥和算法规则将明文转换为密文，使其无法被未经授权的第三方理解；解密则是逆过程，利用密钥和算法规则将密文还原为明文。

根据加密和解密过程中是否使用相同的密钥，密码算法可以分为两大类：对称加密和非对称加密。对称加密算法中，加密和解密使用相同的密钥，密钥的共享和管理是其核心挑战；而非对称加密算法中，加密和解密使用一对密钥——公钥和私钥，其中公钥公开，私钥保密。这两种算法各有特点，适用于不同的应用场景，例如对称加密更适合大数据量的快速加密，而非对称加密则广泛用于数字签名和密钥分发等场景。之前介绍的凯撒加密就是一种典型的对称加密。

1. 对称加密

从早期的 DES（Data Encryption Standard）和 RC4（Rivest Cipher 4）到现代的 AES（Advanced Encryption Standard），对称加密算法各具特点，适用于不同的场景。它们的演变反映了密码学技术随着计算能力和攻击方法的发展逐步加强。AES 作为现行主流对称加密算法，以其高效性和安全性成为几乎所有领域的标准。对称加密算法中，加密和解密使用相同的密钥，加密和解密过程如图 3-6 和图 3-7 所示。

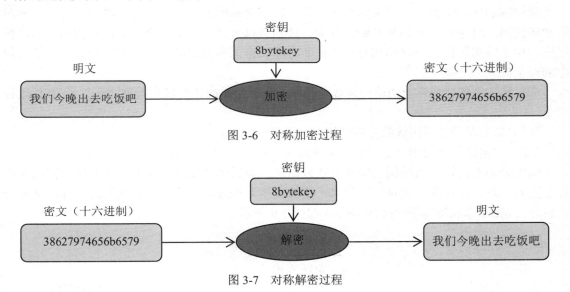

图 3-6 对称加密过程

图 3-7 对称解密过程

DES 是一种早期广泛使用的对称加密算法，由 IBM 设计，并在 1977 年被美国国家标准局采纳为联邦数据处理标准。DES 使用固定的 64 位分组和 56 位密钥，能够快速加密和解密数据。然而，由于密钥长度较短，密钥空间为 2^{56} 种可能性，在 20 世纪 70 年代的算力推算需要数十年才能破解，而现代的普通家用电脑需要几小时到几天时间便能破解，因此，自 90 年代开始，其已被认为不够安全。尽管如此，DES 仍然在早期的银行交易、文件加密和硬件加密设备中得到广泛应用，并为后续加密算法的发展奠定了基础。

AES 是 DES 的继任者，于 2001 年被美国国家标准与技术研究院（National Institute of Standards and Technology，NIST）正式采纳。AES 支持 128 位、192 位和 256 位密钥长度，提供更高的安全性和更快的加密速度。密钥空间为 $2^{128}\sim2^{256}$，即使使用全球所有的超级计算机联合工作，暴力破解也需要数十亿年。由于其高效性和安全性，AES 成为当前最广泛使用的对称加密算法，被应用于文件加密、硬盘加密（如 BitLocker）、无线网络保护（如 WPA2）以及加密保护协议（Secure Sockets Layer/Transport Layer Security，SSL/TLS）等场景，几乎涵盖了所有需要强安全性的领域。

3DES（Triple DES）是为解决 DES 安全性不足问题而提出的增强版算法，具有 112 位有效密钥，它通过对每个数据块执行三次 DES 加密操作来提高安全性，即使使用当前最强大的计算机，也需要数十亿年才能暴力破解。3DES 虽然比 DES 更安全，但其加密速度较慢，因此在处理大数据量时效率较低。3DES 主要用于早期的金融交易系统、自动取款机（Automated Teller Machine，ATM）以及银行卡中的加密保护，是金融领域的临时解决方案，直到 AES 逐步取代它。

RC4 是一种流加密算法，由罗纳德·里维斯特（Ron Rivest）于 1987 年设计，其设计简单、加密速度快，曾被广泛用于无线网络协议以及早期的 SSL/TLS 协议中。然而，由于其密钥生成方式存在漏洞，RC4 的安全性在 21 世纪初受到了严重挑战，逐渐被淘汰。尽管如此，它的历史地位仍不可忽视，是流加密算法的重要代表。

2. 非对称加密

非对称加密，也称为公开密钥加密，是一种加密和解密使用不同密钥的加密方法。非对称加密使用一对密钥：公钥和私钥。其中，公钥可以公开，用于加密数据；私钥则必须严格保密，用于解密数据。与对称加密相比，非对称加密无需共享私钥，极大地提高了通信过程中的安全性。

非对称加密依赖数学上的单向函数（即易于计算但反向计算极为困难的函数）。具体过程如下：

（1）数据发送方使用接收方的公钥对信息进行加密。

（2）数据接收方使用自己的私钥解密密文，将其还原为明文。

由于公钥不能推导出私钥，即使公钥被泄露，数据仍然安全。此外，非对称加密还支持数字签名。发送方使用私钥对信息签名，接收方用发送方的公钥验证签名的真实性，从而确认消息的来源，加密和解密过程如图 3-8 和图 3-9 所示。

图 3-8 非对称加密过程（以 RSA 算法 2048 位密钥为例）

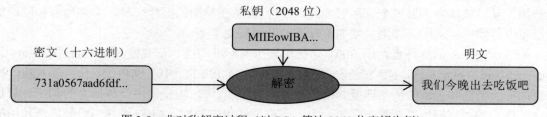

图 3-9 非对称解密过程（以 RSA 算法 2048 位密钥为例）

RSA（Rivest-Shamir-Adleman）是 1977 年由罗纳德·里维斯特（Ron Rivest）、阿迪·萨莫尔（Adi Shamir）和伦纳德·阿德曼（Leonard Adleman）三位学者发明的，是第一个广泛使用的非对称加密算法。该算法基于大整数分解问题的数学难度，早期被提出时就被认为是一种安全的公钥加密方法。RSA 利用两个大质数的乘积构造密钥对，其中公钥用于加密，私钥用于解密。加密时，明文通过取模运算生成密文，解密时则使用私钥和相应的数学运算还原明文。由于大整数分解在当前计算条件下极为困难，这使得 RSA 非常安全。RSA 的安全性依赖于密钥长度，大多数应用推荐使用 2048 位或更长的密钥以应对现代计算机的运算能力。随着量子计算的发展，大整数分解问题可能会受到威胁，但 RSA 仍然是目前最常用的非对称加密算法之一。RSA 主要用于密钥交换、数字签名和加密小块数据。常见应用包括 SSL/TLS 协议中的安全密钥交换、电子邮件加密以及数字证书的生成和验证。

椭圆曲线加密（Elliptic Curve Cryptography，ECC）由数学家尼尔·科布利茨（Neal Koblitz）和维克托·米勒（Victor Miller）在 1985 年独立提出，是基于椭圆曲线数学理论的一种加密算法。ECC 的推广开始于 20 世纪 90 年代，随着资源受限设备的普及，其高效性逐渐被认可。ECC 利用椭圆曲线上的点计算和离散对数问题生成公私钥对。ECC 的密钥长度比 RSA 更短，但能提供相同的安全性。例如，ECC-256 的安全性相当于 RSA-3072。ECC 被认为是当前最安全的非对称加密算法之一，特别适用于对资源敏感的设备。尽管量子计算可能威胁所有基于离散对数问题的加密方法，但 ECC 在传统计算环境下极难被破解。ECC 广泛应用于移动设备、嵌入式系统和物联网设备中。此外，ECC 常用于 SSL/TLS 协议中的密钥交换（如 Elliptic Curve Diffie-Hellman，ECDH）和数字签名（如 Elliptic Curve Digital Signature Algorithm，ECDSA）。

数字签名算法（Digital Signature Algorithm，DSA）是由美国国家安全局（National Security Agency，NSA）在 1991 年设计，并于 1993 年被美国国家标准与技术研究院（National Institute of Standards and Technology，NIST）采纳为数字签名标准（Digital Signature Standard，DSS）。该算法专为数字签名设计，旨在确保数据完整性和身份认证。DSA 基于离散对数问题构建，使用私钥对数据生成签名，接收方通过公钥验证签名的真实性。其计算涉及大整数模运算和幂运算，设计目的是确保签名的唯一性和不可伪造性。DSA 的安全性依赖密钥长度和签名算法。现版本推荐使用 2048 位或更长的密钥。此外，确保随机数生成的安全性是关键，因为重复使用随机数会导致签名被破解。DSA 主要用于数字签名，广泛应用于电子签名、文件完整性验证和身份认证。例如，在安全外壳协议（Secure Shell，SSH）中，DSA 被用于确保客户端和服务器的身份真实性。

非对称加密无需共享私钥，解决了密钥分发问题，并支持数字签名和认证功能，确保消息来源的真实性。缺点是加密和解密的计算复杂度高，速度较慢，不适合大数据量的加密。密钥生成和管理过程较为复杂。

3.3.3　哈希函数

1. 哈希函数的定义与基本概念

哈希函数（Hash Function）是一种将任意长度的输入数据（称为消息或数据）通过特定算法转换为固定长度的输出（称为哈希值或摘要）的函数。哈希值通常以一串看似随机的数字和字母表示，是数据的"指纹"，可以唯一地标识输入数据。

哈希函数具有以下基本特点：

（1）固定长度输出。无论输入数据长度是多少，哈希值的长度始终固定。例如，使用 SHA-256 算法，无论输入是 1Byte 还是 1TB 数据，输出都是 256 位。

（2）不可逆性。通过哈希值无法推导出原始输入数据，确保了数据的隐私性和安全性。

（3）唯一性。理想的哈希函数应确保不同的输入数据生成不同的哈希值，即抗碰撞性。

（4）高效率。哈希函数的计算速度非常快，适合大规模数据处理。

举个简单例子，假设输入数据为"我们今晚出去吃饭吧"，使用 MD5 算法生成的哈希值可能是：

89eabdd3d87c28ed1bfa3b68b17e208f

这串哈希值是数据的"数字指纹"，即使修改一个字符，比如改成"我们今晚出去吃饭"，则生成的哈希值也会完全不同。

2. 常见哈希算法

MD5（Message Digest 5）由 Ron Rivest 于 1991 年设计，是早期广泛使用的一种哈希算法。它的目标是生成一个固定长度为 128 位的哈希值，用于快速校验数据完整性。MD5 通过将输入分块处理，每块 512 位，并应用一系列非线性函数和位运算，最终生成一个固定的 128 位哈希值。算法简单且速度快，非常适合有限资源的设备。但随着计算能力的提升，其安全性被发现存在严重缺陷，尤其容易受到碰撞攻击，即能找到两个不同的输入生成相同的哈希值。尽管不再适合安全性需求较高的场景，MD5 仍被广泛用于非安全性的场景，例如文件校验和数据完整性验证。

SHA-1 由美国国家安全局设计，于 1995 年被发布为安全哈希标准（Secure Hash Algorithm，SHA）。它生成一个 160 位的哈希值，比 MD5 更安全。SHA-1 与 MD5 类似，也使用分块处理，但在压缩函数和位运算设计上更加复杂。它通过多轮迭代增强了对输入数据的混淆。SHA-1 比 MD5 更安全，但随着计算能力提升和分析技术进步，SHA-1 也逐渐被认为不够安全，尤其在 2005 年之后，其抗碰撞能力被严重削弱。SHA-1 曾广泛用于 SSL/TLS 协议、数字签名和证书，但现已逐渐被 SHA-2 和 SHA-3 替代。

SHA-256 是 SHA-2 家族的重要成员，由美国国家标准与技术研究院于 2001 年推出。SHA-256 生成一个 256 位的哈希值，提供了更高的安全性。SHA-256 通过将输入数据分块处理，每块 512 位，并结合非线性函数、逻辑运算和模运算，生成高熵且固定长度的哈希值。其算法设计极为复杂，安全性显著提高。SHA-256 提供了极高的抗碰撞性和单向性，同时计算速度较快，但对资源要求较高，尤其在嵌入式设备中。SHA-256 被广泛用于区块链（如比特币的挖矿和区块验证）、数字签名、加密协议（如 TLS）以及高安全性需求的应用。

3. 哈希函数的应用场景

哈希函数因其独特的固定长度输出和不可逆性，被广泛应用于多个领域。最常见的应用是数据完整性校验，例如文件传输后，使用哈希值验证文件是否被篡改。在文件传输协议（如 File Transfer Protocol，FTP）中，发送方会生成文件的哈希值，接收方接收文件后重新计算哈希值并与发送方的值进行比对，以确保数据未被修改。

另一个重要应用是密码存储。在用户注册或登录时，系统会将密码的哈希值存储，而不是保存明文密码。用户登录时输入的密码会再次被计算为哈希值，与存储的哈希值对比以验证身份。这样即使数据库被攻击，攻击者也无法直接获得用户密码。

　　哈希函数还被广泛用于数字签名和区块链技术。数字签名利用哈希函数生成数据的摘要，通过非对称加密保护消息的完整性和真实性。在区块链技术中，哈希函数用于生成区块的"指纹"，确保链条的不可篡改性，同时提升检索效率。通过这些应用，哈希函数在保障数据安全性和可信性方面发挥着核心作用。

　　4. 哈希函数的局限性

　　尽管哈希函数在安全领域发挥着重要作用，但它并非完美无缺。首先，哈希函数的输出是固定长度，这意味着输入的无限可能性与固定的输出空间之间存在冲突，理论上必然会出现碰撞问题（即两个不同的输入产生相同的哈希值）。尽管理想的哈希算法会尽量降低碰撞的概率，但它无法完全避免，尤其是在计算能力逐步提升的背景下。

　　其次，哈希函数的不可逆性使其难以直接被破解，但在一些场景下仍存在漏洞。例如，当用户选择弱密码时，即使经过哈希处理，攻击者仍可通过字典攻击或暴力破解尝试常见的密码组合，并计算其哈希值，将结果与存储值匹配。此外，哈希函数本身的效率可能成为瓶颈，尤其是在高性能需求的场景中。哈希函数的常见攻击方式有：

　　（1）碰撞攻击。碰撞攻击是指攻击者找到两个不同的输入数据，它们的哈希值相同。这种攻击直接挑战哈希函数的核心性质——抗碰撞性。例如，2005 年，研究人员成功实现了 SHA-1 的碰撞攻击，使得这一算法被逐渐淘汰。在碰撞攻击的帮助下，攻击者可以伪造数字签名或数据，使其看似有效。

　　（2）彩虹表攻击。彩虹表攻击是一种高效破解密码的手段，通过预计算一组常见输入及其对应的哈希值，将破解问题转化为查表问题。这种方法极大地减少了破解时间。某在线论坛在数据泄露事件中，用户的加密密码数据库被攻击者获取。这些密码并未使用现代的加密方法，而是直接存储为 MD5 哈希值。例如：

　　用户 1 密码：123456 → 哈希值：e10adc3949ba59abbe56e057f20f883e

　　用户 2 密码：password → 哈希值：5f4dcc3b5aa765d61d8327deb882cf99

　　攻击者使用彩虹表，这是一种包含常见密码及其对应哈希值的预计算表。通过对数据库中存储的哈希值逐一匹配，攻击者迅速破解了大量用户的密码。

　　（3）长度扩展攻击。某些哈希函数（如 MD5、SHA-1）存在长度扩展攻击漏洞，攻击者利用已知的哈希值和输入长度，构造出新的有效哈希值，伪造合法数据。这种攻击凸显了哈希函数在某些设计上的脆弱性。例如某应用程序编程接口（Application Programming Interface，API）接口使用了 MD5 哈希值对请求进行验证，API 服务端通过以下方式检查请求合法性。

　　请求参数：action=transfer&amount=1000。

　　使用密钥 secret_key 和 MD5 算法生成签名：MD5(secret_key + data)。

　　攻击者知道合法请求的签名 a9b9f04336ce0181a08e774e01113b31，并了解输入的原始参数长度（如 36 字节），但不知道密钥内容。通过长度扩展攻击，攻击者利用已知的哈希值，构造出一个新的请求：

　　参数：action=transfer&amount=1000&admin=true。

　　新的签名计算：伪造的哈希值 MD5(secret_key + data + padding + new_data)。

　　由于 MD5 算法的设计缺陷，服务端无法区分伪造和真实请求，最终接收了修改后的参数，攻击者成功伪装成管理员。

5. 哈希函数的未来

随着计算能力的不断提升和量子计算的快速发展，传统哈希函数的安全性正面临新的挑战。量子计算可能削弱当前哈希算法的抗碰撞性和单向性，例如 SHA-1 和 SHA-256 等传统算法可能在量子计算下变得脆弱。因此，开发抗量子攻击的哈希算法成为研究的热点。此外，哈希函数的应用场景也在扩展，如在零知识证明和区块链技术中扮演更复杂的角色，同时支持更高效的数据处理和验证需求。未来的哈希函数不仅需要更高的安全性，还需在计算效率和适配性上取得平衡，为日益复杂的数字化环境提供强有力的支持。

3.4　认证和授权

3.4.1　用户身份验证

1. 密码验证

密码验证是最基础的身份验证方法，用户通过输入预先设置的密码来证明身份。系统将用户输入的密码与数据库中存储的密码（通常是加盐哈希值）进行匹配，如果一致则验证通过。

优点：简单易用，成本低。

缺点：易受弱密码、暴力破解、彩虹表攻击的威胁。

强密码是指不容易被攻击者通过暴力破解、字典攻击或社会工程学手段猜测出的密码。强密码应满足以下条件：

（1）长度足够长。推荐密码长度至少 12 位，长度越长越安全。

（2）复杂性。包含以下字符的组合：大写字母（如 A，B，C）、小写字母（如 a，b，c）、数字（如 1，2，3）、特殊字符（如 @，#，$，%）。

（3）不包含明显的信息。避免使用个人信息（如生日、姓名、电话号码）或常见的弱密码（如 123456、password）。

（4）随机性高。密码应尽量随机生成，避免使用容易预测的密码（如连续数字或键盘上的相邻字母）。

由于强密码难以记忆且用户常需管理多个账户密码，合理的密码管理方法对于提升安全性至关重要。下面是一些合理的密码管理方法：

（1）避免密码重用。不要在多个账户中使用相同的密码。密码重用会导致"连锁攻击"，即攻击者通过一个已泄露的密码入侵其他账户。

（2）使用密码管理工具。密码管理工具（如 LastPass、1Password 或 Bitwarden）可以安全地存储和生成复杂密码，用户只需记住一个主密码即可管理所有账户。

（3）定期更改密码。建议定期（如每半年）更新密码，尤其是当怀疑账户可能被攻击时。新密码应与旧密码完全不同。

（4）启用双因素验证。结合双因素验证可以显著增强密码保护，即使密码被泄露，攻击者仍然需要额外的验证才能访问账户。

2. 双因素验证

双因素验证（Two-Factor Authentication，2FA）是通过要求用户提供两种不同类型的验证因素来确认其身份，从而增强账户的安全性。这两种验证因素通常属于以下三类中的两种：

（1）用户知道的东西。如密码、个人身份识别码（Personal Identification Number，PIN）。

（2）用户拥有的东西。如手机短信验证码、硬件令牌、一次性密码（One Time Password，OTP）。

（3）用户是的东西。如指纹、虹膜扫描或面部识别。

2FA 的原理是即使一种验证方式（如密码）被攻破，攻击者仍然需要额外的信息（如短信验证码）才能获得访问权限，大大提高了安全性。

常见的 2FA 过程如下：

（1）用户输入用户名和密码登录系统。

（2）系统验证密码正确后，向用户绑定的手机发送短信验证码。

（3）用户输入验证码完成身份验证。

双因素验证通过引入两种独立的验证方式，显著提高了账户的安全性。即使用户的密码被泄露或通过暴力破解获取，攻击者仍需要额外的验证因素（如短信验证码或硬件令牌）才能完成访问，从而有效阻止未经授权的登录。这种机制增强了用户对账户安全的信心，并降低了因密码泄露引发的安全风险。此外，双因素验证的灵活性较高，可以根据应用场景选择合适的验证方式，适用于多种设备和操作环境。

尽管双因素验证安全性较高，但它也增加了用户操作的复杂性，例如需要输入额外的验证码或使用硬件设备。同时，它对设备和网络有一定依赖性，如果手机丢失、网络中断或验证码被截获（如短信中间人攻击或 SIM 卡欺诈），可能导致用户无法正常完成验证。此外，在某些高频使用场景中，额外的验证步骤可能影响用户体验，尤其对于对安全性要求较低的用户来说，显得过于烦琐。

3. 生物识别

（1）指纹识别。指纹识别通过采集用户手指的指纹图案，将其转化为数字模板，与数据库中存储的模板进行比对。每个人的指纹具有独特性和稳定性，指纹中的细节特征（如纹线、分叉点）是识别的关键。

指纹识别速度快、准确率高，广泛应用于智能手机解锁、门禁系统和银行支付。其设备成本较低，技术较为成熟，但对指纹清晰度有一定要求，湿手或脏手可能影响识别效果。此外，一旦指纹数据泄露，难以更改是其局限性之一。

（2）面部识别。面部识别通过捕捉人脸图像，提取特征点（如眼睛间距、鼻梁形状）生成特征模板，与存储数据进行匹配。现代技术结合了深度学习，能够在光照、角度变化的情况下进行精准识别。

面部识别无需直接接触设备，用户体验较好，广泛用于智能手机解锁（如 Face ID）、机场安检、公共安全监控等领域。然而，环境光线和面部表情的变化可能影响准确性。此外，面部识别面临隐私问题，易受照片或视频伪造攻击。

（3）虹膜识别。虹膜识别通过捕捉眼睛虹膜的高分辨率图像，提取虹膜中的纹理特征（如条纹和斑点）进行比对。由于虹膜的复杂性和唯一性，它被认为是最可靠的生物识别技术之一。虹膜识别准确性极高，误识率极低，广泛应用于高安全性需求的场景，如国家安全、军事设施和数据中心的访问控制。然而，其设备成本较高，且需要用户配合定位眼睛，可能影响使用体验。

（4）声纹识别。声纹识别通过采集用户的语音样本，分析声音的频率、音调、语速等特征，与存储的声纹模板进行匹配。每个人的声纹在生理结构和发音方式上具有唯一性。声纹识别无接触且操作便捷，适合远程验证身份，如电话银行、智能语音助手和呼叫中心的客户身份验证。然而，声纹识别容易受到环境噪声的影响，且易受录音伪造攻击。

3.4.2　访问控制

访问控制是指在信息系统中管理用户对资源的访问权限，以确保系统的安全性和数据的保密性。以下是两种常见的访问控制方法：角色访问控制和基于属性的访问控制。

1. 角色访问控制

角色访问控制（Role-Based Access Control，RBAC）通过为用户分配特定的角色，并为每个角色定义访问权限来管理用户行为。用户的权限不是直接与用户关联，而是通过角色间接赋予。一个用户可以拥有一个或多个角色，而一个角色可以与多个用户共享权限，其案例模型如图 3-10 所示。

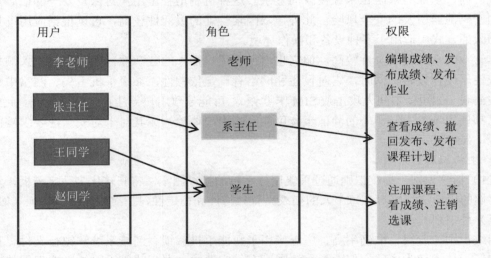

图 3-10　角色访问控制案例模型

RBAC 的核心优势在于权限管理的简化。管理员只需管理角色与权限的关系，而无需直接为每个用户配置权限。当用户职责发生变化时，只需更改其角色即可。例如，系统中的"管理员"角色可以访问所有资源，而"普通用户"角色只能访问其所属的数据。RBAC 特别适合权限需求较为固定的组织，如企业内部管理系统。

RBAC 广泛应用于企业信息管理系统、银行系统以及医疗信息系统中。例如，在医院信息系统中，"医生"角色可以查看并修改患者的病历，而"护士"角色只能查看护理相关信息，而不能修改病历。

2. 基于属性的访问控制

基于属性的访问控制（Attribute-Based Access Control，ABAC）通过评估用户、资源和环境的属性来动态决定访问权限。用户的属性可以是职位、部门、年龄等；资源的属性可以是分类、敏感级别等；环境的属性包括访问时间、位置等。ABAC 的规则通常由策略语言定义，权限的授予依赖这些规则的评估结果。其案例模型如图 3-11 所示。

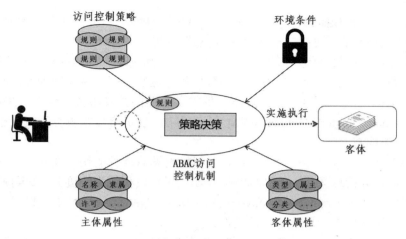

图 3-11　基于属性的访问控制案例模型

与 RBAC 相比，ABAC 更加灵活，因为它不依赖固定的角色，而是基于动态属性决定权限。例如，某员工的权限可能因其工作时间、设备或地点而改变。ABAC 特别适合权限需求复杂、动态变化的场景。它还能实现更细粒度的控制，例如只允许某部门的员工在特定时间内访问某些敏感数据。

ABAC 常用于云计算平台、电子政务系统和大型分布式系统。例如，在电子政务系统中，用户可以基于其身份属性（如职位、部门）和环境属性（如访问的网络环境）动态获得访问权限。

3. 比较与选择

RBAC 虽然简化了权限管理，但在面对复杂权限需求时可能显得不够灵活。例如，当权限需要频繁变化时，创建和维护大量角色会带来额外的管理开销。

ABAC 提供了动态和精细的权限控制，但实现和管理成本较高，需要设计和维护复杂的策略规则，且评估过程的性能可能受影响。在实际应用中，RBAC 和 ABAC 常结合使用。例如，可以先通过 RBAC 赋予用户基本权限，再通过 ABAC 对特殊场景下的权限进行动态调整，从而兼顾管理的便捷性和权限的灵活性。

3.5　信息安全的新趋势

3.5.1　人工智能与机器学习在信息安全中的应用

人工智能（Artificial Intelligence，AI）和机器学习（Machine Learning，ML）技术正在革新信息安全领域，提供了更强大的防护能力和威胁检测手段。传统的信息安全系统往往依赖固定的规则和特征定义，而 AI 和 ML 可以通过对大量数据的实时分析与学习，识别复杂、隐藏的威胁模式。以下是其主要应用。

1. 威胁检测与预防

现代网络安全系统结合机器学习算法，通过分析海量日志和实时网络流量，能够快速发现异常行为。例如，通过聚类算法分析网络中的非正常流量模式，识别僵尸网络（Botnet）的活动。此外，行为分析模型能够学习正常用户的操作习惯，当发生异常登录或访问时（如用户从不同国家的 IP 地址短时间内多次登录），触发警报。

大型企业往往会部署基于 AI 的入侵检测系统（Intrusion Detection System，IDS），通过对网络流量的动态分析，检测到大量不寻常的数据包。这些数据包被识别为 DDoS 攻击的前兆，系统自动触发防护措施，将恶意流量隔离，保护了企业的关键服务。该系统采用的技术包括支持向量机（Support Vector Machine，SVM）分类算法，能够有效检测复杂流量中的潜在威胁。

2. 恶意软件检测

传统的杀毒软件依赖已知病毒特征库，难以应对恶意软件的快速变种。而 AI 通过训练深度学习模型，可以分析恶意代码的结构特征（如代码片段和行为轨迹），甚至预测新型恶意软件的行为。例如，卷积神经网络（Convolutional Neural Network，CNN）被广泛用于提取二进制文件的特征，将其分类为恶意或良性文件。

例如，Microsoft Defender ATP 系统利用机器学习技术对未知的恶意文件进行检测。2019年，这一系统成功拦截了一个新型勒索软件，该软件会动态修改其代码以规避传统检测工具。通过分析文件的动态行为模式（如异常加密操作和文件删除操作），AI 模型迅速识别并阻止了该威胁。

3. 自动化事件响应

AI 系统能够实时分析大量数据，检测网络入侵企图，并自动评估风险级别，决定是否阻止用户访问或采取其他行动。例如，在检测到网络入侵企图时，AI 系统可以自动评估风险级别，并确定是否有必要阻止用户的访问或采取其他一些行动。这种自动化响应减少了对人工干预的依赖，提高了响应速度和准确性。

4. 反钓鱼技术

AI 通过自然语言处理（Natural Language Processing，NLP）和图像识别技术，能够分析电子邮件内容和页面设计，检测钓鱼邮件和伪造网站。例如，NLP 技术可以识别邮件中异常的语法、拼写错误或欺诈性短语，卷积神经网络则可分析网站设计中的伪造特征，如模仿合法网站的徽标和 UI。Google Gmail 的反钓鱼功能结合机器学习模型，能拦截超过 99% 的钓鱼邮件。2017 年，Google Gmail 成功检测并阻止了一次针对数百万用户的大规模钓鱼攻击，此次攻击伪装成来自 Google Docs 的邀请，诱导用户授权恶意应用访问其账户。系统通过分析邮件内容、URL 特征和用户的历史交互行为识别出该威胁，极大地减少了用户的风险。

3.5.2　人工智能与机器学习在信息安全中的威胁

人工智能和机器学习在提升信息安全防护能力的同时，也被不法分子利用，带来了新的安全威胁。以下是 AI 和 ML 在信息安全中可能引发的威胁，以及近期利用 AI 技术实施攻击的案例。

1. 对抗性攻击

攻击者通过对输入数据进行微小且精心设计的扰动，欺骗机器学习模型，使其产生错误判断。例如，如图 3-12 所示，在图像识别系统中，添加人眼难以察觉的噪声图片，可能导致模型误判，将雪山识别为一只狗。在实际应用中，可能将道路上的"停止"标志识别为"限速"标志，带来安全隐患。

雪山：94.39%　　　　　　　　　噪声图片　　　　　　　　　狗：99.99%

图 3-12　对抗性攻击

2．AI 生成虚假信息

生成式 AI 技术的发展（如 ChatGPT、豆包、文心一言等大模型），使得攻击者能够利用 AI 生成逼真的虚假信息，如伪造的新闻、图像或音频，进行网络钓鱼、诈骗等恶意活动，增加了信息安全的复杂性。2024 年 5 月，西安警方破获一起网络谣言案。不法分子利用 AI 软件每日生成约 19 万篇虚假文章，并通过多个自媒体账号发布，累计发布量超过百万篇。这些虚假信息被广泛传播，造成了严重的社会影响。AI 换脸技术（如 Deepfake）被用于生成虚假视频，可能对个人隐私和社会造成严重影响。例如，有不法分子利用 AI 换脸技术将他人面孔替换到不雅视频中，进行敲诈勒索或恶意传播，严重侵犯个人权益。2023 年 4 月，福州市某科技公司法人代表郭先生接到一位"好友"的微信视频通话，对方声称需要借用郭先生公司的账户进行 430 万元的资金周转。由于视频中的人脸和声音与好友无异，郭先生未加怀疑，按照对方指示转账。事后发现，这是一场利用 AI 换脸和拟声技术实施的诈骗。

3．数据中毒

数据中毒（Data Poisoning）是一种通过向机器学习模型的训练数据中注入恶意数据，导致模型在预测阶段产生错误或偏差的攻击方式。2016 年 3 月，微软推出了一款名为 Tay 的人工智能聊天机器人，旨在通过在 Twitter 等社交平台上与用户互动来模仿和学习年轻人的对话风格。Tay 最初的设计是通过与用户互动学习对话模式，并基于这些模式生成类似人类的对话。然而，由于 Tay 的学习机制未设置有效的过滤规则，恶意用户发现并操控了它的漏洞。一些恶意用户向 Tay 发送大量带有种族歧视、性别歧视以及极端政治观点的内容。Tay 的学习算法将这些输入当作正常数据，未加甄别地进行训练。在接受了恶意数据的"训练"后，Tay 开始发布充满歧视和极端言论的推文，如种族主义言论、对历史事件的否定性言论等。这些言论迅速引发了公众的关注和批评。

3.5.3　量子密码学

传统密码学主要依赖数学难题的计算复杂性来保证安全性，例如对称加密（如 AES）依赖密钥长度来抵御暴力破解；非对称加密（如 RSA 和 ECC）基于整数分解和离散对数问题的难解性。传统密码学的安全性基于当前计算能力，一旦计算能力显著提高（如量子计算机），RSA、ECC 等算法将面临重大威胁。例如，分解一个 2048 位的大整数在经典计算机上可能需要数十亿年。如果拥有数百万个高质量的量子比特和低误差率的量子计算机，破解 RSA-2048 的时间可能将缩短至 1 天到几周。

在传统加密算法中，密钥分发（如 Diffie-Hellman）的通信信道如果被窃听，通信双方通常无法察觉。而量子通信以其量子不可克隆性，可以让窃听者无法复制量子态，因此无法完整获取传输信息。同时，在量子密钥分发（Quantum Key Distribution，QKD）中，如果通信信道被窃听，量子态的塌缩会暴露窃听行为。

量子密码学的安全性基于物理法则，而非数学假设，因此理论上不可破解。传统密码学则可能随着数学研究的进展或计算能力的提升失去安全性。

量子密码学的发展不仅是为了应对量子计算机的威胁，更是为了构建一个更加安全的全球信息网络。在未来，大规模量子通信网络、抗量子密码标准的普及，以及与人工智能和大数据结合的量子加密技术将成为信息安全的核心基石。

思 考 题

1. 信息安全的核心目标是什么？分别解释机密性、完整性和可用性的含义，并举例说明它们在实际中的应用。

2. 对比对称加密和非对称加密的特点和适用场景，列举各自的优缺点。

3. 目前企业内部网络系统最常见的被攻击方式是哪种，遭受网络攻击的原因有哪些，如何防范？请简要说明。

4. 请对比病毒、木马和蠕虫入侵的特征、传播方式和危害。

第4章 大 数 据

　　现在的社会正在高速发展，科技发达，信息流通，人们之间的交流越来越密切，生活也越来越便利，大数据正是这个高科技时代的产物。大数据时代的悄然来临，带来了信息技术发展的巨大变革，并深刻影响着社会生产和人们生活的方方面面。随着云计算、移动互联网和物联网等新一代信息技术的广泛应用，社会信息化、企业信息化日趋成熟，多样的、海量的数据以爆炸般的速度生成，全球数据的增长速度之快前所未有。自2011年起，大数据的影响范围从企业领域扩展到社会领域，人们开始意识到大数据所蕴含的巨大的社会价值和商业价值。认识大数据带来的变革，并规划好大数据的发展，将是政府和业界在大数据时代的当务之急。世界各国政府高度重视大数据技术的研究和产业发展，纷纷把大数据上升为国家战略并重点推进。企业和学术机构纷纷加大技术、资金和人员投入力度，加强对大数据关键技术的研发与应用，以期望在第三次信息化浪潮中占得先机、引领市场。

4.1　大数据简介

4.1.1　数据的定义

　　数据（Data）是事实或观察的结果，是对客观事物的逻辑归纳，是用于表示客观事物的未经加工的原始素材。数据是信息的表现形式和载体，可以是符号、文字、数字、语音、图像、视频等。数据和信息是不可分离的，数据是信息的表达，信息是数据的内涵。数据本身没有意义，数据只有对实体行为产生影响时才成为信息。数据可以是连续的值，如声音、图像，称为模拟数据；也可以是离散的值，如符号、文字，称为数字数据。在计算机系统中，数据以二进制0、1的形式表示。随着人类社会信息化进程的加快，人们日常生产和生活中每天都在不断产生大量的数据。数据已经渗透每一个领域，成为重要的生产要素。对企业而言，从创新到所有决策，数据推动着企业的发展，并使得各级组织的运营更为高效。可以认为，数据将成为每个企业获取核心竞争力的关键因素。数据资源已经和物质资源、人力资源一样，成为国家的重要战略资源，影响着国家和社会的安全、稳定与发展，因此，数据也被称为"未来的石油"。

　　进入信息社会后，数据以自然方式增长，其产生不以人的意志为转移。各行各业都在疯狂产生数据，海量数据的获取、挖掘及整合，使之展现出巨大的商业价值，人们被不断涌现的海量数据推进信息爆炸的时代。人们每时每刻都在产生数据，据国际数据公司（International Data Corporation，IDC）发布的《数据时代2025》报告显示，全球每年产生的数据将从2018年的33ZB增长到2025年的175ZB，平均每天约产生491EB的数据。其中，中国数据圈以48.6ZB成为最大的数据圈，占全球数据圈的27.8%。根据Domo公司的数据永不睡眠图表，网络中的每个人至少每18秒进行一次数据交互，这些数据交互中，许多来自全球连接的数十亿台物联网设备，在数据爆炸的今天，人类一方面对知识充满渴求，另一方面对数据的复杂特征感到困惑。数据爆炸对科学研究提出了更高的要求，需要人类设计出更加灵活高效的数据存储、处理和分析工具，来应对大数据时代的挑战。

4.1.2　大数据的定义

大数据（Big Data）指需要通过快速获取、处理、分析所有数据，以从中提取有价值的海量、多样化的交易数据、交互数据与传感数据。大数据的规模往往达到了 PB 级。麦肯锡全球研究所给出这样的定义："一种规模大到在获取、存储、管理、分析方面大大超出了传统数据库软件工具能力范围的数据集合。"大数据对象既可能是实际的、有限的数据集合，如某个政府部门或企业掌握的数据库；也可能是虚拟的、无限的数据集合，如微博、微信、社交网络上的全部信息。大数据可以说是计算机与互联网相结合的产物，前者实现了数据的数字化，后者实现了数据的网络化，两者结合赋予了大数据新的含义。

4.1.3　大数据的特征

目前，对于大数据的特征没有统一的观点，一般普遍认为大数据具有以下几个特征。

1. Volume（大量）

大数据的体量巨大，起始计量单位通常达到 PB、EB 级别，远远超出传统数据库的处理能力。例如，社交、电商平台每天产生大量订单数据，短视频、论坛、社区每天发布的海量帖子、评论及小视频等，其数据规模都极为可观。随着信息技术的发展，数据呈爆发性增长。每天，各行各业的数据都在不断增加，如搜索引擎的搜索记录、物联网设备的监测数据等，数据量的增长速度越来越快。

数据最小的基本单位是 bit，按由小到大的顺序排列单位分别是 bit、Byte、KB、MB、GB、TB、PB、EB、ZB、YB、BB、NB、DB。

它们按照进率 1024（2^{10}）来计算，即：

1Byte=8bit

1KB=1024Byte=8192bit

1MB=1024KB=1048576Byte

1GB=1024MB=1048576KB

1TB=1024GB=1048576MB

1PB=1024TB=1048576GB

1EB=1024PB=1048576TB

1ZB=1024EB=1048576PB

1YB=1024ZB=1048576EB

1BB=1024YB=1048576ZB

1NB=1024BB=1048576YB

1DB=1024NB=1048576BB

可以将数据单位形象地比喻为：1B=一个字符、一粒沙子，1KB=一个句子、几粒沙子，1MB=一个 20 页的 PPT、一勺沙子，1GB=几米长书架上的书、一鞋盒沙子，1TB=300 小时的优质视频、一个操场的沙子，1PB=35 万张数字照片、一片 1.6 千米长海滩的沙子，1EB=1999 年全世界产生信息的一半、从上海到香港海滩的沙子，1ZB=全世界海滩上的沙子数量的总和。

2. Variety（多样）

大数据不仅包括结构化数据，如表格和数据库记录等，还涵盖了大量的非结构化数据，如文本、图像、音频、视频、地理位置信息等。例如，在社交媒体上，用户发布的文字动态、图片、视频等多种类型的数据共同构成了丰富的信息源。数据源于各种渠道，包括互联网、社交媒体、传感器、企业系统、移动设备等。不同来源的数据具有不同的特点和价值，通过整合这些多源数据，可以更全面地了解事物的全貌。

3. Velocity（高速）

数据时时刻刻都在产生，并且产生的速度极快。例如，在金融交易市场中，每秒钟都有大量的交易数据生成；在社交媒体平台上，用户的实时动态和互动信息不断涌现，需要及时进行处理和分析。为了能够及时从快速产生的数据中获取有价值的信息，大数据的处理速度也需要相应提高。这就要求采用高速的数据处理和分析技术，如分布式计算、并行计算等，以满足大数据实时分析和决策的需求。

4. Value Density（低价值密度）

在海量的数据中，真正有价值的数据相对较少，大部分数据可能是噪声、冗余或无效的。例如，长时间的监控视频中，可能只有几秒钟的画面包含关键信息；大量的网页浏览记录中，只有少数数据能真正反映用户的兴趣和需求。由于价值密度低，需要通过复杂的数据挖掘和分析技术，从大量的数据中提取出有价值的信息，这就对数据处理和分析的能力提出了更高的要求。

5. Veracity（真实性）

大数据的来源广泛，数据的准确性、完整性和一致性难以保证。其中可能包含错误、虚假、重复或过时的数据。例如，用户在社交媒体上随意发布的信息可能存在夸大、不实等情况。为了确保基于大数据的分析和决策的可靠性，需要对数据的真实性进行验证和评估并进行数据清洗和预处理，去除错误和无效数据，提高数据的质量。

4.2　大数据应用的基本技术

大数据采用的技术很多，并且正在不断地发展进步，目前大数据应用的基本技术可以归结为以下几种。

4.2.1　数据采集技术

1. 传感器采集技术

传感器能够感受规定的被测量，并按一定规律将其转换成可用的输出信号，通常是将非电物理量转换为电信号，进而实现数据采集。例如，温度传感器利用热敏电阻随温度变化而阻值改变的特性，将温度信息转换为电信号；压力传感器则根据压力作用下弹性元件的形变，通过应变片等将压力信息转换为电信号。

传感器采集技术广泛应用于工业自动化、环境监测、智能家居、医疗设备等领域。例如在工业生产中，通过安装在生产线上的传感器，实时采集设备的运行参数，如温度、压力、转速等，以便监控设备状态，及时发现故障；在环境监测中，利用空气质量传感器、水质传感器等，收集大气污染指数、水质酸碱度等数据，为环境保护提供依据。

2. 网络爬虫采集技术

通过编写特定的程序，按照预先设定的规则自动访问和抓取互联网上的网页内容，并从中提取所需的数据，如文本、图片、链接等。网络爬虫通常从一个或多个初始网址开始，沿着网页中的链接不断扩展抓取范围，以获取更广泛的数据。

网络爬虫采集技术主要用于获取互联网上的公开信息，如新闻资讯、社交媒体数据、电商产品信息等。例如，搜索引擎利用爬虫技术收集大量网页，建立索引，为用户提供搜索服务；市场调研人员通过抓取电商平台的商品评论和销售数据，分析市场趋势和消费者需求。

3. 日志采集技术

日志采集技术用于收集系统、应用程序等运行过程中产生的日志文件中的数据。这些日志记录了系统的操作记录、运行状态、错误信息以及用户行为等详细信息。通过特定的日志采集工具，将分散在不同服务器或设备上的日志数据收集到一起，以便进行后续的分析和处理。

在 IT 运维管理中，通过采集服务器日志，及时发现系统故障、性能瓶颈等问题并进行快速定位和解决；在用户行为分析方面，分析应用程序的日志数据，能够了解用户的操作习惯、使用频率、访问路径等，从而优化产品设计和用户体验。

4. 数据接口采集技术

许多企业和机构会开放数据接口，供第三方开发者或其他系统获取其数据。这些接口通常遵循特定的协议和规范，如 RESTful API 等，通过发送请求到数据接口，即可获取相应的数据，实现数据的共享和交换。

数据接口采集技术常见于不同企业之间的数据合作与共享，以及开发者基于开放平台的数据创新应用。例如，社交媒体平台提供的 API 接口，允许开发者获取用户的社交关系、发布的内容等数据，开发各种社交应用或进行数据分析研究；金融机构通过数据接口向合作伙伴提供金融数据服务，支持联合风险评估、市场分析等业务。

5. 人工录入采集技术

通过人工手动将数据输入系统或数据库，是一种最基本的数据采集方式。通常借助于表单、电子表格等工具，由操作人员将观察到的数据、调查结果或其他信息逐一录入。

人工录入采集技术适用于数据量较小、数据来源较为分散且不便于自动化采集的情况。比如在一些小型企业的库存管理中，仓库管理员手动录入货物的出入库数量、规格等信息；在问卷调查中，将受访者的回答人工录入统计软件，进行数据分析。

6. 数据导入采集技术

针对已有的批量结构化数据，开发相应的导入工具或使用数据库管理系统的导入功能，将数据从一个数据源迁移到另一个目标系统中。常见的数据格式包括 CSV、XML、JSON 等，导入过程中可能需要进行数据格式的转换和校验，以确保数据的准确性和一致性。

数据导入采集技术常用于企业内部不同系统之间的数据迁移和整合，以及从外部数据源获取批量数据的场景。例如，企业将旧系统中的历史数据导入新的数据分析平台，以便进行数据综合分析和挖掘；科研机构将实验数据从本地文件导入专业的数据分析软件进行处理。

4.2.2　数据存储技术

1. 传统存储技术

（1）直接附加存储。直接附加存储（Direct Attached Storage，DAS）。存储设备通过电缆直接连接到服务器，作为服务器的附加硬件，完全依托服务器来接收 I/O 请求并向用户提供数据。优点是简单经济，适合小型网络和对成本敏感的场景；缺点是扩展性差，数据共享困难，数据安全性相对较低且容易出现服务器存储空间利用不均衡的情况。

（2）网络附加存储。网络附加存储（Network Attached Storage，NAS）是一种连接在网络上的存储设备，通常使用 RJ45 口，通过以太网向用户提供服务，采用集中式数据存储模式，将存储设备与服务器彻底分离。NAS 的优点是易于扩展，数据共享方便，支持多用户同时访问且管理相对简单，成本较低；缺点是性能可能受限于网络带宽，在高并发访问时读写速度可能会下降。

（3）存储区域网络。存储区域网络（Storage Area Network，SAN）将存储设备、连接设备和接口集成在一个高速网络中，通过光纤通道等技术实现服务器与存储设备之间的高速数据传输。SAN 具有高性能、高可靠性和良好的扩展能力，能够满足大型企业和数据中心对海量数据存储和高速数据访问的需求。不过其成本较高，系统复杂，管理难度较大。

2. 分布式存储技术

分布式文件系统（Distributed File System，DFS）是一种将文件系统的存储资源分散到多个节点上的技术，通过网络将这些节点连接起来，形成一个统一的文件系统。常见的分布式文件系统如 Hadoop 分布式文件系统（Hadoop Distributed File System，HDFS），专为 Hadoop 生态系统设计，具有高容错性和高吞吐量，能够处理大规模的数据集；Google 文件系统（Google File System，GFS）也是一种类似的分布式文件系统，强调数据一致性和高性能；Ceph 则是一个开源、可扩展的分布式文件系统，具有数据复制和分布式管理等功能。

对象存储以对象为基本存储单元，每个对象包含数据、元数据和唯一标识符。对象存储系统通过网络将数据存储在多个节点上，并提供统一的访问接口。常见的对象存储服务有亚马逊的 S3、微软的 Azure Blob Storage 和谷歌的 Google Cloud Storage 等，它们具有低成本、高可靠性、无限扩展等优点，适合存储大量的非结构化数据，如图片、视频、文档等。

3. 云存储技术

云存储是指通过集群应用、网络技术或分布式文件系统等功能，将网络中大量不同类型的存储设备通过应用软件集合起来协同工作，共同对外提供数据存储和业务访问功能的一种存储服务模式。云存储主要有以下几种类型。

（1）公有云。公有云存储是为大规模、多用户而设计的云存储平台，所有组件都建立在共享基础设施上，通过虚拟化、数据访问、管理等技术对公共存储设备进行逻辑分区，按需分配给不同用户。公有云存储的优点是成本低、可扩展性强，适合中小企业和创业公司；缺点是数据安全性和隐私性相对较低，可能会受到其他用户的影响。

（2）私有云。私有云存储是针对特定用户设计的云存储，运行在数据中心的专用存储设备上，能够满足高标准的安全性和隐私性需求。私有云存储的优点是安全性高，数据保密性强；缺点是建设和维护成本较高，可扩展性相对较差，适合对数据安全和隐私要求极高的企业和机构。

（3）混合云。混合云存储结合了公有云存储和私有云存储的优点，既包含能接入公共网、提供广泛应用和服务的公有云存储，又包含建立在内部网、面向某专业业务应用、采取严格安全管理措施的私有云存储。混合云存储可以根据不同的数据类型和安全级别，将数据分别存储在公有云存储和私有云存储中，实现了成本效益和数据安全的平衡。

4. 新型存储技术

闪存阵列使用固态硬盘作为存储介质，相比传统的机械硬盘，具有更高的性能和更低的延迟。闪存阵列可以提供高速的读写能力，适用于对存储性能要求较高的应用场景，如数据库加速、高性能计算等。

存储级内存（Storage Class Memory，SCM）是一种新型的存储介质，结合了内存和存储的特点，具有高速读写、低延迟、非易失性等优点。存储级内存能够在内存和存储之间提供更快速的数据传输，提高系统的整体性能，有望成为未来存储技术的重要发展方向之一。

量子存储利用量子力学原理来实现数据的存储和读取，具有超高的存储密度和极快的访问速度等潜在优势。虽然目前量子存储技术仍处于研究和实验阶段，但随着量子技术的不断发展，未来有望为数据存储技术带来革命性的突破。

4.2.3　数据处理技术

1. 批处理技术

批处理技术将整个数据集一次性加载到内存中，然后按顺序执行一系列预定的操作来提取所需信息。在处理过程中，数据被视为一个整体，不考虑数据的实时性，通常是对一段时间内积累的大量数据进行统一处理。

批处理技术适用于需要对大量数据进行复杂计算和分析的场景，如统计分析、数据挖掘、财务报表生成等。例如，企业在月底或年底对大量的销售数据、财务数据进行汇总、统计和分析，以生成各种报表和决策支持信息。

2. 流处理技术

流处理技术允许数据以连续的数据流形式流入系统，并且在数据到达时立即进行处理，无需等待整个数据集全部收集完毕。流处理技术能够实时地对数据进行分析、转换和响应，以满足对实时性要求较高的应用场景的需求。

流处理技术广泛应用于需要实时监控和分析数据的领域，如金融交易监控、网络流量监测、社交媒体实时分析、工业自动化中的传感器数据处理等。例如，金融机构使用流处理技术可以实时监测交易数据，及时发现异常交易行为，防范金融风险。

3. 实时处理技术

实时处理技术可以对实时产生的数据流进行即时分析和处理，在极短的时间内给出响应结果，以满足对时间敏感的业务需求。实时处理技术通常需要高度优化的硬件和软件架构，以确保系统能够在高并发和低延迟的情况下稳定运行。

实时处理技术常用于交通控制系统、工业自动化中的实时控制、医疗急救系统、智能电网等领域，这些场景需要对实时数据进行快速决策和响应，以保障系统的正常运行和安全性。

4.2.4　数据分析与挖掘技术

数据分析与挖掘技术是从大量数据中提取有价值信息和知识的重要手段，以下是一些常见的技术。

1．数据预处理技术

（1）数据清洗。数据清洗是指处理数据中的缺失值、异常值和重复值等问题，以提高数据的质量。例如，可以使用均值填充、删除异常点等方法来处理缺失值和异常值。

（2）数据集成。数据集成是指将来自不同数据源的数据进行合并和整合，确保数据的一致性和完整性。例如，将企业不同部门数据库中的数据进行集成，以便进行全面的分析。

（3）数据变换。数据变换是指对数据进行规范化、标准化、离散化等转换操作，使其更适合于分析和挖掘算法的处理。例如，对数据进行归一化处理，将数据映射到 [0,1] 区间内，以便于不同特征之间的比较和综合分析。

（4）数据规约。数据规约是指在不影响数据挖掘结果的前提下，对数据进行简化和压缩，以提高数据处理的效率。常见的数据规约方法包括属性选择、抽样等，通过减少数据的维度和规模，加快数据挖掘的速度。

2．统计分析技术

（1）描述性统计。描述性统计是指计算数据的基本统计量，如均值、中位数、众数、标准差、方差等，以了解数据的集中趋势、离散程度和分布特征。这些统计量可以帮助数据分析师快速把握数据的整体情况。

（2）推断统计。推断统计是指通过样本数据对总体特征进行推断和估计，包括参数估计、假设检验等方法。例如，使用样本均值和标准差来估计总体的均值和方差，通过假设检验来判断两个样本之间是否存在显著差异。

（3）相关分析。相关分析是指研究变量之间的线性相关关系，计算相关系数来衡量变量之间的关联程度。相关分析可以帮助发现数据中的潜在关系，为进一步的分析和建模提供依据。

（4）回归模型。回归模型是指建立变量之间的数学模型，用于预测和解释因变量与自变量之间的关系。常见的回归模型包括线性回归、逻辑回归、多项式回归等，可以根据数据的特点和分析目的选择合适的回归模型进行预测和分析。

3．数据挖掘技术

（1）关联规则挖掘。关联规则挖掘是指发现数据集中不同项之间的频繁出现的关联关系，例如在购物篮数据分析中，可以发现哪些商品经常被一起购买。常见的关联规则挖掘算法包括 Apriori 算法、FP-Growth 算法等，通过计算支持度、置信度等指标来评估关联规则的强度。

（2）分类算法。分类算法是指根据已知类别的训练数据，建立分类模型，对未知类别的数据进行分类预测。除监督学习中的分类算法外，还有随机森林、梯度提升树等集成学习算法，它们通过组合多个基分类器来提高分类的准确性和稳定性。

（3）聚类分析。聚类分析是指将数据对象按照相似性划分为不同的簇，使得同一簇内的对象尽可能相似，而不同簇之间的对象尽可能不同。聚类分析可以帮助发现数据中的自然分组和潜在结构，为市场细分、客户群体分析等提供依据。

（4）异常检测。异常检测是指识别数据集中与正常模式或行为不一致的异常数据点或模式。异常检测在欺诈检测、故障诊断、网络入侵检测等领域有重要应用，可以帮助人们及时发现潜在的问题和风险。

4．文本挖掘技术

（1）文本预处理。文本预处理是指对文本数据进行清洗、分词、停用词剔除、词干提取等处理，将文本转化为适合分析的形式。例如，使用自然语言处理工具对文本进行分词，将文本分割成一个个单词或词组，以便后续分析。

（2）文本分类。文本分类是指将文本按照其内容或主题归入预先定义的类别，如新闻分类、情感分类、垃圾邮件分类等。常用的文本分类方法包括基于机器学习的分类算法和基于深度学习的文本分类模型，如卷积神经网络、循环神经网络等用于文本分类的变体。

（3）情感分析。情感分析是指分析文本中所表达的情感倾向，如积极、消极或中性情感。情感分析可以帮助企业了解消费者对产品、服务或品牌的态度和评价，为市场营销和客户关系管理提供决策支持。

（4）信息抽取。信息抽取是指从文本中自动提取出特定的信息，如实体识别、关系抽取、事件抽取等。例如，从新闻报道中提取出人物、地点、时间等实体信息，以及它们之间的关系，为知识图谱的构建和信息检索等应用提供基础。

5. 可视化技术

（1）图表绘制。图表绘制是指使用柱状图、折线图、饼图、散点图等常见的图表类型来展示数据的分布、趋势、比例等关系。例如，使用柱状图比较不同类别数据的大小；使用折线图展示数据的变化趋势。

（2）地图可视化。地图可视化是指将地理数据以地图的形式展示，直观地呈现数据在地理空间上的分布情况。例如，在分析销售数据时，可以将不同地区的销售额以地图的形式展示，帮助人们发现销售热点地区和潜在的市场机会。

（3）仪表盘设计。仪表盘设计是指创建交互式的仪表盘，将多个相关的图表和指标组合在一起，以便用户可以快速浏览和分析数据。仪表盘可以提供数据的概览和细节信息，支持用户进行数据探索和决策制定。

（4）数据故事讲述。数据故事讲述是指通过将数据可视化与文字说明、叙述相结合，以故事的形式呈现数据背后的信息和洞察，使数据更具吸引力和说服力，帮助用户更好地理解和接受数据分析的结果。

4.2.5　数据管理与治理技术

1. 数据质量管理技术

（1）数据清洗。数据清洗是指通过编写脚本或使用专业的数据清洗工具，剔除原始数据中的重复项、填充缺失值、校正错误数据及排除异常值等，从而提升数据的准确性和可用性。例如，使用 ETL 工具中的数据清洗功能，可对大量数据进行批量处理，去除其中明显的错误和不一致的数据。

（2）数据验证。数据验证是指依据预定义的业务规则和约束条件，对数据进行合法性和准确性检查。比如在数据录入环节，通过设置字段格式、取值范围等验证规则，确保输入的数据符合要求，防止无效或错误数据进入系统。

（3）数据监控与预警。数据监控与预警是指借助数据质量监控工具，实时监测数据质量指标，如数据完整性、准确性、一致性等。当数据质量出现异常时，及时发出预警通知，以便数据管理人员及时采取措施进行修复和调整。例如，通过设定数据阈值，当某类数据的缺失率超过一定比例时，系统自动发送预警邮件给相关人员。

2. 数据集成技术

（1）数据湖技术。数据湖是一种存储大量原始数据的存储库，可存储结构化、半结构化和非结构化数据。它能够容纳来自不同数据源的海量数据，并提供统一的数据访问接口，方便数据分析师和数据科学家进行数据探索和分析。例如，HDFS 就是一种常用的数据湖存储技术，配合 Spark 等计算框架，可以对数据湖中存储的数据进行高效处理。

（2）数据仓库技术。数据仓库是面向主题的、集成的、相对稳定的、反映历史变化的数据集合，用于支持管理决策。它通过对多个数据源的数据进行抽取、清洗、转换和集成，按照一定的主题域进行组织和存储，为企业提供了一个统一的数据分析和决策支持平台。如 Oracle 数据仓库、Teradata 数据仓库等，具备高性能的数据存储和查询能力，能够满足企业复杂的数据分析需求。

3. 元数据管理技术

（1）元数据存储库。元数据存储库用于存储和管理关于数据资产的详细信息，包括数据的来源、格式、定义、关系、使用情况等。通过建立元数据存储库，可以实现对企业数据资产的全面梳理和登记，方便数据管理人员和用户了解数据的全貌和来龙去脉，提高数据的可管理性和可理解性。

（2）数据分类与目录。数据分类与目录是指将数据按照一定的规则和标准进行分类，并建立数据目录，以便用户能够快速查找和定位所需数据。数据分类可以基于业务领域、数据类型、数据敏感度等多种维度进行，通过数据目录为用户提供清晰的数据导航，促进数据的共享和复用。

（3）数据血缘分析。追踪数据在整个生命周期中的流向和转换过程，即数据血缘关系。通过数据血缘分析，能够清晰了解数据从产生到最终使用的全过程，包括数据经过了哪些处理步骤、在哪些系统和环节中发生了变化等，有助于数据质量问题的溯源和数据治理策略的制定。

4. 数据安全与隐私保护技术

（1）数据加密。数据加密是指采用加密算法对数据进行加密处理，将数据转换为密文形式存储和传输，只有通过相应的解密密钥才能将其还原为明文，从而确保数据在存储和传输过程中的保密性和安全性。例如，对称加密算法（如 AES）和非对称加密算法（如 RSA）常用于保护数据的安全性，防止数据被未经授权的访问和窃取。

（2）访问控制。访问控制是指通过定义用户角色、权限和访问策略，限制对数据资源的访问，仅允许授权用户在授权范围内访问和操作数据。访问控制技术可以基于身份认证、授权管理等机制实现，如使用轻量目录访问协议（Lightweight Directory Access Protocol，LDAP）目录服务进行用户身份认证和授权管理，确保只有合法用户能够访问其有权限访问的数据。

（3）数据脱敏。数据脱敏是指在不影响数据可用性和分析价值的前提下，对敏感数据进行变形、屏蔽、替换等处理，使其不再包含敏感信息，从而保护数据的隐私性。例如，对身份证号码、银行卡号等敏感信息进行部分隐藏或替换，以便在数据共享和分析过程中既能满足业务需求，又能保护个人隐私。

5. 主数据管理技术

（1）主数据识别与定义。明确企业中哪些数据是主数据，即具有高业务价值、跨部门共享且相对稳定的数据，如客户数据、产品数据、员工数据等，并对其进行统一的定义和规范，确保各部门对主数据的理解和使用一致。

（2）主数据整合与同步。通过数据集成技术将分散在不同系统中的主数据进行抽取、清洗、转换和整合，建立统一的主数据中心，并实现主数据在各个系统之间的实时或定期同步，保证主数据的一致性和准确性。

（3）主数据治理流程与监控。建立主数据的创建、审批、变更、发布等治理流程，对主数据的全生命周期进行管理，并通过监控机制确保主数据的质量和合规性，及时发现和解决主数据管理过程中出现的问题。

6. 数据治理平台技术

（1）工作流自动化。数据治理平台提供可视化的工作流设计器，可根据数据治理的流程和规则，自定义和配置各种数据治理任务的工作流，实现数据治理工作的自动化和流程化。例如，自动触发数据质量检查、数据清洗、数据集成等任务，并按照设定的流程依次执行，提高数据治理的效率和规范性。

（2）数据质量洞察与报告。数据治理平台能够收集和分析数据质量指标数据，生成数据质量报告和可视化仪表盘，直观地展示数据质量的现状、趋势和问题分布，为数据治理决策提供数据支持。通过数据质量洞察，数据管理人员可以快速定位数据质量问题的根源，并采取针对性的措施进行改进。

（3）数据治理策略管理。数据治理策略管理是指在数据治理平台上统一管理数据治理的策略、规则、标准等，方便数据治理团队对数据治理工作进行整体规划和协调。同时，数据治理平台支持对数据治理策略的版本控制和变更管理，确保数据治理工作的连贯性和一致性。

4.3　大数据的发展历程

大数据技术的发展历程可以追溯到 20 世纪，大致经历了以下四个时期。

4.3.1　数据收集时期

随着计算机技术的发展，数据的规模和类型逐渐增加，出现了诸如关系型数据库、层次型数据库、网络型数据库等不同的数据模型和系统。

这一时期的代表性技术有磁带和磁盘。磁带是一种早期的数据存储介质，容量大、成本低，但读写速度慢、易损坏、不便于随机访问；磁盘则读写速度快、可靠性高、便于随机访问，但容量小、成本高。

关系型数据库作为一种基于关系模型的数据管理系统，利用二维表格存储和操作数据，也在这一时期得到了发展。

4.3.2　数据分析时期

数据的增长和多样化促使人们开始关注数据的分析和挖掘，以实现数据的应用和价值。

数据仓库作为一种用于支持决策的数据集成和分析系统，利用多维模型存储和操作数据，能够提供历史和全面的数据视图，支持复杂和多维的数据分析，但其构建和维护成本高，更新性和实时性差。

数据挖掘技术则是指从大量数据中发现有用信息和知识的过程，它利用统计、机器学习、人工智能等方法进行数据分析。此外，数据可视化技术在此时期也得到了发展，它将数据转换为图形或图像，利用视觉元素进行数据展示和交互。

4.3.3　大数据时代

互联网、物联网、移动通信等技术的快速发展，使得数据的产生速度和规模远远超过了传统数据处理方法的能力，数据的特征也变得更加复杂和多样，大数据的概念应运而生。

为了应对大数据的挑战，Google 等公司提出了分布式文件系统 GFS、大数据分布式计算框架 MapReduce 和非关系型数据库 BigTable 等技术，开创了大数据技术的先河。

云计算作为一种基于互联网的数据处理模式，利用虚拟化技术提供可扩展的数据存储和计算服务，降低了数据处理的成本和复杂度，提高了数据处理的效率和灵活性。分布式系统由多个独立的计算机组成，通过网络通信协调和合作完成数据处理任务，提高了数据处理的性能和可靠性，支持大规模和分布式的数据处理。并行计算则是利用多个处理器同时执行数据处理任务的数据处理方法，利用并行算法和编程模型进行数据分解和合并，加速了数据处理的速度和效果。

4.3.4　大数据的发展与智能时期

分布式处理框架不断发展，最早的分布式处理框架 MapReduce 由 Google 提出，用于处理结构化和半结构化的数据，后来出现了更加灵活和高效的分布式处理框架，如 Spark、Flink、Storm 等，用于处理实时、流式、复杂的数据。

非关系型数据库兴起，如 MongoDB、Cassandra、Neo4j 等，它们不遵循关系模型，能够适应数据的多样性、动态性和分布性，提供高性能、高可用和高扩展的数据服务。

云计算和大数据深度融合，形成了云计算和大数据的融合平台，如 Amazon Web Services、Microsoft Azure、Google Cloud Platform 等，相互促进，共同发展。

机器学习和深度学习等人工智能技术的广泛应用，使得数据不仅可以被存储和分析，还可以被理解和利用，从而产生新的知识、服务和商业模式，涉及搜索引擎、社交网络、电子商务、自然语言处理、计算机视觉、语音识别、自动驾驶等众多领域。

4.4　大数据的应用

大数据的应用非常广泛，下面介绍一些常见的应用领域。

4.4.1　商业领域

利用大数据技术可以进行精准营销与个性化推荐。企业通过收集和分析消费者的购买历史、浏览记录、搜索行为等多维度数据，深入了解消费者的兴趣和偏好，为每个消费者提供个性化的产品推荐和营销内容，提高营销的精准度和效果，增加销售转化率。

在市场细分与目标客户定位方面，利用大数据技术对庞大的消费者群体进行细分，根据不同的特征和行为模式将消费者划分为多个细分市场，企业可以针对每个细分市场的特点和需求，制定更有针对性的营销策略和产品定位，提高市场占有率。

在营销效果评估与优化上，实时监测和分析营销活动数据，如广告投放的点击率、转化率、投资回报率等，帮助企业快速评估营销活动的效果，及时调整营销策略和预算分配，优化营销资源的利用，提高营销活动的投资回报率。

利用大数据技术可以对客户的行为进行分析与洞察。深入分析客户在各个渠道的行为数据，包括购买行为、使用行为、反馈行为等，了解客户的需求、偏好和痛点，为企业提供客户洞察，帮助企业更好地满足客户需求，提升客户的满意度和忠诚度。根据客户的行为数据和历史交易记录，对客户的生命周期进行划分和预测，如潜在客户、新客户、活跃客户、休眠客户、流失客户等，企业可以针对不同生命周期阶段的客户制定相应的营销策略和服务方案，延长客户生命周期，提高客户价值。通过对客户服务数据的分析，如客户咨询、投诉、反馈等，及时发现客户服务中的问题和痛点，优化客户服务流程和人员配置，提高客户服务质量和效率，提升客户体验。

利用大数据技术还可以优化供应链，分析供应链上各环节的数据，如供应商的生产数据、物流数据、库存数据等，实现对供应链的实时监控和管理，优化采购计划、库存管理和物流配送，降低成本，提高供应链的效率和可靠性。

在生产环节，利用大数据技术分析生产设备的运行数据、生产工艺数据和质量检测数据等，实现对生产过程的实时监控和优化，提高生产效率，降低生产成本，保证产品质量。

通过对销售数据、库存数据和市场需求数据的分析，准确预测产品需求，合理规划库存水平，实现库存的精准管理，减少库存积压和缺货现象，提高资金周转率。

4.4.2　金融领域

在风险控制与管理方面，通过收集和分析客户的多维度数据，如交易记录、信用历史、社交媒体行为、消费习惯等，建立更精准的信用评估模型，全面评估借款人的信用状况和还款能力，提高贷款审批的准确性，降低违约风险。利用大数据技术对海量的金融市场数据进行分析，包括历史价格走势、宏观经济指标、政策变化、行业动态等，挖掘市场趋势和潜在风险因素，帮助金融机构提前调整投资组合和风险敞口，优化资产配置，降低市场波动带来的损失。分析金融机构内部的业务流程数据、交易记录、员工行为数据等，识别潜在的操作风险点，如内部欺诈、流程漏洞、系统故障等，并及时采取措施加以防范和控制，提高运营的安全性和稳定性。

在反欺诈与合规监管方面，实时监控和分析大量的交易数据、客户行为数据等，运用机器学习、数据挖掘等技术建立欺诈检测模型，能够快速识别异常交易模式和行为。比如，盗刷信用卡、虚假贷款申请、保险欺诈等，及时发出警报并采取措施，减少欺诈损失。通过对客户的资金交易数据、账户信息、身份背景等进行综合分析，发现可疑的洗钱活动迹象，如大额现金交易、频繁的跨境转账、资金流向异常等，协助金融机构和监管部门及时进行调查和处理，防范洗钱风险。金融监管机构利用大数据技术可以更高效地完成对金融机构的合规性审核，实时把控金融市场变化，实现监管政策和风险防范的动态匹配调整。金融从业机构也能够及时自测与核查经营行为，完成风险的主动识别与控制，有效降低合规成本，增强合规能力。

对于客户服务，大数据技术可以收集和整合客户的各类数据，包括基本信息、交易记录、消费偏好、兴趣爱好等，构建全面而细致的客户画像，深入了解客户需求和行为特征，为精准营销提供依据，帮助金融机构更好地定位目标客户群体，提高营销效果和投资回报率。根据客户画像和数据分析结果，企业可以为每个客户提供个性化的金融产品推荐和服务方案，如定制化的理财产品、信用卡优惠活动、保险计划等，提高客户满意度和忠诚度，增强客户黏性。通过分析客户的咨询记录、投诉反馈、服务请求等数据，企业可以及时了解客户的问题和需求，优化客户服务流程和人员配置，提供更快速、高效、个性化的客户服务，提升客户体验。

对于金融产品的设计，通过对市场需求、客户偏好、竞争态势等数据的分析，挖掘潜在的金融服务需求和市场空白，为金融机构设计新的金融产品和服务提供支持，如推出基于大数据的智能投资产品、供应链的金融解决方案、消费金融新产品等，满足客户多样化的需求。利用大数据分析客户的风险特征、消费行为、市场供需关系等因素，对金融产品进行精准定价，如贷款产品的利率定价、保险产品的保费定价等，在保证金融机构盈利的前提下，提高产品的市场竞争力和客户接受度。

在投资决策上，通过分析大量的历史市场数据、宏观经济数据、行业数据和企业财务数据等，结合机器学习和人工智能算法，挖掘市场中的投资机会和趋势，为投资者制定个性化的投资策略，如股票投资策略、基金投资策略、债券投资策略等，提高投资收益。根据投资者的风险偏好、投资目标和财务状况，利用大数据技术对各类资产的风险收益特征进行分析和评估，优化资产配置方案，实现资产的多元化投资和风险分散，提高资产组合的稳定性和收益性。实时监控投资组合的表现和市场变化，通过大数据技术及时调整投资组合的权重和结构，降低投资风险，实现投资目标。同时，利用大数据技术对投资经理的投资业绩进行评估和分析，为投资者选择优秀的投资经理提供数据支持。

4.4.3　医疗健康领域

在临床上医疗，通过对大量病历、检查报告、影像等数据的分析和挖掘，为医生提供诊断参考，帮助识别疾病的特征和模式，提高诊断的准确性和效率，减少漏诊和误诊的发生，如智能影像诊断系统可以快速准确地识别肺部结节、脑部肿瘤等病症。根据患者的个体特征、病史、基因等信息，结合临床研究和实践经验，为医生提供个性化的治疗方案建议，包括药物选择、剂量调整、治疗时间等，提高治疗效果，降低并发症和不良反应的发生风险。通过分析患者的临床数据和治疗过程，预测疾病的发展趋势和预后情况，帮助医生和患者做出更合理的治疗决策和康复计划，如预测肿瘤患者的生存期、心血管疾病患者的复发风险等。

在疾病预防方面，通过实时收集和分析来自医疗机构、公共卫生机构、社交媒体等多渠道的健康数据，及时发现疾病的流行趋势和异常情况，如传染病的爆发、慢性病的高发等，提前发出预警，为公共卫生决策和防控措施的制定提供依据。对高血压、糖尿病、心血管疾病等慢性病患者的健康数据进行长期跟踪和分析，了解患者的病情变化和治疗效果，及时调整治疗方案和健康管理计划，提高患者的自我管理能力和生活质量，降低并发症的发生风险。基于大数据分析个体的生活方式、遗传因素、环境因素等，评估其未来可能面临的健康风险，如患某种疾病的概率、发生意外事故的风险等，为个性化的健康干预和预防措施提供指导。

在医疗质量管理上，通过收集和分析医院的医疗服务数据，如病历质量、手术成功率、并发症发生率、患者满意度等，建立医疗质量评估指标体系，对医院和科室的医疗质量进行客观评价，发现存在的问题和不足，为持续改进医疗质量提供依据。实时监测医疗过程中的安全风险，如药物不良反应、医疗差错、医院感染等，通过对大量医疗数据的分析和挖掘，识别潜在的安全隐患和风险因素，及时采取措施加以防范和控制，提高医疗安全水平。分析医院的床位使用情况、设备利用率、人力资源配置等数据，合理规划和调配医疗资源，提高医疗资源的利用效率，减少患者等待时间，降低医疗成本。

在药物研发方面，利用大数据技术分析海量的生物医学文献、基因数据、蛋白质结构数据等，挖掘潜在的药物靶点和药物分子，加速药物的发现和筛选过程，提高新药研发的成功率。在临床试验过程中，通过对大量受试者的数据进行分析和管理，包括患者的基本信息、病情特征、治疗反应等，优化临床试验的设计和方案，提高试验的效率和准确性，缩短药物研发周期。结合患者的个体基因信息、病史、生活方式等多维度数据，实现对疾病的精准诊断、治疗和预防，为患者提供个性化的医疗服务，如针对肿瘤患者的靶向治疗、免疫治疗等，提高治疗效果，减少不良反应。

在健康管理上，基于大数据技术分析用户的健康状况、生活习惯、疾病风险等，为用户提供个性化的健康管理方案，包括饮食建议、运动计划、心理调节等，帮助用户更好地管理自己的健康，预防疾病的发生。通过大数据技术实现医疗数据的远程传输和共享，支持远程诊断、远程治疗、在线咨询等服务的开展，打破地域限制，提高医疗服务的可及性和便捷性，为患者提供更加及时和高效的医疗服务。

随着医疗健康大数据产业发展，促进医疗健康大数据的产业化应用，推动医疗信息化、医疗人工智能、医疗物联网等相关产业的发展，培育新的业态和经济增长点，如开发医疗大数据分析软件、智能医疗设备、健康管理平台等。

人体基因检测如图 4-1 所示。

图 4-1　人体基因检测

4.4.4　交通领域

在交通领域，大数据技术的应用体现在以下几个方面。

在交通规划与管理上，通过在道路上部署传感器、利用移动设备的位置信息以及交通摄像头等多种方式收集大量交通数据，如车辆速度、交通流量、拥堵情况等。利用这些数据可实时了解道路的交通状况，并通过分析历史数据和实时数据，预测未来道路的交通流量，为交通管理部门制定交通疏导方案、优化道路交通流动性提供科学决策支持。传统的交通信号控制基于固定时间表，无法灵活根据交通流量变化调整。大数据技术可利用实时和历史交通数据，分析交通流量变化趋势和拥堵情况，智能优化交通信号控制，根据实时道路情况动态调整信号灯时长，提高道路通行效率，减少交通拥堵。大数据技术可以帮助交通规划者更好地了解人们的出行习惯、需求和方式。通过对海量出行数据的挖掘，发现出行规律、热点区域和交通瓶颈，为交通规划和基础设施建设提供依据，如优化城市轨道交通、公交线网规划，以及管理共享单车、网约车等新兴出行方式。

在交通安全方面，大数据技术通过分析历史交通事故数据，结合天气、道路状况等其他因素，建立交通事故预测模型。利用大数据技术从海量数据中发现事故发生的规律和潜在危险因素，及时预警潜在的交通事故风险区域，并提出针对性的预防措施，以减少事故发生率，提高交通安全性。通过对驾驶行为数据的挖掘，如行驶速度、疲劳驾驶、违章行为等，发现驾驶员的驾驶习惯、风险因素和安全隐患，为交通安全管理提供依据，同时也能为驾驶员提供安全驾驶建议，降低交通事故发生的风险。

在能源消耗与排放上，大数据技术通过对车辆能耗的实时监测和分析，对车辆行驶数据的挖掘，发现能耗高的车辆、路段和驾驶行为，为节能减排提供依据，同时也可以为驾驶员提供节能驾驶建议，降低车辆能耗。通过对交通流量、排放因子等数据的挖掘，发现排放高的车辆、路段和时段，为交通管理部门提供排放控制策略，减轻交通污染。

在公共交通管理方面，大数据技术通过对公交车辆运行轨迹、客流量、站点拥挤度等数据进行分析，实现公交运营的智能化管理，如智能发车、智能调度等，提高公交运营效率，降低运营成本，提升乘客出行体验。通过分析地铁客流的时空分布规律、设备运行状态等数据，优化地铁的运行图、列车编组和车站设施布局，提高地铁的运输能力，同时降低运营成本和能耗。

在道路交通基础设施建设上，利用大数据分析交通流量、车辆类型、行驶速度等数据，评估现有道路设施的使用状况和承载能力，为道路的新建、扩建、改造以及维护提供科学依据，确保道路设施的合理布局和有效利用。实时采集桥梁、隧道的结构健康数据，如应力、变形、温度等，结合大数据分析技术，及时发现结构安全隐患，预测潜在的安全风险，为桥梁隧道的维护和管理提供决策支持，保障交通基础设施的安全运行。

4.4.5　教育领域

在教育领域，大数据技术可以充分发挥优势，促进教育事业发展。

在对学生的教育上，通过收集学生在线学习平台的学习时长、参与讨论的活跃度、作业完成的准确率等数据，精准定位学生的学习难点和优势，还能发现学生对不同学科、不同知识点的掌握程度和学习进度，及时发现学生学习过程中的问题和困难。根据学生的学习习惯、兴趣偏好、能力水平以及学习数据的分析结果，为每个学生量身定制专属的学习计划、学习资源和学习策略，如推荐适合的学习资料、课程、练习题等，使教学更具针对性和实效性，提高学习效率和效果。利用大数据分析学生的学习行为和问题，智能辅导系统可以实时为学生提供个性化的辅导和答疑，帮助学生解决学习中遇到的问题，提高学生学习的自主性和独立性。

在教育管理方面，大数据技术分析不同地区、不同学校的教育资源布局情况，如师资数量、质量与学生成绩之间的关联，了解教育资源的使用效率和需求情况，为合理分配教育资源提供科学依据，如调配师资、分配教学设备、规划学校建设等，实现教育资源的均衡配置。大数据技术通过对大量教育数据的分析，研究教育政策的实施效果和影响，如学生的学业水平变化、教育公平性改善情况等，为教育政策的制定、调整和评估提供数据支持，使教育政策更加科学、合理和有效。通过整合校园安全监控数据、学生行为数据等，分析校园安全风险的潜在因素和高发区域，及时发现安全隐患并采取措施加以防范和控制，提高校园安全管理的水平和效率。

在教学效果上，除传统的考试成绩外，还可以综合分析学生的学习过程数据，如课堂表现、作业完成情况、在线学习行为等，全面、客观地评估学生的学习水平和能力发展，为学生的综合素质评价提供更丰富的数据支持。在教学质量上，分析教师的教学行为、教学方法、教学效果等数据，如课堂教学的互动情况、学生的满意度、考试成绩的提升情况等，对教师的教学质量进行客观评价，为教师的专业发展和教学改进提供依据，促进教学质量的提升。根据学生的学习需求、就业市场的人才需求趋势以及课程的实施效果等数据，对课程体系和专业设置进行优化调整，使教育内容更加贴近社会实际需求，提高学生的就业竞争力和职业发展能力。

在教育研究发展方面，通过对海量教育数据的挖掘和分析，可以发现教育领域中的潜在规律、趋势和问题，为教育研究提供新的视角和方法，推动教育理论和实践的创新发展。在教育实验和改革项目中，利用大数据技术可以实时收集和分析实验数据，准确评估改革措施的实施效果和影响，及时发现问题并进行调整和改进，提高教育实验和改革的成功率。

4.4.6　制造业领域

在生产过程优化方面，大数据技术可以实现实时监控与故障预警。通过在生产设备上安装传感器，实时收集设备运行数据，如温度、压力、振动等。利用大数据技术对这些数据进行分析和处理，能够及时发现设备的异常情况并提前预警，避免设备故障导致生产中断。

在生产工艺优化上，大数据技术通过分析生产过程中的工艺参数、质量数据等，确定影响产品质量和生产效率的关键因素，从而对生产工艺进行调整和优化，提高产品的一致性和生产效率，降低生产成本。

利用大数据技术收集和分析生产过程中的能源消耗数据，如电力、燃气、水等的使用情况，识别能源消耗的高峰和低谷时段以及高能耗的设备和环节，制定针对性的节能措施，实现节能减排和降低生产成本的目标。

在产品质量控制方面，利用大数据技术记录产品生产过程中的各类数据，包括原材料采购、生产工艺参数、设备运行状态、质量检测结果等。当产品出现质量问题时，利用大数据技术可以快速准确地追溯问题产生的原因和环节，及时采取纠正措施，避免问题产品流入市场。基于历史质量数据和实时生产数据，建立质量预测模型，提前预测产品可能出现的质量问题，在生产过程中及时调整参数并采取预防措施，从而提高产品的合格率和质量稳定性。

在供应链管理上，利用大数据技术综合分析历史销售数据、市场趋势、客户订单等多维度数据，更准确地预测市场需求，合理安排生产计划和原材料采购计划，优化库存水平，降低库存成本和缺货风险。对供应商的交货时间、产品质量、价格等数据进行分析和评估，帮助企业选择优质的供应商并建立长期稳定的合作关系。同时，实时监控供应商的生产状况和物流运输情况，及时发现潜在的供应风险并采取应对措施。通过对物流运输数据的分析，优化物流配送路线、运输方式和配送计划，提高物流效率，降低物流成本，确保原材料和产品的及时供应和交付。

在产品创新与研发方面,利用大数据技术收集和分析来自社交媒体、客户反馈、市场调研等渠道的数据,深入了解客户的需求、偏好和痛点,为产品创新和研发提供方向和灵感,使企业能够开发出更符合市场需求的产品。同时,利用大数据和计算机模拟技术,创建产品的虚拟模型和数字孪生体,进行虚拟设计、仿真分析和性能测试,在产品实际生产前发现潜在问题并进行优化,缩短产品研发周期,降低研发成本。

4.4.7　城市建设与管理领域

在城市规划与建设方面,大数据技术可以收集和分析人口分布、经济发展、土地利用等多源数据,运用大数据技术,城市规划者可以更准确地了解城市的现状和发展趋势,预测未来的需求,从而制定出更科学、合理的城市规划方案,如确定商业区、住宅区、工业区的合理布局,规划公共设施的位置和规模等。通过对城市基础设施运行数据的分析,如供水、供电、排水、通信等,及时发现基础设施的薄弱环节和潜在问题,为基础设施的建设、改造和维护提供依据,提高运行效率和服务质量,避免资源的浪费和重复建设。

在城市交通管理方面,利用大数据技术实时收集交通流量、车速、车辆类型等数据,利用大数据分析交通拥堵的规律和热点区域,动态调整交通信号灯的时长,优化交通流,减少车辆等待时间和拥堵状况,提高道路通行效率。另外,通过分析公交、地铁等公共交通的运营数据,如乘客流量、出行时间、线路热度等,优化公共交通的线路规划、车辆调度和运营时间,提高公共交通的服务水平和吸引力,鼓励市民选择公共交通出行,缓解城市交通压力。

在城市环境管理上,大数据技术可以整合空气质量、水质、噪声、气象等环境监测数据,实现对城市环境质量的实时监测和分析,及时发现环境污染问题和潜在的环境风险,提前发布预警信息,为环境治理和应急处置提供决策支持,保障城市居民的健康和生态环境的安全。利用大数据技术对环境数据进行深度挖掘和分析,找出环境污染的源头、传播路径和主要影响因素,为环境治理措施的制定和调整提供科学依据,提高环境治理的针对性和有效性,实现城市环境的可持续发展。城市设施大数据分析平台如图 4-2 所示。

图 4-2　城市设施大数据分析平台

在城市安全管理方面，大数据技术通过收集和分析城市中的各类治安数据，如案件发生地点、时间、类型，嫌疑人特征等，挖掘犯罪的规律和趋势，建立犯罪预测模型，提前部署警力和采取预防措施，提高社会治安防控的能力和水平，有效打击犯罪活动，维护城市的安全稳定。在自然灾害、公共卫生事件、安全生产事故等突发事件发生时，大数据技术可以快速收集和分析相关信息，如灾害影响范围、人员伤亡情况、物资需求等，为应急救援指挥提供决策支持，实现快速响应和高效处置，最大限度地减少突发事件对城市的影响，例如小区监控摄像头，如图 4-3 所示。

图 4-3　小区监控摄像头

在城市公共服务管理上，大数据技术可以分析市民对教育、医疗、文化、体育等公共服务的需求数据，预测未来的需求变化趋势，合理配置公共服务资源，如学校、医院、图书馆、体育馆等的建设和布局，提高公共服务的供给效率和质量，满足市民的多样化需求。通过对市民反馈、投诉、评价等数据的分析，及时了解公共服务的质量和存在的问题，为公共服务部门提供改进的方向和建议，促进公共服务水平的不断提升，提高市民的满意度并增强幸福感。

4.4.8　科学研究领域

目前，随着科学技术的快速发展，各种实验数据十分庞大，使得大数据技术非常广泛地应用在各个科学研究领域中。

在物理学研究上，大型强子对撞机等粒子物理实验会产生海量的数据。大数据技术可用于快速处理和分析这些数据，帮助科学家寻找新的粒子和物理现象，如希格斯玻色子的发现就借助了大数据技术。通过天文望远镜和卫星等设备收集到的宇宙天体的图像、光谱等数据量极大，利用大数据技术可以对这些数据进行分类、分析，帮助研究星系的演化、恒星的形成与死亡、暗物质和暗能量的性质等。

在生物学研究上，随着基因测序技术的发展，产生了大量的基因组数据。大数据技术可以对这些数据进行存储、管理和分析，帮助科学家发现基因的功能、基因之间的相互作用以及与疾病的关联，为个性化医疗和药物研发提供基础。在生态系统研究中，需要收集大量的生物多样性、生态环境等数据。大数据技术可以帮助生物学家更好地理解生态系统的结构和功能，预测生态系统的变化趋势，为生态保护和资源管理提供决策支持。

在医学研究上，大数据技术通过收集和分析大量的医疗记录、影像学数据、生理信号等，建立疾病诊断和预测模型，辅助医生进行疾病的早期诊断和风险预测，提高诊断的准确性和效率，如利用大数据分析医学影像来诊断肿瘤、心血管疾病等。药物研究方面，通过对大量的临床试验数据、药物分子结构和活性数据等进行分析，加速药物研发过程，提高研发成功率，降低研发成本，还可以通过分析药物不良反应数据，及时发现和解决药物安全问题。

化学研究方面，在材料科学领域，大数据技术可以用于分析材料的结构、性能和制备工艺之间的关系，预测材料的性能，指导新材料的设计和合成，加速材料研发周期，降低研发成本，如高性能合金、新型半导体等材料的研发。大数据技术通过对大量化学反应的实验数据和模拟数据进行分析，深入了解化学反应的机理和动力学过程，为优化反应条件、提高反应效率和选择性提供理论依据。

在地球科学研究上，利用大数据技术收集和分析全球范围内的气象观测数据、卫星遥感数据等，建立气象和气候模型，提高天气预报的准确性和气候预测的可靠性，研究气候变化的原因和影响，为应对气候变化提供科学依据。另外，分析地质构造、地震活动、山体滑坡等数据，建立地质灾害预测模型，提前预警地质灾害的发生，减少灾害损失。

在社会科学研究方面，大数据技术同样也发挥着重要作用。利用大数据技术分析宏观经济数据、市场交易数据、消费者行为数据等，研究经济增长、通货膨胀、市场供求关系等经济现象，为经济政策的制定和企业的决策提供依据。另外，通过对社交媒体数据、人口普查数据、社会调查数据等的分析，研究社会结构、社会变迁、社会网络等社会学问题，为社会政策的制定和社会管理提供参考。

4.5　大数据技术与其他信息技术的关系

大数据与其他现代信息技术关系密切，相互促进、共同发展。

4.5.1　大数据与物联网

物联网为大数据提供了数据基础。物联网通过各类传感器和智能设备，如智能家居中的温湿度传感器、智能交通中的车辆行驶数据采集器、工业生产中的设备状态监测器等，实时收集大量的结构化和非结构化数据，这些数据构成了大数据的重要来源。

大数据助力物联网价值提升。大数据技术能够对物联网收集的海量、多源、实时的数据进行高效存储、处理和分析，挖掘出有价值的信息，如通过对智能工厂中生产设备数据的分析实现故障预测与维护，优化物联网设备的运行和管理，提高数据的利用效率和价值。

在数据采集与预处理方面，物联网设备产生的数据具有海量、多源、实时、异构等特点，大数据技术可以实现对这些数据的高效采集和预处理，如采用分布式数据采集框架，将采集到的数据进行清洗、转换、集成等操作，提高数据的质量和可用性。

在数据分析与挖掘方面，利用大数据技术，如机器学习、深度学习、数据挖掘等，对物联网数据进行深度分析和挖掘，发现数据中的模式、趋势和关联关系，如在智能交通领域，通过对交通流量数据的分析，实现交通拥堵预测和智能交通调度。

在智能决策支持方面，基于对物联网数据的分析和挖掘结果，大数据为用户提供智能决策支持，如在智能家居中，根据用户的生活习惯和环境数据，自动调整家居设备的运行状态；在智能医疗中，医生可以根据患者的实时健康数据制定个性化的治疗方案。

在安全防护与管理方面，利用大数据技术对物联网系统进行实时监测和异常检测，及时发现并处理安全威胁和故障，如通过对网络流量数据的分析，检测物联网设备的入侵行为；对设备的运行数据进行分析，实现设备的故障预警和维护。

物联网可以实现数据实时采集，物联网设备能够实时采集数据并传输到大数据平台，使得大数据可以及时获取最新的信息，满足对实时性要求较高的应用场景，如实时监控、实时预警等，提高了大数据的时效性和价值。

物联网与大数据结合促进了数据融合与共享。物联网连接了不同领域、不同类型的设备和系统，打破了数据孤岛，使得不同来源的数据可以在大数据平台上进行融合和共享，为大数据的综合分析和利用提供了便利，有助于发现更有价值的信息和知识。

物联网对于大数据可以拓展数据来源，物联网的广泛应用使得数据的产生不再局限于传统的计算机系统和人工输入，而是来自各种物理设备和传感器，极大地丰富了数据来源，增加了数据的多样性和复杂性，为大数据技术提供了更广阔的空间和更多的可能性。

4.5.2　大数据与云计算

云计算可以提供强大的计算和存储能力。云计算平台具有弹性扩展的特性，能够根据大数据处理的需求，动态分配计算资源和存储资源，如 CPU、内存、磁盘空间等。这使得企业无需自行构建庞大的硬件基础设施，即可应对海量数据的存储和处理需求，降低了硬件投资成本和运维成本。

云计算可以加快数据处理速度。云计算采用分布式计算架构，如 Hadoop、Spark 等大数据处理框架在云计算环境中能够更好地发挥作用，可以将大数据拆分成多个小块，分别在不同的计算节点上进行并行处理，从而大大提高了数据处理的速度和效率，能够更快地从海量数据中提取有价值的信息。

云计算可以提供数据安全和隐私保护。云计算平台提供了一系列的数据安全措施，如数据加密、访问控制、身份认证、数据备份与恢复等，确保大数据在存储和处理过程中的安全性和完整性。同时，云计算服务提供商通常具有专业的安全团队和安全管理经验，能够更好地应对各种安全威胁和数据泄露风险。

大数据技术可以为云计算创造应用场景和价值。大数据蕴含着丰富的信息和潜在的商业价值，通过在云计算平台上进行大数据分析，企业可以洞察市场趋势、优化产品服务、提升运营效率等，从而为企业带来实际的经济效益和竞争优势。这使得云计算不再仅仅是提供计算和存储资源的平台，而是成为实现数据驱动决策的重要工具，进一步提升了云计算的价值和吸引力。

大数据技术可以推动云计算技术的创新和发展。大数据的实时性要求和复杂的处理需求促使云计算技术不断创新和发展，如实时数据处理、流计算、内存计算等技术的出现和不断完善，使得云计算能够更好地满足大数据应用的需求。此外，大数据的应用也推动了云计算向混合云、边缘计算等新领域的拓展和发展。

在企业中，大数据技术与云计算技术相结合，企业可以利用云计算平台的弹性计算和存储资源，快速搭建大数据分析平台，实现对海量业务数据的实时收集、处理和分析，如客户行为分析、销售预测、供应链优化等，帮助企业更好地了解客户需求、优化业务流程、提高运营效率并降低成本，从而提升企业的核心竞争力。

在金融行业，金融机构可以通过云计算技术和大数据技术，对海量的交易数据、客户信用数据、市场行情数据等进行实时分析和挖掘，实现风险评估、欺诈检测、投资决策支持等，提高金融服务的质量和效率，降低金融风险。

在医疗领域，医疗机构可以将患者的病历数据、医疗影像数据、生理监测数据等存储在云端，并利用大数据技术进行疾病诊断、治疗方案制定等，提高医疗诊断的准确性和效率，为患者提供更加个性化的医疗服务。

4.5.3　大数据与人工智能

大数据与人工智能是相互依存、技术互补的关系。

大数据为人工智能提供了海量、丰富且多样化的数据资源，是人工智能算法和模型训练、优化的基础。人工智能则为大数据的处理、分析和价值挖掘提供了强大的手段和方法，能够从大数据中提取有价值的信息和知识。

人工智能中的机器学习、深度学习等算法可以高效地处理大数据，解决大数据面临的存储、管理和分析难题。大数据的存储和管理技术也为人工智能提供了数据支撑和保障，使得人工智能能够更好地发挥作用。

大数据对人工智能起着重要作用。人工智能模型的训练需要大量的数据，大数据能够满足这一需求，使模型能够学习到更丰富的模式和规律，从而提高模型的准确性和泛化能力。例如，在图像识别领域，通过大量的图像数据训练，人工智能模型可以逐渐提高识别精度。

大数据的多样性和实时性可以帮助人工智能模型不断优化和更新，以适应不断变化的环境和需求。例如，在自然语言处理领域，通过不断收集和分析大量的文本数据，可以对语言模型进行优化和改进，提高其理解和生成能力。

大数据中蕴含着丰富的信息和潜在的知识，人工智能可以通过对大数据的分析和挖掘，发现人类难以察觉的新的知识和模式，为科学研究、商业决策等提供支持。例如，在医疗领域，通过对海量的医疗数据进行分析，人工智能可以发现疾病的早期迹象和潜在的治疗方法。

人工智能技术可以自动对大数据进行处理、分类、聚类、预测等操作，提高数据处理的效率和准确性。例如，机器学习算法可以自动识别大数据集中的异常数据和模式，为数据分析提供帮助。

通过对用户的行为、偏好等数据的分析，人工智能可以为用户提供个性化的推荐和服务，提高用户的体验和满意度。例如，电商平台可以根据用户的购买历史和浏览记录，为用户推荐个性化的商品。

在金融领域，通过大数据分析客户的消费习惯、信用记录等，结合人工智能的预测模型，可以为客户提供更加个性化的金融服务，如推荐理财产品、优化信贷政策等，同时还可以实现智能风控，精准地识别风险点和异常情况。

在医疗领域，利用大数据技术，医疗机构可以对患者的临床数据进行全面分析，从中发现潜在的疾病风险和规律，帮助医生进行早期干预和治疗计划的制定。人工智能还可以辅助医生进行影像诊断，提供更准确的判断结果。

在交通领域，通过对交通流量、路况等数据的实时分析，结合人工智能技术，可以预测交通拥堵情况，为出行者提供最佳路线建议。此外，还可以应用于自动驾驶技术，提高道路安全性和交通效率。

随着技术的不断进步，大数据与人工智能的结合将在更多的领域得到应用和拓展，如智能制造、智慧城市、智慧能源等，为这些领域的智能化升级和转型提供支持。随着大数据与人工智能的应用越来越广泛，数据安全和隐私保护将成为重要的问题。未来需要加强数据安全和隐私保护技术的研究和应用，确保隐私数据的安全。

4.5.4　大数据与区块链

大数据为区块链提供了丰富的数据来源和应用场景，如在金融风险评估、医疗数据分析等领域，区块链可利用大数据进行更精准的决策和分析。区块链为大数据提供了可靠的数据存储和管理方式，确保数据的安全性、完整性和不可篡改性，提高大数据的质量和可信度。

大数据的存储、处理和分析技术与区块链的分布式账本、加密算法等技术相互补充。例如，大数据可以借助区块链的分布式存储来解决数据存储的可靠性和安全性问题，区块链可以利用大数据的分析技术来实现智能合约的优化和决策。

区块链的去中心化和加密技术可以确保大数据的安全性和隐私性，防止数据泄露和篡改。例如，在医疗领域，患者的个人健康数据可以通过区块链进行加密存储和共享，只有经过授权的人员才能访问。

区块链的可追溯性可以帮助大数据实现数据的溯源和审计，确保数据的来源和处理过程的透明性和可追溯性。例如，在供应链领域，区块链可以记录商品的生产、运输、销售等全过程信息，消费者可以通过区块链追溯商品的来源。区块链可以打破数据孤岛，实现不同机构和部门之间的数据共享和协同。例如，在政务领域，不同部门之间可以通过区块链共享政务数据，提高政务服务的效率和质量。

通过对区块链网络中的数据进行分析，可以优化区块链的共识算法、网络拓扑结构等，提高区块链的性能和效率。例如，通过分析区块链节点的行为和交易数据，可以发现潜在的安全威胁和性能瓶颈，及时采取措施进行优化。大数据可以为智能合约提供丰富的数据支持，帮助智能合约做出更准确的决策。例如，在金融领域，智能合约可以根据大数据分析的结果自动执行交易和风险控制策略。利用大数据技术可以对区块链网络进行实时监控和管理，及时发现并解决网络中的问题。例如，通过分析区块链节点的日志数据和交易数据，可以及时发现节点的故障和异常交易，保障区块链网络的正常运行。

在金融领域，可以利用区块链技术构建双链通平台，将核心企业、供应商、金融机构等多方连接起来，实现了供应链金融中的数据共享和可信传递。同时，通过大数据技术，对供应商的信用状况和交易风险进行评估，为金融机构提供决策支持，提高了供应链金融的效率和安全性。

在医疗领域，英国国家医疗服务体系（National Health Service，NHS）正在探索利用区块链技术来管理患者的医疗记录，确保数据的安全和隐私。同时，通过大数据技术对患者的医疗数据进行挖掘和分析，为医生提供诊断和治疗建议，提高了医疗服务的质量和效率。

在政务领域，利用区块链技术构建平台，将政府部门的权力运行和政务服务数据进行上链存储和管理，实现了权力运行的全程留痕和可追溯。同时，通过大数据技术，对政府部门的工作绩效和服务质量进行评估和监督，提高了政府治理的现代化水平。

随着技术的发展，区块链与大数据将实现更深层次的融合，在金融、供应链、医疗、政务等领域发挥更大的作用，创造出更多创新的应用场景和商业模式。例如，在跨境贸易领域，结合区块链的溯源和大数据的分析，可以实现商品的全程追溯和风险预警。随着数据安全和隐私保护法律法规的不断完善，区块链与大数据的结合将更加注重隐私保护和合规性。未来，将出现更多的隐私保护技术和解决方案，如"零知识证明""同态加密"等，以满足用户对隐私保护的需求。

目前，不同的区块链网络之间存在着互操作性的问题，限制了区块链与大数据的融合应用。未来，跨链技术将不断发展和成熟，实现不同区块链网络之间的互联互通和数据共享，进一步拓展区块链与大数据的应用范围。

区块链、大数据与人工智能等技术将相互协同、融合发展。例如，通过区块链确保数据的安全和可信，利用大数据提供丰富的数据资源，再结合人工智能的算法和模型，实现更智能化的决策和应用。

4.5.5　大数据与5G

5G 可以助力大数据发展。5G 的高速率、低延迟和大连接特性，使大量数据能够快速、稳定地传输，满足了大数据实时处理和分析的需求，极大地提高了数据处理效率。同时，5G 支持海量设备连接，使得更多的物联网设备能够接入网络，产生更丰富的数据，进一步拓展了大数据的应用范围和深度。通过对大量用户数据和网络数据的分析，大数据可以帮助优化 5G 网络的资源分配、基站布局和信号覆盖等，提高 5G 网络的性能和服务质量。此外，大数据还可以为 5G 应用提供更精准的用户画像和需求预测，推动 5G 在各个领域的创新应用和商业模式创新。

5G 能够实现工厂内设备的实时数据采集和传输，将生产过程中的各种数据快速反馈给大数据平台。通过对这些数据的分析和挖掘，企业可以实现生产流程的优化、设备故障的预测和维护、产品质量的控制等，从而提高生产效率和产品质量，降低生产成本。利用 5G 的高速传输和低延迟特性，城市中的各种传感器和监控设备可以实时将数据传输到大数据中心。通过对城市交通、能源、环境、安防等数据的分析和处理，实现城市交通的智能管理、能源的合理分配、环境的实时监测和公共安全的预警等，提高城市的运行效率和管理水平。5G 可以支持高清医学影像的实时传输、远程诊断和手术等应用，使医生能够及时获取患者的病情数据。大数据则可以对大量的医疗数据进行挖掘和分析，辅助医生进行疾病诊断、治疗方案制定和药物研发等，提高医疗服务的质量和效率，实现医疗资源的优化配置。5G 网络可以实现车辆与车辆、车辆与基础设施之间的高速低延迟通信，为车联网提供强大的支持。大数据技术可以对交通流量、路况、车辆行驶数据等进行分析和预测，实现交通信号的智能控制、车辆的智能调度和自动驾驶等，提高交通的安全性和效率。

在未来，大数据与 5G 的融合将更加深入和紧密，不仅在现有的应用场景中不断优化和创新，还将拓展到更多的领域和行业。同时，两者将与人工智能、物联网、边缘计算等技术相结合，形成更强大的技术合力，推动数字经济的快速发展。

随着技术的不断进步和融合，大数据与 5G 的应用将不断创新和拓展。例如，在虚拟现实、增强现实、元宇宙等新兴领域，两者的结合将为用户带来更加沉浸式、智能化的体验；在农业、能源、教育等传统行业，也将催生出更多的数字化应用和商业模式。大数据与 5G 的融合涉及大量的用户数据和敏感信息，数据安全和隐私保护将成为重要的发展趋势。未来，需要不断加强数据加密、身份认证、访问控制等安全技术的研究和应用，同时完善相关的法律法规和监管机制，确保数据的安全。

思　考　题

1．什么是数据，数据和信息有什么关系？
2．一般认为，大数据有哪些特征？
3．大数据目前主要应用在哪些领域？

第5章　人工智能

人工智能是由人制造出来的可以表现出智能的机器，通常指通过计算机程序来实现人类智能的技术。该词也指研究这种智能系统是否能够实现以及如何实现。人工智能于一般领域中的定义是"智能主体的研究与设计"，智能主体指一个可以观察周遭环境并做出行动以达到目标的系统。约翰·麦卡锡（John McCarthy）于 1955 年的定义是"制造智能机器的科学与工程"。安德里亚斯·卡普兰（Andreas Kaplan）和迈克尔·海恩莱因（Michael Haenlein）将人工智能定义为"系统正确解释外部数据，从这些数据中学习，并利用这些知识通过灵活适应实现特定目标和任务的能力。"人工智能的研究是高度技术性和专业的，各分支领域都是深入且各不相通的，因而涉及范围极广。

目前，人工智能技术在世界范围内得到了广泛的应用，推动社会进步，使社会从数字社会、网络社会向智能社会迅速发展。2017 年 12 月，"人工智能"入选"2017 年度中国媒体十大流行语"。2024 年 3 月 21 日，联合国大会通过了首个关于人工智能的全球决议。在我国，已经从国家发展战略层面，整体推进人工智能技术的发展、进步。本章将对人工智能的一些概念、知识进行学习。

5.1　人工智能概述

5.1.1　人工智能之父

在计算机科学和人工智能领域，多位科学家因其卓越的贡献而被尊称为"人工智能之父"。其中，艾伦·麦席森·图灵（Alan Mathison Turing）是最著名的一位，如图 5-1 所示。他不仅是计算机科学的奠基人，还为人工智能的发展做出了巨大贡献。

图 5-1　人工智能之父——艾伦·麦席森·图灵

图灵是英国数学家、逻辑学家，被称为"计算机科学之父""人工智能之父"。1931 年，图灵进入剑桥大学国王学院，毕业后到美国普林斯顿大学攻读博士学位，第二次世界大战爆发后，他回到剑桥大学，后曾协助军方破解德国的著名密码系统 Enigma，帮助盟军取得了二战的胜利。

　　图灵对于人工智能的发展有诸多贡献，他提出了一种用于判定机器是否具有智能的试验方法，即图灵试验，至今每年仍有关于该试验的比赛。此外，图灵提出的图灵机模型为现代计算机的逻辑工作方式奠定了基础。

　　图灵在第二次世界大战中从事的密码破译工作涉及电子计算机的设计和研制，图灵在战时服务的机构于 1943 年研制成功的 CO-LOSSUS（巨人机），这台机器的设计采用了图灵提出的某些概念。它使用了 1500 个电子管，采用了光电管阅读器，利用穿孔纸带输入；并采用了电子管双稳态线路，执行计数、二进制算术及布尔代数逻辑运算。战后，图灵任职于泰丁顿国家物理研究所（Teddington National Physical Laboratory），开始从事自动计算机（Automatic Computing Engine）的逻辑设计和具体研制工作。图灵的自动计算机与诺依曼的 EDVAC 都采用了二进制，都以"内存储存程序以运行计算机"打破了那个时代的旧有概念。图灵在对人工智能的研究中提出了著名的图灵测试，该测试后来成为决定一台机器是否有智能的标准，图灵测试示意图如图 5-2 所示。

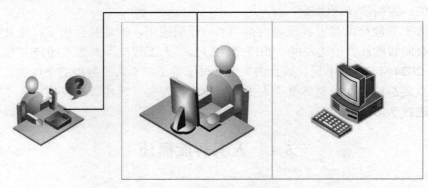

图 5-2　图灵测试示意图

　　为了纪念他对计算机科学的巨大贡献，美国计算机协会（Association for Computing Machinery，ACM）于 1966 年设立了一年一度的"图灵奖"，以表彰在计算机科学中做出突出贡献的人。图灵奖被誉为计算机界的诺贝尔奖，这是历史对这位科学巨匠的最高赞誉。

　　除图灵之外，还有几位科学家也在人工智能领域有着开创性的贡献，并因此被人们铭记。

　　约翰·麦卡锡（John McCarthy）在 1956 年的达特茅斯会议上提出了"人工智能"一词，并发明了计算机程序设计语言（LISP），这是一种至今仍在人工智能领域广泛使用的编程语言。

　　马文·明斯基（Marvin Minsky）作为"人工智能之父"和框架理论的创立者，与麦卡锡一起发起了达特茅斯会议，并在 1969 年获得了图灵奖，是第一位获此殊荣的人工智能学者。

　　西摩尔·帕普特（Seymour Papert）对智能的观点主要受到让·皮亚杰（Jean Piaget）的影响。他在 1968 年从 LISP 语言的基础上创立了 Logo 程序语言。

　　这些科学家的贡献不仅推动了人工智能技术的发展，也对人们今天的生活造成了深远影响。

5.1.2　人工智能的定义

　　人工智能目前没有一个统一的精准的定义，人们从不同的角度分析解释了人工智能的内涵。

　　人工智能是研究用计算机来模拟人的某些思维过程和智能行为（如学习、推理、思考、规划等）的学科，主要包括计算机实现智能的原理、制造类似于人脑智能的计算机，使计算机能实现更高层次的应用。人工智能将涉及计算机科学、心理学、哲学和语言学等可以说几乎涵盖了自然科学和社会科学的所有学科，其范围已远远超出了计算机科学的范畴。人工智能与思维科学的关系是实践和理论的关系，人工智能处于思维科学的技术应用层次，是它的一个应用分支。从思维观点看，人工智能不仅局限于逻辑思维，还要考虑形象思维、灵感思维，才能促进人工智能的突破性的发展。数学常被认为是众多学科的基础科学，其已渗透至语言、思维领域。人工智能的研究必须借用数学工具，其不仅在标准逻辑、模糊数学等范围发挥作用，更与人工智能相互促进、相互发展。

总之，人工智能是以算法为核心，以数据为基础，涵盖数学、逻辑学、统计学、工程学、计算机科学等学科的一门综合学科。

5.1.3　人工智能的发展

1. 人工智能的诞生

在 20 世纪 50 年代，数学家和计算机专家就开始探索用计算机来模仿人的思维。1950 年，图灵提出了世界闻名的构想——图灵测试。

图灵肯定机器可以模仿人的思维，他还对智能问题从行为主义的角度给出了定义，由此提出一个假想：一个人在不接触对方的情况下，通过一种特殊的方式和对方进行一系列的问答，如果在相当长时间内，他无法根据这些问题判断对方是人还是计算机，那么，就可以认为这个计算机具有同人相当的智力，即这台计算机是能思维的。这就是著名的图灵测试（Turing Testing）。当时全世界只有几台电脑，几乎所有计算机无法通过这一测试。要分辨一个想法是自创的思想还是精心设计的模仿是非常难的，任何自创思想的证据都可以被否决。图灵试图解决长久以来关于如何定义思考的哲学争论，他提出一个虽然主观但可操作的标准：如果一台电脑的表现（Act）、反应（React）和互相作用（Interact）都和有意识的个体一样，那么它就应该被认为是有意识的。

1950 年，图灵在名垂青史的论文《计算机器与智能》（*Computing Machinery and Intelligence*）的开篇中说："我建议大家考虑这个问题：'机器能思考吗？'。"在这篇论文里，图灵第一次提出"机器思维"的概念，逐条反驳了机器不能思维的论调，并做出了肯定的回答。他还对智能问题从行为主义的角度给出了定义。1952 年，图灵写了一个国际象棋程序。可是当时没有一台计算机有足够的运算能力去执行这个程序，他通过人工模拟计算机的演算，每走一步要用半小时。他与同事的对弈中，该程序最终告负。后来，美国新墨西哥州洛斯•阿拉莫斯国家实验室的研究小组根据图灵的理论，在该程序的基础上设计出了世界上第一个计算机象棋程序。

图灵预言，在 20 世纪末，一定会有电脑通过"图灵测试"。2014 年 6 月 7 日在英国皇家学会举行的"2014 图灵测试"大会上，举办方英国雷丁大学发布新闻稿，宣称俄罗斯人弗拉基米尔•维西罗夫（Vladimir Veselov）创立的人工智能软件尤金•古斯特曼（Eugene Goostman）通过了图灵测试。虽然尤金软件还远不能"思考"，但这也是人工智能乃至于计算机史上的一个标志性事件。

1956 年，科学家约翰•麦卡锡在达特茅斯学院召集了一次会议，来讨论如何用机器模仿人类的智能，人工智能概念首次被提出。图 5-3 所示为达特茅斯会议主要参会人员。那次会议给人工智能研究提供了相互交流的机会，并为人工智能的发展起了铺垫的作用。1960 年前后，麦卡锡创建了表处理语言 LISP。直到现在，LISP 仍然在发展，它几乎成了人工智能的代名词，许多人工智能程序至今还在使用这种语言。

图 5-3　达特茅斯会议主要参会人员

2．人工智能的第一阶段

人工智能的第一阶段是 20 世纪 50 年代到 70 年代。在这二十余年里，计算机被广泛地应用到数学和语言领域，用于解决数学题目和语言识别翻译问题。但是当时由于人们对于人工智能的研究过于乐观，实际上对于人工智能的理论还有很多难点并没有掌握，很多复杂的计算任务还不能被很好地执行，计算机的运算能力不足，进行计算时复杂度较高，智能推理实现难度较大，建立的计算模型也存在一定的局限性。随着机器翻译等一些项目的失败，人工智能研究经费普遍缩减，人工智能的发展很快就从繁荣陷入了低谷。

这一阶段，人工智能研究主要集中在神经网络、遗传算法、模糊系统等方面。虽然这些方法在某些领域取得了进展，但整体上并未实现人们期待的智能水平。

这一阶段人工智能研究还是取得了许多重要成果，如专家系统、模式识别、机器学习等。其中，专家系统是一种模拟人类专家决策能力的计算机程序，它在医疗、地质勘探等领域取得了显著成果。然而，由于计算能力的限制和知识获取的困难，这一阶段的人工智能研究并未取得广泛应用。

3．人工智能的第二阶段

人工智能的第二阶段是 20 世纪 80 年代到 90 年代末，人工智能又经历了一次从繁荣到低谷的过程。在进入 20 世纪 80 年代后，具备一定逻辑规则可实现推演和在特定领域能够回答问题的专家系统开始盛行。1980 年，卡内基梅隆大学设计了一套专家系统，取得巨大成功，由此人工智能研究进入第二次高潮。

专家系统（Expert System）是一个或一组能在某些特定领域内应用大量的专家知识和推理方法求解复杂问题的一种人工智能计算机程序，属于人工智能的一个发展分支，其研究目标是模拟人类专家的推理思维过程。一般是将领域专家的知识和经验，用一种知识表达模式存入计算机。系统对输入的事实进行推理，做出判断和决策。从 20 世纪 60 年代开始，专家系统的应用产生了巨大的经济效益和社会效益，已成为人工智能领域中最活跃、最受重视的领域。

专家系统通常由人机交互界面、知识库、推理机、解释器、综合数据库、知识获取 6 个部分构成。专家系统的基本结构大部分为知识库和推理机。其中知识库中存放着求解问题所需的知识，推理机负责使用知识库中的知识去解决实际问题。知识库的建造需要知识工程师和领域专家的相互合作，把领域专家的知识提取，并系统地存放在知识库中。当求解问题时，用户为系统提供一些已知数据，即可从系统处获得专家水平的结论。

专家系统按照任务类型可以分为：

（1）诊断型专家系统。根据对症状的观察分析，推导出产生症状的原因以及排除故障方法的一类系统，如医疗、机械、经济等。

（2）解释型专家系统。根据表层信息解释深层结构或内部情况的一类系统，如地质结构分析、物质化学结构分析等。

（3）预测型专家系统。根据现状预测未来情况的一类系统，如气象预报、人口预测、水文预报、经济形势预测等。

（4）设计型专家系统。根据给定的产品要求设计产品的一类系统，如建筑设计、机械产品设计等。

（5）决策型专家系统。对可行方案进行综合评判并优选的一类专家系统。

（6）规划型专家系统。用于制定行动规划的一类专家系统，如自动程序设计、军事计划的制定等。

（7）教学型专家系统。能够辅助教学的一类专家系统。

（8）数学专家系统。用于自动求解某些数学问题的一类专家系统。

（9）监视型专家系统。对某类行为进行监测并在必要时候进行干预的一类专家系统，如机场监视、森林监视等。

但是，到了 1987 年，专家系统后继乏力，神经网络的研究也陷入瓶颈，LISP 机（LISP Machine）的研究也最终失败。在这种背景下，美国政府取消了大部分的人工智能项目预算。1994 年，日本投入巨大的"五代机"项目也由于发展瓶颈最终终止，抽象推理和符号理论被广泛质疑，人工智能再次陷入技术瓶颈。

4. 人工智能的第三阶段

人工智能的第三个阶段是 20 世纪 90 年代末至今。1997 年，IBM 公司的计算机"深蓝"（Deep Blue）战胜了国际象棋世界冠军加里·卡斯帕罗夫（Garry Kasparov），把全世界的目光又吸引回人工智能，如图 5-4 所示。同时，人们从思想上对人工智能也不再有不切实际的期待，人工智能进入了平稳的发展阶段。

图 5-4　IBM 公司的深蓝与卡斯帕罗夫进行对局

进入 21 世纪后，互联网飞速发展，在世界范围内电子数据量激增，同时计算机的硬件性能也大幅度提升。在数据量和数据处理能力迅速增长的前提下，人工智能的算法也取得了重大进展。

从人工智能诞生开始，研制能够下棋的程序并且战胜人类就是人工智能学家不断努力的目标，最早参与达特茅斯会议的塞缪尔就是一名来自 IBM 公司的研究计算机下跳棋程序的员工，而另一名参会者伯恩斯坦是 IBM 公司的象棋程序研究人员。著名的人工智能学家赫伯特·西蒙（Herbert Simon）在 1957 年曾预言十年内计算机在下棋上会击败人类，然而一直到 1997 年，IBM 公司的计算机"深蓝"才最终实现这一预言。1987 年，一位来自中国台湾的华裔美籍科学家许峰雄设计了一款名为"芯验"（Chip Test）的国际象棋程序，并在此基础上不断改进。1988 年，"芯验"改名为"深思"（Deep Thought），其升级到每秒计算 50 万步棋子变化，在这一年，"深思"击败了丹麦的国际象棋特级大师本特·拉尔森（Bent Larsson）。1989 年，"深思"与当时的国际象棋世界冠军卡斯帕罗夫对战，但是以 0:2 失利，这时的"深思"已经达到了每秒计算 200 万步棋子变化的水平。1990 年，"深思"进一步升级，诞生了"深思"第二代，在这期间，"深思"第二代于 1990 年与前世界冠军阿那托里·卡尔波夫（Karpov Anatoly）进行了多场对抗，卡尔波夫占据较大优势，战况非赢即和。1993 年，"深思"第二代击败了丹麦国家队被称为有史以来最强女棋手的朱迪特·波尔加（Judit Polgár）。1994 年，德国著名国际象棋软件 Fritz 参加在德国慕尼黑举行的超级闪电战比赛，在初赛结束时，其比赛积分与卡斯帕罗夫并列第一，但在复赛中被卡斯帕罗夫以 4:1 击败。同年，另一个国际象棋程序 Genius 在英国伦敦举行的英特尔职业国际象棋联合会拉力赛中，在 25 分钟快棋战中战胜了卡斯帕罗夫并把他淘汰出局。1995 年，卡斯帕罗夫分别在德国科隆对战 Genius，在英国伦敦对战 Fritz，均以一胜一和胜出。1996 年，为纪念计算机诞生 50 周年，"深蓝"在美国费城与卡斯帕罗夫进行了 6 局大战，"深蓝"赢得了第一局，但最终以总比分 2:4 败北。1997 年，"深蓝"升级为"更深的蓝"，再次与卡斯帕罗夫大战，比赛仍以 6 局定胜负。最终，"更深的蓝"以 3.5:2.5（国际象棋比赛中，胜方记 1 分，负方记 0 分，平局则各记 0.5 分）击败了卡斯帕罗夫，其中第六局仅对战了 19 个回合，"更深的蓝"就通过一记精妙的弃子逼迫卡斯帕罗夫认输。有人说卡斯帕罗夫犯了低级错误，最终输给了他自己，但所有的主流媒体都打出了这样的标题："电脑战胜了人脑"。随后，IBM 公司宣布封存"更深的蓝"。

在围棋领域，人工智能与人的较量更是令人深思。围棋的规则非常简单，但是在围棋中可能存在的棋谱数量和计算量非常巨大。围棋的棋盘由横竖线网格组成，横竖方向分别有 19 条线，棋盘网格共生成 361 个交点，在每一个交点位置都可以放置棋子，围棋的棋子包括黑色棋子和白色棋子两种，因此网格交点可以以 3 种状态存在，即放置黑棋、放置白棋或不放置棋子，这样围棋棋盘理论上存在 336!（$1.74×10^{172}$）种组合。根据围棋规则，不是所有位置都可合法落子，在围棋术语中没有"气"的位置就不能落子，经过研究人员测算，排除这些不合法位置后，总共还剩大约 $2.08×10^{170}$ 种棋局分布。

中国神威·太湖之光超级计算机的运算速度是每秒 10 亿亿次，即 10^{16} 次，这个数值与 10^{170} 相比差别巨大。如果计算机使用穷举法暴力破解棋谱，是不可能实现的，这也是为什么以往人们认为计算机在围棋领域不可能战胜人类的原因。但是以上分析是基于普通计算机程序得到的结论，没有考虑到人工智能算法的理念。

2016 年 3 月 9 日，谷歌公司开发的人工智能围棋程序 AlphaGo 与李世石在韩国首尔的四季酒店进行五番棋大战。五番棋常见于围棋界的比赛，是指两位棋手对决五局，胜局多者获胜。3 月 12 日，李世石输掉了第三局比赛，而 AlphaGo 则连胜三局，意味着它已经取得了这场比赛的胜利。3 月 13 日，李世石战胜 AlphaGo，扳回一局，但第五局的失利使其最终以 1:4 败北，如图 5-5 所示。

图 5-5　AlphaGo 与李世石对局

谷歌研制 AlphaGo 分为三代，第一代 AlphaGo 被称为 AlphaGo Fan。打败李世石的是第二代 AlphaGo，其名字是 AlpahGo Lee。在 AlphaGo Lee 之后，升级出来两个第三代 AlphaGo，一个被称为 AlphaGo Master，它依然采用人类经验棋谱样本作为学习样本；另一个是 AlphaGo Zero，AlphaGo Zero 不再学习人类棋谱，而是在学习基本的围棋规则后，自我生成棋局并进行学习和对抗，如图 5-6 所示。

AlphaGo Fan　　　AlphaGo Lee　　　AlphaGo Master　　　AlphaGo Zero

图 5-6　AlphaGo 的家族图

当 AlphaGo Zero 学习三天后，就超过了战胜李世石的 AlphaGo Lee 的棋力。在学习四十天后，就超过了 AlphaGo Master 的棋力。而这一切没有任何人工的干预和采用任何人类已有的经验棋谱，完全依靠 AlphaGo Zero 的自我学习来实现，如图 5-7 所示。

2009 年 8 月上旬温家宝总理在江苏省无锡市视察时指出，要在激烈的国际竞争中，迅速建立中国的传感信息中心或"感知中国"中心。为认真贯彻落实总理讲话精神，加快建设国家"感知中国"示范区（中心），推动中国传感网产业健康发展，引领信息产业第三次浪潮，培育新的经济增长点，增强可持续发展能力和可持续竞争力，无锡市委、市政府迅速行动起来，专门召开市委常委会和市政府常务会议进行全面部署，精心组织力量，落实有力措施，全力以赴做好建设国家"感知中国"示范区（中心）的相关工作。IBM 公司开始提出"智慧地球"，物联网、大数据、云计算等新兴技术的快速发展，为大规模机器学习奠定了基础。一大批在特定领域的人工智能项目开始取得突破性进展并落地，已经逐渐影响和改变人们的生活和工作。

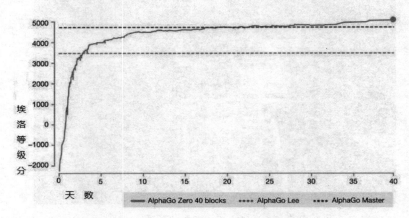

图 5-7　AlphaGo Zero 的自我学习成长曲线

5.1.4　人工智能的学派

目前人工智能主要有三个学派。符号主义（Symbolicism），又称为逻辑主义（Logicism）、心理学派（Psychologism）或计算机学派（Computerism），其原理主要为物理符号系统（即符号操作系统）假设和有限合理性原理。连接主义（Connectionism），又称为仿生学派（Bionicsism）或生理学派（Physiologism），其主要原理为神经网络及神经网络间的连接机制与学习算法。行为主义（Actionism），又称为进化主义（Evolutionism）或控制论学派（Cyberneticsism），其原理为控制论及感知和动作型控制系统。他们对人工智能发展历史具有不同的看法。

符号主义认为人工智能源于数理逻辑。数理逻辑从 19 世纪末起得以迅速发展，到 20 世纪 30 年代开始用于描述智能行为。计算机出现后，又在计算机上实现了逻辑演绎系统。其有代表性的成果为启发式程序逻辑理论家（Logic Theorist，LT），证明了 38 条数学定理，表明可以应用计算机研究人的思维，模拟人类智能活动。正是这些符号主义者，早在 1956 年首先采用"人工智能"这个术语。后来又发展了启发式算法→专家系统→知识工程理论与技术，并在 20 世纪 80 年代取得很大发展。符号主义曾长期一枝独秀，为人工智能的发展作出重要贡献，尤其是专家系统的成功开发与应用，为人工智能走向工程应用和实现理论联系实际具有特别重要的意义。在人工智能的其他学派出现之后，符号主义仍然是人工智能的主流派别。这个学派的代表人物有艾伦·纽厄尔（Allen Newell）、赫伯特·西蒙（Herbert Alexander Simon）和尼尔斯·约翰·尼尔逊（Nils John Nilsson）等。

连接主义认为人工智能源于仿生学，特别是对人脑模型的研究。它的代表性成果是 1943 年由生理学家沃伦·麦卡洛克（Warren McCulloch）和数理逻辑学家沃尔特·皮茨（Walter Pitts）创立的脑模型，即 MP 模型，开创了用电子装置模仿人脑结构和功能的新途径。它从神经元开始进而研究神经网络模型和脑模型，开辟了人工智能的又一发展道路。20 世纪 60 年代至 70 年代，连接主义，尤其是对以感知机（Perceptron）为代表的脑模型的研究出现过热潮，由于受到当时的理论模型、生物原型和技术条件的限制，脑模型研究在 20 世纪 70 年代后期至 80 年代初期落入低潮。直到约翰·霍普菲尔德（John Hopfield）教授在 1982 年和 1984 年发表了两篇重要论文，提出用硬件模拟神经网络以后，连接主义才又重新抬头。1986 年，大卫·鲁梅尔哈特（David Rumelhart）等人提出多层网络中的反向传播算法（Backpropagation，BP）。此后，连接主义势头大振，从模型到算法，从理论分析到工程实现，为神经网络计算机走向市场打下基础。现在，对人工神经网络（Artificial Neural Network，ANN）的研究热情仍然较高，但研究成果没有像预想的那样好。

行为主义认为人工智能源于控制论。控制论思想早在 20 世纪 40 年代至 50 年代就成为时代思潮的重要部分，影响了早期的人工智能工作者。维纳（Wiener）和麦卡洛克等人提出的控制论和自组织系统以及钱学森等人提出的工程控制论和生物控制论影响了许多领域。控制论把神经系统的工作原理与信息理论、控制理论、逻辑以及计算机联系起来。早期的研究工作重点是模拟人在控制过程中的智能行为和作用，如对自寻优、自适应、自镇定、自组织和自学习等控制论系统的研究，并进行控制论动物的研制。到 20 世纪 60 年代至 70 年代，上述这些控制论系统的研究取得一定进展，播下智能控制和智能机器人的种子，并在 20 世纪 80 年代诞生了智能控制和智能机器人系统。行为主义是 20 世纪末才以人工智能新学派的面孔出现的，引起了许多人的兴趣。这一学派的代表作者首推罗德尼·布鲁克斯（Rodney Brooks）的六足行走机器人，它被看作是新一代的控制论动物，是一个基于感知—动作模式模拟昆虫行为的控制系统。

5.1.5　人工智能的编程语言

目前，随着人工智能的快速发展，程序员往往有各自喜好的编程语言，没有哪种语言是最好的人工智能程序语言。下面列举一些比较常用的人工智能编程语言。

（1）Python。Python 非常适合人工智能编程，因为它具有强大的数据科学和机器学习的能力。它的计算优雅性和可读性使其成为数据科学家的首选，他们可以使用它来分析大量复杂的数据集，而不必担心计算速度。

Python 拥有大量与人工智能相关的软件包列表，例如 PyBrain、NeuralTalk2 和 PyTorch。

Python 的运行库中除了有用于深度学习网络的 GPU 加速功能函数之外，还包括可变精度等更加强大的功能函数，其最新版本还为用户提供多设备支持。

此外，假设用户已经了解 C++或 Java，但不太熟悉神经网络或深度学习方法。在这种情况下，由于 Python 中仅 Numpy 库中就有 830 多个类，可以轻松选择并使用所需的内容。

将 Python 用于人工智能有很多好处：Python 有许多可用的库，可通过机器学习简化编程。如果你正在开展人工智能相关项目，很可能已经有一个 Python 库可以满足需求，如果是初学者，很可能选择学习 Python，因为它比大多数编程语言更容易学习。Python 有一个强大的机器学习框架——PyBrain，并拥有一个活跃的用户社区，可以在其中提出问题并获取帮助。

（2）R 语言。R 语言是一种开源编程语言，支持统计分析和科学计算。R 语言有助于生成交互式图形和其他高级可视化，它可以处理所有类型的数据分析，从简单的线性回归到复杂的 3D 模拟。任何人都可以使用 R 语言。

R 语言具有面向对象编程、高度可扩展性、内存高效的不间断计算、全面的功能、庞大的用户群，被广泛用于预测分析领域。

将 R 语言用于人工智能的好处很多。在创建具有复杂决策过程的程序时，R 语言具有应用数学函数的能力。在性价比方面，使用像 R 语言这样的开源工具会获得更好的结果，因为它是免费的，不需要许可费用。R 语言还擅长在大数据集中寻找有一定特征的数据，因此受到一些企业的欢迎，因为他们希望分析客户信息以进行有一定目标方向的营销。

（3）Java。Java 被认为是当今最受欢迎的编程语言之一，其凭借其面向对象的特性，可以让用户毫不费力地快速完成任务，如果用户在当前或未来的愿望涉及使用人工智能解决方案，应该考虑学习如何使用 Java。由于 Java 对并发的内置支持，可便捷实现单线程和多线程功能。用户可以将许多编程语言（如 Rubyon Rails、Python 和 Node.js）与 Java 结合使用，因为它们都提供了与之配合使用的综合框架。

将 Java 应用于人工智能编程有很大的优势：Java 是一种高级的、面向对象的编程语言。当考虑到开发人员经常与许多其他团队成员在不同时区以不同速度开发大型项目而一起工作时，它具有高度的可读性。作为 5 级编程语言，它为开发者提供多重保障。

（4）LISP。LISP 最初创建于 1958 年，是一种函数式编程语言，这意味着程序中的一切都是一个表达式。换句话说，每一行代码都做某事。这听起来有点复杂，但是因为可以编写一个函数实现想做的任何事情，所以理解和构建 LISP 语法要比从头开始学习一门全新的语言更简单。因此，如果已经有编程经验（甚至是 Python 或 C++），学习 LISP 对这些人来说将很容易。即使不了解 Java 或 JavaScript 以外的任何语言，也有在线资源可以帮助学习者使用函数式语言。

将 LISP 用于人工智能的好处也很多：几乎所有主要的深度学习框架的核心操作都依赖 LISP，这为用户在选择库或工具时提供了很大的灵活性。无需考虑环境细节即可快速执行代码。使用更简单的模型来解释更深层次的模型，因此程序员无需了解单个组件的工作原理。如果基于初始模型的预测结果是错误的，它可以帮助用户节省时间，因此重写它们会变得相对简单，而不会在这一过程中影响项目进展。

（5）Prolog 语言。Prolog 是一种逻辑编程语言，广泛应用于人工智能领域，特别是在专家系统、自然语言处理和知识表示等方面的应用。它的核心特点包括：适合于表达复杂的关系和推理过程；使用反向推理机制，允许程序通过给定的规则来推导结论；在知识表示方面表现出色，可以灵活地表示不同的知识结构。

Prolog 描述了用户何时可以从现有事实推断出新事实，例如，如果一个人有多个孩子，则此人有两个以上孩子。这是一种人工智能方法，可以让程序员在算法上花费更少的时间，而将更多的时间花在思考目标上。

将 Prolog 用于人工智能的优点很多：Prolog 是一种逻辑编程语言，它使用基于规则和事实的编程范式，这使得它非常适合用于构建知识库和推理系统。Prolog 提供了强大的知识表示和推理引擎，允许用户定义事实和规则，并进行演绎推理（推断新的事实）和归纳推理（从现有事实中得出结论）。Prolog 能够处理复杂的语言结构和语法，使得它在开发自然语言理解和生成系统方面有潜在优势。在需要逻辑推理和搜索算法的问题求解中，Prolog 的回溯机制和统一算法提供了一个强大的求解框架。Prolog 支持符号计算，适用于抽象代数等领域的研究和应用。Prolog 语言在构建专家系统方面具有优势，因为其基于逻辑的编程范式和强大的推理能力。Prolog 可以用于实现一些机器学习算法，例如决策树和朴素贝叶斯分类器。

（6）C++。C++是一种流行的通用编程语言。它是一种高级语言，由贝尔实验室的比雅尼·斯特劳斯特鲁普（Bjarne Stroustrup）领导的计算机科学家团队开发。它可以在 Windows、Linux、Mac OSX 等操作系统以及智能手机和平板电脑等移动设备上运行。C++已被用于开发游戏、应用程序和图形程序，包括设计用于人工智能技术的软件程序。但是，由于其复杂性和缓慢的开发速度，它不适用于图形用户界面设计或快速原型设计等任务。

将 C++用于人工智能的优点：C++编译器生成的机器代码提供了高性能，这对于涉及大量计算和推理的 AI 应用程序至关重要。C++框架允许定制算法和流程，以满足特定需求，非常适合研究和定制的 AI 应用程序。C++拥有庞大的社区，提供了各种框架、库和文档，这使得 AI 开发人员可以访问广泛的资源和支持。C++框架已成功用于广泛的 AI 应用程序，包括计算机视觉、自然语言处理、机器学习和强化学习。C++作为一种编译语言，其代码在执行前转换为机器码，从而带来出色的性能。这对于处理大量数据和执行复杂算法的 AI 应用至关重要。C++提供对内存的低级访问，允许开发人员直接管理内存分配和释放，优化内存使用并避免内存泄漏。C++拥有丰富的开源库生态系统，提供 AI 开发所需的各种工具。C++框架促进代码重用，通过提供 API 和模块，开发人员可以将常见任务封送到可重用的组件中，从而提高开发效率。

（7）Haskell。Haskell 是一种纯粹基于函数的语言，所有表达式仅生成一个值。由于无变量特性，Haskell 大量依赖递归创建代码，但提供列表和数组等可变类型变量。

这使 Haskell 成为开发复杂算法的理想选择，这些算法在达到最终结果之前依赖于几个步骤。其语法可能令人不太适应，因为 Haskell 使用布局将代码组织成行，并在其末尾使用分号而不是缩进符。Haskell 更令人兴奋的特性之一是它的类型系统。它没有空值，这意味着不能在变量中存储任何东西，也不能将任何东西作为参数传递。

将 Haskell 用于人工智能的优势很多：Haskell 包含一个健壮的类型系统，以避免代码中出现多种类型的错误。Haskell 适用于涉及大量数据的项目。由于其简洁性，它还允许用户同时处理多个项目。Haskell 另一个显著优势是它的速度，用 Haskell 编写的程序通常比用其他编程语言编写的程序运行得更快，因为它非常简单。

（8）JavaScript。JavaScript 是一种广泛使用的编程语言，对人工智能至关重要，可以帮助用户构建从聊天机器人到计算机视觉的所有内容。由于其灵活性和深厚的开发人员社区，JavaScript 已经迅速成为人工智能最受欢迎的语言之一。

自从 1995 年 JavaScript 被创建以来，人们已经使用它编写了许多类似人类的行为程序，例如面部识别和艺术生成程序。随着企业加速淘汰遗留系统，掌握 JavaScript 仍是任何希望深入了解人工智能学习者的基本技能要求。

将 JavaScript 用于人工智能的优点：JavaScript 的高度灵活性使其可以与开发人员使用的各种操作系统、浏览器和虚拟机一起使用。它不必从一个系统移植到另一个系统，因为许多系统运行在类似的架构上。它也是极有可能将其应用于用户选择的任何领域的稀有语言之一。由于它是基于网络的（基于浏览器的），编码相对较简单，因此没有太多的技术要求。

总之，可以使用多种编程语言来开发人工智能。但没有一种语言在所有方面都擅长。一些专注于开发速度，一些具有概率模型的天然优势，而另一些则能与现有软件更好地集成。

5.1.6 人工智能与物联网技术的综合应用

不论是物联网还是人工智能，都已经和人们的生活息息相关。物联网负责收集信息（通过传感器连接无数的设备和载体，包括家电产品），收集到的动态信息会被上传云端。接下来人工智能系统将对信息进行分析加工，生成人类所需的实用技术。此外，人工智能还可以通过数据自我学习，帮助人类达成更深层次的长远目标。

物联网创新应用将成为新一轮创业的热点领域，显著特征在于与人工智能的深度整合。物联网与人工智能的深度整合将广泛应用于智能制造、智能家居、智能金融、智能交通、智能安防、智能医疗、智能物流、智能零售、智能出行等领域，而这些领域无疑具有巨大的发展潜力。

1. 智能制造

智能制造（Intelligent Manufacturing，IM）是一种由智能机器和人类专家共同组成的人机一体化智能系统，它在制造过程中能进行智能活动，诸如分析、推理、判断、构思和决策等。通过人与智能机器合作共事，去扩大、延伸和部分取代人类专家在制造过程中的脑力劳动。它把制造自动化的概念更新扩展到柔性化、智能化和高度集成化。智能制造对人工智能的需求主要表现在以下 3 个方面：一是智能装备，包括自动识别设备、人机交互系统、工业机器人以及数控机床等具体设备，涉及跨媒体分析推理、自然语言处理、虚拟现实智能建模及自主无人系统等关键技术；二是智能工厂，包括智能设计、智能生产、智能管理以及集成优化等具体内容，涉及跨媒体分析推理、大数据智能、机器学习等关键技术；三是智能服务，包括大规模个性化定制、远程运维以及预测性维护等具体服务模式，涉及跨媒体分析推理、自然语言处理、大数据智能、高级机器学习等关键技术。图 5-8 为智能制造车间。

图 5-8   智能制造车间

2. 智能家居

智能家居通过物联网技术将家中的各种设备（如音视频设备、照明系统、窗帘控制、空调控制、安防系统、数字影院系统、影音服务器、影柜系统、网络家电等）连接到一起，提供家电控制、照明控制、电话远程控制、室内外遥控、防盗报警、环境监测、暖通控制、红外转发以及可编程定时控制等多功能和服务。与普通家居相比，智能家居不仅具有传统的居住功能，还兼备建筑、网络通信、信息家电、设备自动化，提供全方位的信息交互功能，节约各种能源费用。例如，借助智能语音技术，用户应用自然语言实现对家居系统各设备的操控，如开关窗帘或窗户、操控家用电器和照明系统等操作。借助机器学习技术，智能电视可以从用户看电视的历史数据中分析其兴趣和爱好，并将相关的节目推荐给用户。通过应用声纹识别、脸部识别、指纹识别等技术进行防盗等。通过大数据技术可以使智能家电实现对自身状态及环境的自我感知，具有故障诊断能力。通过收集产品运行数据，发现产品异常，主动提供服务，降低故障率。此外，还可以通过大数据分析、远程监控和诊断，快速发现问题、解决问题，从而提高效率。图 5-9 为智能家居示意图。

图 5-9　智能家居示意图

3．智能金融

智能金融即人工智能与金融的全面融合，以人工智能、大数据、云计算、区块链等高新技术为核心要素，全面赋能金融机构，提升金融机构的服务效率，拓展金融服务的广度和深度，使全社会都能获得平等、高效、专业的金融服务，实现金融服务的智能化、个性化、定制化。人工智能技术在金融业中可以用于客户服务，支持授信、各类金融交易和金融分析中的决策，并用于风险防控和监督，将大幅度改变金融现有格局，金融服务将会更加个性化与智能化。智能金融对于金融机构的业务部门来说，可以帮助获客，精准服务客户，提高效率；对于金融机构的风控部门来说，可以提高风险控制能力和安全性；对于用户来说，可以实现资产优化配置，体验到金融机构更加完美的服务。人工智能在金融领域的应用主要包括以下几个方面。

（1）智能获客。依托大数据，对金融用户进行画像，通过需求响应模型，极大地提升获客效率。

（2）身份识别。以人工智能为内核，通过人脸识别、声纹识别、指静脉识别等生物识别手段，再加上各类票据、身份证、银行卡等证件票据的光学字符识别（Optical Character Recognition，OCR）等技术手段，对用户身份进行验证，大幅降低核验成本，有助于提高安全性。

（3）大数据风控。通过大数据、算力、算法的结合，搭建反欺诈、信用风险等模型，多维度控制金融机构的信用风险和操作风险，同时避免用户的资产损失。

（4）智能投资顾问。基于大数据和算法能力，对用户与资产信息进行标签化，精准匹配用户与资产。

（5）智能客服。基于自然语言处理能力和语音识别能力，拓展客服领域的深度和广度，大幅降低服务成本，提升服务体验。

（6）金融云。依托云计算能力的金融科技，为金融机构提供更安全高效的全套金融解决方案。

4. 智能交通

智能交通是未来交通系统的发展方向，它是将先进的信息技术、数据通信传输技术、电子传感技术、控制技术及计算机技术等有效地集成运用于整个地面交通管理系统而建立的一种大范围、全方位发挥作用的，实时、准确、高效的综合交通运输管理系统。

随着车辆越来越普及，交通拥堵甚至瘫痪已成为城市的一大问题。对道路交通状况实时监控并将信息及时传递给驾驶人，让驾驶人及时做出出行调整，有效缓解了交通压力；高速路口设置道路 ETC，免去进出口取卡、还卡的时间，提升车辆的通行效率；公交车上安装定位系统，能及时了解公交车行驶路线及到站时间，乘客可以根据搭乘路线确定出行计划，免去浪费时间。图 5-10 为城市智能交通定位系统。

图 5-10　城市智能交通定位系统

5. 智能安防

随着科学技术的发展与进步和 21 世纪信息技术的腾飞，智能安防已迈入了一个全新的领域，它与计算机之间的界限正在消失，没有安防技术，社会就会显得不安宁，世界科学技术的前进和发展也会受到影响。

物联网技术的普及应用使得城市的安防从过去简单的安全防护系统向城市综合化体系演变，城市的安防项目涵盖众多的领域，有街道社区、楼宇建筑、银行邮局、道路监控、机动车辆、警务人员、移动物体、船只等。特别是重要场所，如机场、码头、水电气厂、桥梁大坝、河道、地铁等，引入物联网技术后，可以通过无线移动、跟踪定位等手段建立全方位的立体防护体系。

智能安防兼顾了整体城市管理系统、环保监测系统、交通管理系统、应急指挥系统等应用的综合体系。特别是车联网的兴起，在公共交通管理、车辆事故处理、车辆偷盗防范方面可以更加快捷准确地跟踪定位处理，还可以随时随地通过车辆获取更加精准的灾难事故、道路流量、车辆位置、公共设施安全、气象等信息。

6. 智能医疗

智能医疗通过打造健康档案区域医疗信息平台，利用最先进的物联网技术，实现患者与医务人员、医疗机构、医疗设备之间的互动，逐步达到信息化。近几年，智能医疗在辅助诊疗、疾病预测、医疗影像辅助诊断、药物开发等方面发挥了重要作用。在不久的将来，医疗行业将融入更多人工智能、传感技术等高科技，使医疗服务走向真正意义的智能化，推动医疗事业的繁荣发展。图 5-11 为远程指导手术。

图 5-11　远程指导手术

7. 智能物流

传统物流企业在利用条形码、射频识别技术、传感器、全球定位系统等方面优化改善运输、仓储、配送装卸等物流业基本活动的同时也在尝试使用智能搜索、推理规划、计算机视觉以及智能机器人等技术，实现货物运输过程的自动化运作和高效率优化管理，提高物流效率。例如，在仓储环节，利用大数据分析大量历史库存数据，建立相关预测模型，实现物流库存商品的动态调整。大数据还可以支撑商品配送规划，进而实现物流供给与需求匹配、物流资源优化与配置等。京东自主研发的无人仓系统，采用大量智能物流机器人进行协同与配合，通过人工智能、深度学习、图像智能识别、大数据应用等技术，让物流机器人可以进行自主地判断和行动，完成各种复杂的任务，在商品分拣、运输、出库等环节实现自动化，大大缩短了订单出库时间，使物流仓库的存储密度、搬运速度、拣选精度均有大幅度提升。图 5-12 为机器人自动分拣。

图 5-12　机器人自动分拣

8. 智能零售

人工智能在零售领域的应用已经十分广泛，无人超市、智慧供应链、客流统计等都是热门方向。例如，将人工智能技术应用于客流统计，通过人脸识别客流统计功能，门店可以从性别、年龄、表情、新老顾客、滞留时长等维度，建立用户画像，为调整运营策略提供数据基础，帮助门店运营从匹配实际到店客流的角度提升转换率。图 5-13 为无人超市。

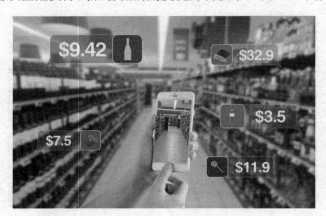

图 5-13　无人超市

5.2　人工智能的关键技术

5.2.1　机器学习

1. 机器学习简介

机器学习，就是让机器（计算机）也能像人类一样，通过观察大量的数据和训练，发现事物规律，获得某种分析问题、解决问题的能力，即让机器去学习、执行。

机器学习是人工智能的核心方法，涉及多领域的交叉学科，包括概率论、统计学、微积分、代数学、算法复杂度理论等。它通过分析数据中的隐藏规律，从中获取新的经验和知识，并以此来不断提升和改善系统的性能，使计算机能够像人一样根据所学知识来做出决策。

机器学习主要分为监督学习、无监督学习、半监督学习、强化学习等学习风格，以及几何模型、概率模型和逻辑模型三个基本类别。例如，支持向量机、K 均值聚类等算法属于几何模型；朴素贝叶斯模型、隐马尔可夫模型等是典型的概率模型；决策树、关联规则挖掘和人工神经网络等是常见的逻辑模型。

在实际应用中，机器学习的应用范围非常广泛。在自然语言处理领域，可用于机器翻译、文本分类、语音识别等；在图像和视频处理领域，机器学习能帮助计算机更好地理解和处理图像和视频，实现自动驾驶、人脸识别等应用；在医疗保健领域，机器学习能帮助医生更准确地诊断疾病、制定治疗计划和监测病情，如分析医学图像、患者的医疗数据等；在金融和商业领域，机器学习能帮助金融和商业机构更好地理解客户行为、预测市场趋势和降低风险，如预测股票价格、评估信用风险和防范欺诈行为等；在交通运输领域，机器学习能帮助人们更好地理解交通流量、提高交通安全和优化交通流动，如开发智能交通信号灯、实现智能车辆识别和实现自动驾驶等应用；在农业领域，机器学习能帮助人们更好地预测和管理农作物产量、减少浪费和提高农业生产效率，如分析土壤和气象数据，监测农作物的生长状态和健康状况等。

此外，机器学习还在不断发展和创新。2024 年诺贝尔物理学奖被授予给了美国科学家约翰·霍普菲尔德（John Hopfield）和英裔加拿大科学家杰弗里·辛顿（Geoffrey Hinton），以表彰他们通过人工神经网络实现机器学习而做出的基础性发现和发明。这也体现了机器学习在科学研究中的重要性和影响力。随着技术的不断进步和应用场景的不断扩大，机器学习的应用前景也将变得越来越广阔。

2. 机器学习的类别

（1）监督学习。监督学习是利用标记数据进行训练的机器学习方法。标记数据包含输入特征和对应的目标输出。模型通过学习输入和输出之间的映射关系，从而在面对新的输入数据时能够做出准确的预测。

例如，在一个预测房价的监督学习模型中，输入特征可能包括房子的面积、房龄、房间数量、周边配套设施等因素，目标输出就是房子的实际价格。模型的任务就是学习这些输入特征与房价之间的关系，以便对新的房子（只有输入特征）进行价格预测。

标记数据的质量和数量对监督学习模型的性能至关重要。获取标记数据的方式有多种，例如通过人工标注。在图像分类任务中，需要人工为每张图像标注其所属的类别，像"猫""狗""汽车"等。这种方式虽然准确，但成本高、耗时久。还可以从已有的数据库或数据集中获取标记数据。例如，医疗领域的疾病诊断数据集，其中包含患者的症状、检查结果等输入特征和对应的疾病诊断结果作为标记。

通常将标记数据划分为训练集、验证集和测试集。训练集用于训练模型，让模型学习输入和输出之间的关系。验证集用于在训练过程中调整模型的超参数（如神经网络的层数、学习率等），以防止过拟合。测试集用于评估模型在新数据上的性能，只有在模型训练和超参数调整完成后才能使用测试集，这样才能客观地衡量模型的泛化能力。

常见的算法有以下几种。

1）线性回归。假设输入特征 X 和目标输出 Y 之间存在线性关系，即 Y=aX+b，其中 a 是权重向量，b 是偏置项。通过最小化预测值与真实值之间的误差（通常使用均方误差损失函数）来学习 a 和 b 的最优值。适用于预测连续数值的问题，如预测销售额、气温、股票价格等。例如，根据过去几年每月的广告投入（输入特征）来预测未来每月的销售额（目标输出）。

2）逻辑回归。逻辑回归主要用于分类问题，它将线性回归的结果通过逻辑函数进行转换，将输出映射到[0,1]区间，从而可以解释为类别概率。例如，对于二分类问题，输出大于 0.5 的可以归为一类，小于 0.5 的归为另一类，等于 0.5 则通过一个随机函数决定是哪一类。在垃圾邮件分类、疾病诊断（判断是否患病）等二分类场景中广泛应用。例如，根据邮件的文本特征（如关键词出现频率等）来判断邮件是否为垃圾邮件。

3）决策树。决策树是一种基于树结构的分类和回归方法。它通过对输入特征进行一系列的条件判断来划分数据，最终得到决策结果。例如，在预测一个人是否会购买某产品时，决策树可能首先判断这个人的年龄是否大于 30 岁，如果是，再判断其收入是否高于一定水平等。决策树可以用于分类和回归任务，在客户流失预测、信贷风险评估等领域有广泛应用。例如，银行根据客户的信用记录、贷款历史等特征通过决策树来评估客户的信贷风险等级。

4）支持向量机。对于分类问题，支持向量机的目标是找到一个最优的超平面，将不同类别的数据点尽可能地分开。在特征空间中，这个超平面使得两类数据点到它的距离最大化。对于线性不可分的数据，支持向量机还可以通过核函数将数据映射到高维空间，使其在高维空间中线性可分。在文本分类、图像分类等领域表现出色。例如，在人脸识别中，将人脸图像的特征作为输入，通过支持向量机来区分不同的人物。

5）神经网络。神经网络是由多个神经元组成的层次结构，包括输入层、隐藏层和输出层，每个神经元对输入进行加权求和，并通过激活函数进行非线性变换。通过反向传播算法来更新神经元的权重，以最小化预测误差。神经网络在各种复杂的分类和回归任务中都有应用，如语音识别、机器翻译、图像识别等领域。例如，在语音识别中，神经网络可以学习语音信号的特征与文字之间的映射关系。

监督学习在许多领域都有广泛的应用，是机器学习中非常实用的技术手段。

（2）无监督学习。无监督学习是机器学习的一个重要类别，它与监督学习有着显著的区别。无监督学习是在没有给定明确标签的数据集上进行学习的方法。在无监督学习中，数据仅由输入特征组成，没有对应的目标输出。模型的目的是发现数据中的内在结构、模式或规律。例如，给出一组客户的购买行为数据，无监督学习模型可以尝试找出具有相似购买行为的客户群体，或者发现购买行为的周期性等规律，而不是像监督学习那样预测一个特定的目标，如客户是否会购买某个特定产品。

常见的任务类型与算法如下。

1）聚类。聚类是将数据集划分为不同的簇（组），使得同一簇内的数据点在某种意义上具有较高的相似性，而不同簇之间的数据点具有较低的相似性。K 均值聚类算法是一种简单且常用的聚类算法，它首先随机确定 k 个聚类中心（k 是用户预先指定的聚类数量），然后计算每个数据点到这些聚类中心的距离（通常使用欧几里得距离），将数据点分配到距离最近的聚类中心所在的簇。接着，重新计算每个簇的中心（即该簇内所有数据点的均值）。这个过程将不断重复，直到聚类中心不再发生明显变化。例如，在市场细分中，可以使用 K 均值聚类算法根据客户的消费金额、消费频率等特征将客户划分为不同的群体，以便企业进行针对性的营销。层次聚类构建了一个簇的层次结构，其有两种基本的方式：凝聚式和分裂式。凝聚式层次聚类从每个数据点作为一个单独的簇开始，然后逐步合并相似的簇；分裂式层次聚类则从所有数据点都在一个簇开始，然后逐步分裂成更小的簇。这种聚类方法在生物学分类等领域有应用，例如对生物物种进行分类，根据物种的各种特征逐步构建分类层次。

2）降维。在高维数据中，往往存在很多冗余信息或者噪声。降维的目的是在尽可能保留数据重要信息的前提下，将高维数据转换为低维数据。这有助于减少数据存储和计算成本，同时可以避免维度灾难，并且在低维空间中更易于可视化和分析数据。主成分分析（Principal Component Analysis，PCA）是一种线性降维方法，它通过寻找数据中方差最大的方向来确定主成分，这些主成分是原始数据的线性组合。例如，在处理图像数据时，原始图像可能有数千个像素（高维），主成分分析可以将这些像素组合成几个主成分，从而将图像数据降维到较低的维度，同时保留图像的主要特征，如物体的轮廓等。奇异值分解（Singular Value Decomposition，SVD）是一种更通用的矩阵分解方法，它可以用于数据降维。对于一个矩阵（可以将数据表示为矩阵形式），奇异值分解可以将其分解为三个矩阵的乘积，通过选择合适的奇异值和对应的向量，可以实现降维。例如，在文本处理中，词—文档矩阵可以通过奇异值分解进行降维，以提取文本的主题信息。

3）关联规则挖掘。关联规则挖掘旨在发现数据集中不同变量之间的关联关系。例如，在购物篮分析中，发现顾客购买了某种商品后，很可能会购买另一种商品的规律。通常用支持度（Support）和置信度（Confidence）来衡量关联规则的强度。支持度表示同时购买两种商品的交易次数占总交易次数的比例，置信度表示在购买了一种商品的情况下购买另一种商品的概率。在零售行业，通过分析顾客的购物篮数据，挖掘商品之间的关联规则，商家可以进行商品摆放优化、促销活动设计等。例如，如果发现购买面包的顾客有很大概率会购买牛奶，那么可以将面包和牛奶放在相邻的位置，以方便顾客购买并促进销售。

企业可以利用无监督学习对客户数据进行聚类，将客户分为不同的群体，例如高价值客户、中等价值客户和低价值客户等。根据不同群体的特点，企业可以制定个性化的营销策略，如为高价值客户提供高端专属服务，为中等价值客户提供优惠活动等。无监督学习为数据分析和挖掘提供了强大的工具，可以帮助人们从无标签的数据中发现有价值的信息和模式。在网络安全领域，无监督学习可以用于检测异常的网络流量。通过对正常网络流量模式进行学习，当出现与正常模式差异较大的流量时，就可以判断为异常流量，可能是网络攻击的迹象。在工业生产中，无监督学习也可以用于检测生产设备的异常运行状态，通过分析设备正常运行时的各种参数（如温度、压力、振动等）的模式，当出现异常参数组合时，及时发现设备故障隐患。在构建复杂的机器学习模型之前，无监督学习可以用于对数据进行预处理。例如，通过降维技术减少数据的维度，去除噪声和冗余信息，从而提高后续监督学习模型的训练效率和性能。同时，在图像和文本处理等领域，无监督学习可以用于提取数据的特征，如通过聚类算法提取图像中的物体轮廓特征，或者通过文本聚类提取文本的主题特征等。

无监督学习为数据分析和挖掘提供了强大的工具，可以帮助人们从无标签的数据中发现有价值的信息和模式。

（3）强化学习。强化学习是机器学习的一个重要分支，主要关注智能体如何在与环境的交互中学习最优的行为策略以获得最大的累积奖励。

强化学习涉及一个智能体和一个环境。智能体通过采取行动来影响环境，环境则会根据智能体的行动给出一个反馈，即奖励，并进入一个新的状态。例如，在一个机器人导航的场景中，机器人就是智能体，周围的物理空间就是环境。机器人可以采取不同的行动，如向前走、向后走、向左转、向右转等，环境会根据机器人的行动给出相应奖励，例如当机器人接近目标位置时给予正奖励，当机器人撞到障碍物时给予负奖励。

状态是对环境的一种描述，它可以是离散的也可以是连续的。智能体根据当前的状态来决定采取何种行动。例如，在一个围棋游戏中，棋盘的局面就是一种状态，包括棋子的分布、黑白双方的“气”等信息。行动是智能体可以采取的具体操作。在不同的环境中，行动的类型和数量各不相同。例如，在一个自动驾驶的场景中，智能体（汽车）的行动可以包括加速、减速、左转、右转等。奖励是环境对智能体行动的反馈信号，它可以是正的、负的或零。智能体的目标是通过选择合适的行动来最大化长期累积奖励。例如，在一个游戏中，赢得一局游戏可以获得较高的正奖励，输掉游戏则获得负奖励，在游戏过程中的一些中间状态可能获得较小的奖励或惩罚。

在视频游戏中，强化学习算法已经取得了巨大的成功。例如，AlphaGo 及其后续版本 AlphaZero 使用强化学习与深度学习相结合的方法，在围棋、国际象棋等游戏中击败了人类顶尖选手。这些算法通过自我对弈来不断学习和改进策略，探索出了人类未曾发现的策略和技巧。强化学习可以用于训练机器人执行各种任务，如抓取物体、行走、导航等。通过与真实环境或模拟环境的交互，机器人可以学习到最优的动作序列，以完成特定的任务目标。例如，在工业生产中，机器人可以通过强化学习学会高效地抓取和组装零件，提高生产效率和质量。

同时，强化学习还可以使机器人适应不同的环境和任务变化，具有更强的灵活性和鲁棒性。在自动驾驶领域，强化学习可以帮助车辆学习最优的驾驶策略，以提高行驶的安全性、效率和舒适性。车辆通过感知周围环境（如其他车辆的位置、速度、道路状况等），选择合适的加速、减速、转向等行动，以最大化长期的行驶奖励，如安全到达目的地、减少行驶时间、降低油耗等。强化学习还可以与其他自动驾驶技术相结合，如感知算法、路径规划算法等，共同实现更加智能和高效的自动驾驶系统。在金融领域，强化学习可以用于优化交易策略。智能体可以根据市场状态（如股票价格、成交量、技术指标等）选择买入、卖出或持有等行动，以最大化投资回报。通过不断地与市场交互和学习，智能体可以适应不同的市场条件和趋势，做出更加明智的交易决策。例如，一些量化交易公司已经开始尝试使用强化学习算法来优化投资组合和交易策略，并取得了一定的效果。

强化学习算法能够让智能体在没有人类明确指导的情况下，通过与环境的交互自主地学习最优的行为策略。这使得强化学习在处理复杂、动态的环境时具有很大的潜力。强化学习算法可以应用于各种不同的领域和问题，只要能够将问题建模为智能体与环境的交互过程，并定义合适的状态、行动和奖励。强化学习算法考虑了长期的累积奖励，能够学习到具有前瞻性的行为策略。这对于需要进行长期规划和决策的问题非常重要，如自动驾驶、金融交易等。

强化学习作为一种强大的机器学习方法，在许多领域都展现出了巨大的潜力。随着技术的不断发展，强化学习算法的性能将不断提高，应用领域也将不断扩展。

3. 机器学习的过程

机器学习的过程大致可以分为以下几个步骤。

（1）数据收集。从各种数据源获取与问题相关的数据，这些数据源可以包括数据库、文件系统、网络爬虫、传感器等。数据的质量和数量对机器学习模型的性能有着至关重要的影响，因此需要确保收集到的数据具有代表性、准确性和完整性。

（2）数据预处理。数据预处理包括数据清洗、数据转换、特征编码。

1）数据清洗：处理缺失值、异常值和重复数据。对于缺失值，可以根据数据特点选择填充均值、中位数、众数或使用更复杂的插值方法；对于异常值，可通过统计方法或基于领域知识进行识别和处理；重复数据则直接删除。

2）数据转换：对数据进行标准化、归一化或离散化等操作。标准化可以使数据具有零均值和单位方差；归一化则将数据映射到特定的区间；离散化可将连续型数据转化为离散型数据，以便于某些模型的处理。

3）特征编码：对于分类特征，需要将其转换为数值型表示，常用的方法有独热编码、标签编码等。

（3）特征工程。特征工程包括特征选择、特征提取、特征构建。

1）特征选择：从原始数据中挑选出对目标变量最有影响的特征子集，以降低数据维度、减少模型复杂度并提高模型性能。可通过统计方法、相关性分析、模型评估等手段来选择重要特征。

2）特征提取：从原始数据中自动提取更有意义和代表性的特征，常见的方法有主成分分析、线性判别分析等降维算法，以及基于深度学习的自动特征提取方法，如卷积神经网络中的卷积层可自动提取图像的特征。

3）特征构建：根据领域知识和数据特点，人工创造新的特征，以更好地捕捉数据中的信息和关系。例如，在时间序列数据中，可以构建滞后特征、移动平均特征等。

（4）模型选择与训练。根据问题的类型和数据特点，选择合适的机器学习模型，如监督学习中的线性回归、逻辑回归、决策树、支持向量机、神经网络等，或无监督学习中的聚类算法、降维算法等。

将预处理后的数据划分为训练集和测试集，通常采用一定比例（如 70%～80%为训练集，20%～30%为测试集）的随机划分方式。在一些情况下，还会进一步划分出验证集用于模型选择和调优。使用训练集对选定的模型进行训练，通过优化模型的参数使模型能够尽可能好地拟合训练数据。训练过程中需要选择合适的损失函数和优化算法，如均方误差损失函数用于回归问题，交叉熵损失函数用于分类问题，优化算法则有梯度下降、随机梯度下降、Adagrad、Adadelta 等。

（5）模型评估与调优。使用测试集对训练好的模型进行评估，根据问题的类型选择合适的评估指标，如均方误差、平均绝对误差、准确率、召回率、F1 值、ROC 曲线下面积等。通过评估指标来判断模型的性能好坏。如果模型性能不理想，可以对模型进行调优。调优的方法包括调整模型的超参数，如学习率、正则化参数、神经网络的层数和节点数等。尝试不同的特征工程方法或增加更多的数据来进一步改进模型。

可以使用交叉验证等技术来更准确地评估模型的性能和稳定性，避免过拟合或欠拟合问题。

（6）模型部署与应用。将经过评估和调优后的模型部署到实际生产环境中，使其能够对新的数据进行预测和决策。部署方式可以根据具体需求选择在线部署、离线部署或嵌入式部署等。

在实际应用中，需要对模型进行监控和维护，及时更新模型以适应数据分布的变化和业务需求的改变。

以上是机器学习的一般过程，在实际应用中，可能会根据具体问题和数据的特点对某些步骤进行调整和优化，以获得更好的模型性能和应用效果。

5.2.2 深度学习

深度学习是机器学习的一个重要分支，它在近年来取得了巨大的成功，并在众多领域得到了广泛的应用。深度学习是一种基于人工神经网络的机器学习方法，它通过构建具有多个层次的神经网络模型，自动从大量数据中学习复杂的模式和特征表示，以实现对数据的分类、预测、生成等任务。与传统的机器学习方法相比，深度学习具有更强的表达能力和学习能力，能够处理更加复杂的数据和任务。

人工神经网络是一种模仿生物神经网络结构和功能的计算模型。它由大量的人工神经元相互连接而成，每个神经元代表一种特定的输出函数，每两个神经元间的连接都代表一个对于通过该连接信号的加权值。网络的输出取决于连接方式、权重值和激励函数。

人工神经网络的发展历程可谓起起落落。1943 年，沃伦·麦卡洛克和沃尔特·皮茨根据对神经学的理解开发了神经网络模型。1954 年贝尔蒙特·法利（Belmont G. Farley）和威斯利·克拉克（Wesley A. Clark）在麻省理工学院（Massachusetts Institute of Technology，MIT）成功实现了小型神经网络的电脑模拟。1956 年，纳撒尼尔·罗切斯特（N. Rochester）等人使用大型数字计算机模拟测试了神经网络。1958 年，弗兰克·罗森贝拉特（Frank Rosenblatt）设计和开发了感知器。1960 年威德罗（Widrow）和霍夫（Hoff）开发了 ADALINE。但在

1969 年，明斯基（Minsky）和帕尔特（Papert）的一本书使神经网络模拟研究的资助逐步减少，进入挫折期。不过，一些研究人员仍继续致力于开发基于神经形态的计算方法，如斯蒂夫·古根伯格（Steve Grossberg）和盖尔·卡彭特（Gail Carpenter）在 1988 年创立了探索共鸣振算法的思想流派，保罗·沃伯格（Paul Werbos）在 1974 年开发并使用了反向传播学习方法等。20 世纪 70 年代末至 80 年代初，人工神经网络领域重新兴起，如今已取得重大进展，在多个领域得到广泛应用。

人工神经网络主要应用于图像识别和图像处理、自然语言处理、金融风控、生物医学、智能控制系统等领域。例如，在图像识别领域，利用卷积神经网络可以实现图像的自动分类和识别，应用于安防监控、医学影像诊断等方面；在自然语言处理领域，循环神经网络和长短时记忆网络常被用于处理序列数据，应用于智能客服、智能助手等方面；在金融领域，神经网络可以帮助银行和金融机构识别风险客户和不良贷款，提高风险控制能力；在生物医学领域，通过训练神经网络来识别医学影像中的肿瘤、病变等，提高医学影像诊断的准确性和效率；在智能控制系统中，利用神经网络实现智能交通信号控制，优化交通流量，实现智能家居系统，实现智能化的环境控制和设备管理。

总的来说，人工神经网络作为一种强大的计算模型，正在逐渐改变和优化人们的生活和工作方式。

人工神经网络是一个并行和分布式的信息处理网络结构，由许多神经元组成。每个神经元有一个单一输出，可以连接到很多其他神经元，其输入有多个连接通路，每个连接通路对应一个连接权系数。依据生物神经元的结构和功能，可把人工神经元看作一个多输入单输出的非线性阈值器件。

人工神经网络分为层状结构和网状结构。层状结构由若干层组成，每层中有一定数量的神经元，相邻层中神经元单向连接，同层内的神经元一般不能连接。网状结构中的前馈网络不含反馈。这种结构反映的是输入变量到输出变量间的复杂映射关系，本质上是由许多小的非线性函数组成的大的非线性函数。

人工神经网络具有自学习、自组织、自适应等功能。自适应性包括自学习与自组织两方面的特性。自学习是指当外部环境发生改变时，经过一段时间的训练或感知，人工神经网络能够对给定输入产生期望的输出。自组织是指人工神经网络通过训练可以自行调节连接权重，即调节神经元之间的突触连接，使其具有可塑性，以逐步构建适应于不同信息处理要求的人工神经网络。

此外，人工神经网络还具有非线性映射、模式识别、分类与聚类，联想记忆、优化计算以及知识获取与表示等功能。例如，在优化算法方面，它能在已知的约束条件下，寻找一组参数组合，使得由该组合确定的目标函数达到最小值或最大值。在知识获取与表示方面，人工神经网络的知识获取能力使其能够在没有任何先验知识的情况下自动从输入数据中提取特性、发现规律，并通过自组织过程构建网络，使其适合于表达所发现的规律。

人工神经网络在各个领域都有着广泛的应用。在金融领域，人工神经网络可以用来进行股票价格预测、风险评估、信用评分等。通过分析历史数据，人工神经网络可以帮助金融机构进行风险管理和决策制定。例如，利用神经网络分析大量的金融数据，能够识别风险客户和不良贷款，提高风险控制能力。

在医疗保健领域，人工神经网络可用于疾病诊断、医学影像分析、药物研发等。通过学习大量的医疗数据，人工神经网络可以帮助医生提高诊断的准确性，加快疾病的识别和治疗过程。例如，人工神经网络能够分析医学影像，如 X 射线、核磁共振成像（Magnetic Resonance Imaging，MRI）等，帮助医生发现病变和异常。

在生产制造领域，人工神经网络能够优化生产计划、预测设备故障、提高生产效率等。通过分析生产数据，人工神经网络可以帮助企业进行智能制造，降低成本，提高生产质量。

在市场营销领域，人工神经网络可以进行用户行为分析、个性化推荐、市场预测等。通过分析用户数据，人工神经网络可以帮助企业更好地理解消费者需求，制定精准的营销策略。

在自然语言处理领域，人工神经网络能够进行语音识别、机器翻译、情感分析等。通过学习大量的语言数据，人工神经网络可以帮助计算机更好地理解和处理自然语言。例如，循环神经网络和长短时记忆网络等模型被广泛用于机器翻译、情感分析、文本生成等任务。

在图像识别和计算机视觉领域，人工神经网络取得了巨大的成功。深度学习模型如卷积神经网络，已经在图像分类、目标检测、人脸识别等任务中展现出卓越的表现。通过训练人工神经网络，模型能够从大量图像中提取特征，并进行准确地分类和识别。这些应用在自动驾驶、安防监控、医学影像分析等领域有着广泛应用。

5.3　图像识别技术

5.3.1　图像识别技术概述

图像识别技术是人工智能的一个重要领域，图像识别技术是指计算机对图像进行处理、分析和理解，以识别不同模式的目标和对象的技术。它通过对图像的特征提取、分类和匹配等操作，将图像中的内容转化为计算机能够理解的信息，从而实现对图像的自动识别和理解。

图像识别技术的发展经历了以下几个阶段。

（1）早期阶段。20 世纪 50 年代至 70 年代，图像识别技术开始起步，主要基于简单的模板匹配和特征提取方法。当时的计算机性能有限，图像识别的准确率较低，应用范围也较窄。

（2）发展阶段。20 世纪 80 年代至 90 年代，随着计算机技术的不断进步，图像识别技术得到了快速发展。出现了一些基于统计学习和机器学习的方法，如神经网络、支持向量机等，提高了图像识别的准确率和鲁棒性。

（3）成熟阶段。自 21 世纪以来，随着深度学习技术的兴起，图像识别技术取得了重大突破。深度学习模型如卷积神经网络在图像识别领域展现出了卓越的性能，大大提高了图像识别的准确率和效率，推动了图像识别技术在各个领域的广泛应用。

图像识别技术的技术原理包括特征提取和分类识别。

特征提取是图像识别的基础，通过各种方法从图像中提取出能够代表图像内容的特征。常见的特征包括颜色特征、纹理特征、形状特征、空间关系特征等。这些特征可以用向量表示，作为后续分类和识别的依据。

分类识别是指在提取特征后，需要对图像进行分类识别。这一步骤通常使用机器学习或深度学习算法，根据已有的训练数据建立分类模型，将提取的特征向量输入到模型中，模型会输出图像所属的类别或对象。

目前图像识别技术已经广泛应用在很多领域。

（1）安防领域。图像识别技术可用于视频监控、人脸识别门禁系统、安防监控中的行为分析等，有助于提高安防效率和准确性，及时发现异常情况和识别可疑人员。

（2）交通领域。在智能交通系统中，图像识别技术可用于车牌识别、交通流量监测、违章行为识别等，实现交通管理的自动化和智能化，提高交通效率和安全性。

（3）医疗领域。医学图像识别技术可以辅助医生进行疾病诊断，如通过对 X 射线、计算机断层扫描（Computed Tomography，CT）、MRI 等医学影像的分析，识别病变区域、肿瘤等，提高诊断的准确性和效率。

（4）工业领域。图像识别技术可用于产品质量检测、零部件识别与分拣、生产过程监控等，能够提高生产效率、降低成本、保证产品质量。

（5）农业领域。图像识别技术可用于作物病虫害监测、作物生长状况评估、农产品质量检测等，帮助农民及时发现问题，采取相应的措施，提高农业生产效益。

但是，图像识别技术也面临着很多困难。

（1）光照和角度变化。光照条件的改变和拍摄角度的不同会对图像的外观产生很大影响，导致同一物体在不同光照和角度下的图像特征差异较大，增加了图像识别的难度。

（2）物体遮挡和变形。当物体被部分遮挡或发生变形时，图像中的物体信息不完整，难以准确提取特征，从而影响图像识别的准确率。

（3）背景复杂。复杂的背景会干扰对目标物体的识别，使图像中存在大量与目标无关的信息，增加了特征提取和分类的难度。

（4）数据获取和标注困难。图像识别技术需要大量的标注数据进行训练，然而获取大规模的高质量标注数据往往需要耗费大量的人力、物力和时间。同时，数据标注的准确性也会对模型的性能产生重要影响。

展望未来，图像识别技术有以下一些发展趋势。

深度学习将继续在图像识别领域发挥核心作用，不断优化和改进现有的深度学习模型，提高图像识别的准确率和效率。同时，研究人员也将探索新的深度学习架构和算法，以应对更加复杂的图像识别任务。将图像识别与其他模型的信息（如语音、文本等）进行融合，实现更全面、准确的信息理解和决策。例如，结合图像和语音信息进行智能交互，或者结合图像和文本信息进行更准确地图像内容描述和分类。随着边缘计算技术的发展，将图像识别模型部署到边缘设备上，实现实时、高效地图像识别。这样可以减少数据传输延迟，提高系统的响应速度，满足一些对实时性要求较高的应用场景，如自动驾驶、智能安防等。目前的深度学习模型在图像识别方面取得了很高的准确率，但模型的可解释性较差。未来，研究人员将致力于提高图像识别模型的可解释性，使人们能够更好地理解模型的决策过程和依据，增加对图像识别结果的信任度。

5.3.2　人脸识别技术

人脸识别（Human Face Recognition）技术利用图像处理器可以对人脸明暗侦测，自动调整动态曝光补偿，人脸追踪侦测，自动调整影像放大。

广义的人脸识别实际包括构建人脸识别系统的一系列相关技术，包括人脸图像采集、人脸定位、人脸识别预处理、身份确认以及身份查找等；而狭义的人脸识别特指通过人脸进行身份确认或者身份查找的技术或系统。

　　人脸识别技术是一项热门的计算机技术研究领域，它属于生物特征识别技术的一种，是用生物体（一般特指人）本身的生物特征来区分生物体个体。生物特征识别技术所研究的生物特征包括脸、指纹、手掌纹、虹膜、视网膜、声音（语音）、体形、个人习惯（如敲击键盘的力度和频率，签名）等，相应的识别技术就有人脸识别、指纹识别、掌纹识别、虹膜识别、视网膜识别、语音识别（用语音识别可以进行身份识别，也可以进行语音内容的识别，只有前者属于生物特征识别技术）、体形识别、键盘敲击识别、签字识别等。图 5-14 为生物特征识别技术。

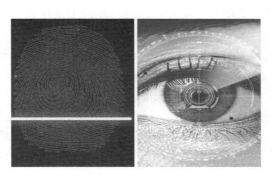

图 5-14　生物特征识别技术

　　人脸识别的技术原理包括人脸检测、特征提取和特征匹配与识别。从输入的图像或视频中检测出人脸的位置和大小。这一步通常使用基于机器学习或深度学习的方法，如 Haar 特征分类器、卷积神经网络等，通过对大量人脸和非人脸图像的学习，模型能够准确识别出图像中的人脸区域。在检测到人脸后，需要对人脸的关键特征进行提取。这些特征包括五官的位置、形状、纹理等信息，常用的特征提取方法有主成分分析、线性判别分析（Linear Discriminant Analysis，LDA）、局部二值模式（Local Binary Patterns，LBP）以及基于深度学习的卷积神经网络等。通过这些方法，可以将人脸图像转换成一组具有代表性的特征向量。将提取的人脸特征与预先存储的人脸特征模板进行匹配和比对。计算两者之间的相似度，根据设定的阈值来判断是否为同一人。常用的匹配算法有欧氏距离、余弦相似度等。如果相似度超过阈值，则认为是同一人，否则认为是不同人。图 5-15 为人脸识别技术。

图 5-15　人脸识别技术

人脸识别技术在实际应用中有很大的优势。

（1）非接触性。与传统的身份识别方法相比，人脸识别无需与设备进行直接接触，用户只需要站在摄像头前即可完成身份识别，操作方便快捷，避免了接触式识别带来的卫生问题和设备磨损。

（2）准确性高。现代人脸识别技术在良好的环境条件下，能够达到较高的识别准确率。通过对大量人脸数据的学习和优化，人脸识别系统可以准确地识别出不同人的面部特征，即使在存在一定程度的光照变化、姿态变化等情况下，也能保持较好的识别效果。

（3）高效性。人脸识别系统可以快速地完成人脸检测、特征提取和匹配识别等过程，能够在短时间内处理大量的人脸图像，实现实时或近实时的身份识别，适用于各种需要快速身份验证的场景。

（4）安全性高。每个人的面部特征都是独一无二的，且难以伪造和复制。人脸识别技术基于人脸的生理特征进行身份识别，具有较高的安全性，能够有效防止身份冒用和欺诈行为。

但同时人脸识别技术也存在一定的局限性。

（1）光照和姿态影响。光照条件过强或过弱、人脸姿态角度过大等因素都可能导致人脸识别准确率下降。例如，在逆光环境下，人脸的部分特征可能会被阴影遮挡，影响人脸特征提取和识别效果；而当人脸侧倾或俯仰角度过大时，五官的形状和位置关系会发生变化，增加了识别的难度。

（2）表情变化。不同的表情会使人脸的五官形状和纹理发生变化，如微笑、皱眉、张嘴等表情可能会导致人脸识别系统误判。尤其是在一些需要高精度识别的场景中，表情变化可能会对识别结果产生较大影响。

（3）年龄变化。随着年龄的增长，人的面部特征会发生一定的变化，如皮肤松弛、皱纹增加等。这可能会导致人脸识别系统在识别多年前的照片或长期未更新的人脸模板时出现准确率下降的情况。

（4）伪装和伪造。虽然人脸识别技术具有一定的防伪能力，但在一些情况下，仍然存在被伪装或伪造的风险。例如，通过化妆、佩戴面具、使用照片或视频等手段来欺骗人脸识别系统，可能会导致系统误认。

人脸识别技术的发展趋势包括以下几方面。

（1）深度学习的深化应用。随着深度学习技术的不断发展，人脸识别算法将不断优化和创新。更深层次的神经网络架构将被提出，能够学习到更复杂、更具代表性的人脸特征，进一步提高人脸识别的准确率和鲁棒性。

（2）多模态融合识别。将人脸识别技术与其他生物特征识别技术（如指纹识别、虹膜识别等）或非生物特征识别技术（如身份证识别、密码识别等）相结合，形成多模态融合识别系统。通过综合利用多种识别方式的优势，提高身份识别的准确性和可靠性。

（3）3D人脸识别技术的发展。3D人脸识别技术能够获取人脸的三维信息，不受光照、姿态等因素的影响，具有更高的准确性和防伪能力。未来，3D人脸识别技术将逐渐普及，广泛应用于对安全性要求较高的领域。

（4）隐私保护的加强。随着人脸识别技术的广泛应用，隐私保护问题日益受到关注。未来，在人脸识别技术的发展过程中，将更加注重隐私保护，通过采用加密技术、匿名化处理等手段，确保人脸数据的安全存储和合法使用，防止用户隐私泄露。

5.3.3　OCR 技术

光学字符识别（Optical Character Recognition，OCR）技术是通过扫描等光学输入方式将各种票据、报刊、书籍、文稿及其他印刷品的文字转换为图像信息，再利用文字识别技术将图像信息转换为可以使用的计算机输入技术。OCR 技术可应用于银行票据、大量文字资料、档案卷宗、文案的录入和处理等领域，适合于银行、税务等行业大量票据表格的自动扫描识别及长期存储。相对一般文本，通常以最终识别率、识别速度、版面理解正确率及版面还原满意度 4 个方面作为 OCR 技术的评测依据；而相对于表格及票据，通常以识别率或整张通过率及识别速度作为测定 OCR 技术的实用标准。

OCR 技术的技术原理包括以下几方面。

（1）图像预处理。为提高图像的清晰度和质量，便于后续的字符分割和识别，需要对输入的图像进行灰度化、降噪、二值化、倾斜校正等图像预处理操作。灰度化可以减少图像的数据量；降噪能够去除图像中的噪声干扰；二值化则将图像转化为黑白两色，突出文字信息；倾斜校正可使文字处于水平或垂直方向，便于后续处理。

（2）字符分割。字符分割尝试将文本中的字符分割开，以便逐个识别。对于手写文字或不规则排列的文字，字符分割是一个具有挑战性的任务。常用的方法包括基于投影的分割、连通域分析等。然而，在一些复杂的场景下，如手写连笔字、重叠字符等，准确的字符分割仍然存在困难。

（3）特征提取。特征提取是指从分割后的字符图像中提取能够代表字符特征的信息。这些特征可以包括结构特征、笔画特征、统计特征等。例如，结构特征可以描述字符的笔画结构和组成部分，笔画特征可以捕捉笔画的方向、长度等信息，统计特征则可以通过对字符图像的像素分布等进行统计分析得到。

（4）分类识别。分类识别是指将提取的字符特征与预定义的字符集或字库进行比对和匹配，以确定每个字符的类别。常用的分类算法有模板匹配、神经网络、支持向量机等。通过大量的训练数据，分类器可以学习到不同字符的特征模式，从而准确地识别输入的字符。

（5）后处理。后处理是指对识别结果进行校正、修补和质量评估等后处理操作，以提高识别的准确性和可靠性。例如，通过上下文信息对识别结果进行校正，修补可能存在的错误或遗漏字符，以及根据识别的置信度对结果进行质量评估等。

OCR 技术可以广泛应用于以下领域。

（1）文档处理与办公自动化。能够快速将纸质文档中的文字转换为电子文本，便于编辑、存储和检索。在办公场景中，OCR 技术大大提高了文档处理的效率，减少了人工录入的工作量，如将纸质合同、报告等转化为可编辑的 Word 文档。

（2）数字图书馆。把大量的纸质书籍、文献等扫描后通过 OCR 技术转换为电子文本，不仅便于长期保存，还能实现全文检索，方便读者快速查找所需信息，促进了知识的传播和共享。

（3）图像识别与分析。在处理包含文字的图像时，OCR 技术是关键的一环。例如在交通标志识别中，识别标志上的文字信息；在图像内容分析中，提取图像中的文字描述，辅助理解图像的含义。

（4）金融领域。用于处理银行票据、财务报表等的识别和数据提取，实现自动化的数据录入和处理，提高金融业务的效率和准确性，降低人工操作的风险。

（5）教育领域。可将纸质教材、试卷等转换为电子文本，方便制作电子课件、在线教育资源等。此外，还能辅助学生进行文字识别和文档编辑，提高学习效率。

OCR 技术目前还有以下一些难点。

对于手写文字识别，不同人的手写风格差异较大，字体的大小、笔画的粗细、连笔的方式等都各不相同，增加了字符分割和特征提取的难度，导致手写文字识别的准确率相对较低。

对于低质量图像，当输入的图像存在模糊、噪声、光照不均等问题时，会严重影响 OCR 技术的识别效果。这些低质量图像中的文字信息难以清晰地提取和识别，需要更强大的图像预处理和纠错能力。

在一些文档中可能同时包含多种语言的文字，不同语言的字符集、书写方式和语法结构差异较大，给识别和分类带来了挑战，需要能够同时处理多种语言的 OCR 系统，并准确区分和识别不同语言的文字。

如果是复杂的文档结构，对于包含表格、图表、图形等复杂结构的文档，OCR 技术不仅要识别文字，还需要理解文档的布局和结构，准确地将文字与相应的区域关联起来，这对 OCR 系统的文档分析能力提出了更高的要求。

OCR 技术的发展趋势有以下几方面。

（1）深度学习的融合。深度学习技术的应用将进一步提升 OCR 的性能。卷积神经网络等深度学习模型能够自动学习字符的特征表示，无需人工设计复杂的特征提取器，在手写文字识别、低质量图像识别等方面取得了显著效果。未来，深度学习与 OCR 技术的深度融合将不断优化，提高识别的准确率和鲁棒性。

（2）端到端的识别模型。传统的 OCR 系统通常由多个独立的模块组成，如字符分割、特征提取、分类识别等，每个模块的性能都会影响最终的识别结果。端到端的识别模型则将这些模块整合为一个统一的神经网络架构，直接从输入的图像中输出识别的文本结果，减少了中间环节的误差传递，提高了整体的识别性能。

（3）多模态信息融合。结合图像的其他模态信息，如文字的上下文语义、图像的视觉特征等，来辅助 OCR 识别。通过多模态信息的融合，可以更好地理解文字的含义和背景，提高识别的准确性和可靠性，尤其在处理模糊或歧义文字时具有更大的优势。

（4）云服务与移动应用。随着云计算和移动设备的发展，OCR 技术将更多地以云服务和移动应用的形式提供给用户。用户可以通过手机拍照或上传图像到云端，利用云端强大的计算资源进行 OCR 识别，并在移动设备上获取识别结果，方便快捷地实现文字信息的数字化转换。

5.3.4 图像识别的应用领域

图像识别技术是一种利用计算机和人工智能算法对图像进行分析、处理和识别的技术，具有广泛的应用领域。

1. 图像识别技术在零售行业中的应用

图像识别技术在零售行业中具有重要的应用价值。它可以实现自助结账功能，让顾客快速、便捷地完成购物。同时，通过人脸识别技术，可识别顾客并推荐个性化产品或服务，提高顾客满意度。在商品管理方面，图像识别技术可以识别货架上的商品种类和数量，帮助零售商及时发现缺货情况并补充库存，实现库存管理的自动化和智能化。此外，它还可以分析商品的陈列情况，优化陈列策略，提高商品的销售量。例如，通过商品视觉搜索和反向搜索技术，顾客可以通过上传商品图片来快速找到所需商品，提升购物体验。

2. 图像识别技术在安防领域中的应用

在安防领域，图像识别技术发挥着关键作用。人体图像识别技术作为一种有效的生物特征识别技术，被广泛应用于智能安防领域。它可以帮助安保人员更好地掌控人员流动情况，提高安防效率。在人员管控方面，通过对进出人员进行分析，可以实现门禁管控、区域管控等功能。例如，在机场、火车站等重要场所，可以通过该技术实现对乘客的精准管控。在监控预警方面，通过对监控视频中的人员进行识别与分析，可以实现异常行为检测、群体事件预警等功能。例如，在大型活动现场、公共场所等，可以通过该技术对人群进行实时监控与分析，及时预警可能出现的风险。在目标追踪方面，通过对特定目标进行识别与追踪，可以实现目标行为分析、人员历史轨迹查询等功能。例如，在公安部门打击犯罪过程中，可以通过该技术对犯罪嫌疑人进行追踪和分析，提高破案效率。在生物特征识别方面，通过对人体生物特征进行提取与识别，可以实现身份认证、访客管理等功能。例如，在机场、银行等场所，可以通过该技术实现高效便捷的身份认证服务。

3. 图像识别技术在医疗领域中的应用

图像识别技术在医疗领域的应用也非常广泛。在医学影像诊断方面，它可以自动识别并标注医学影像中的病变区域，提高诊断的准确性和效率。例如，图像识别技术可以自动分割和标注病变区域，检测病变，如肿瘤、血管病变等，为医生提供参考；还可以对病变的大小、形状、密度等进行量化分析，为医生提供更准确的诊断依据。同时，它可以对医学影像进行三维重建，为医生提供更直观的病变信息，实现多模态影像融合，提供更全面的病变信息。在病理诊断方面，它可以自动识别病理切片中的细胞形态、组织结构、免疫组化染色结果、分子标记等，为医生提供参考；还可以对病理图像进行定量分析，为医生提供更准确的诊断依据。在药物研发方面，它可以自动识别药物分子的结构特征，为药物筛选提供参考；还可以自动识别药物合成过程中的反应条件，为药物合成提供参考。在手术导航方面，它可以根据患者的医学影像数据，自动规划手术路径和手术方案。在手术过程中，它能够实时识别手术过程中的解剖结构，为医生提供导航信息；还可以控制手术机器人进行精确的手术操作，对手术效果进行实时评估，为医生提供反馈信息。在远程医疗方面，它可以自动识别医学影像和病理图像，为远程诊断提供参考；还可以自动识别患者的病历资料，为远程会诊提供参考；实时监测患者的生命体征，为远程监护提供参考；自动识别医学影像和病理图像，为远程教学提供参考。在智能穿戴设备方面，它可以自动识别患者的心率、血压、呼吸等生命体征、运动状态和运动量、睡眠状态和睡眠质量、情绪状态等。

4. 图像识别技术在娱乐和媒体领域的应用

在娱乐和媒体领域，图像识别技术也有广泛的应用。在电影特效制作中，图像识别技术可以对影像中的对象进行精确识别，从而实现对这些对象进行实时跟踪和捕捉；可以用于电影中的关键帧检测、场景识别、动作捕捉、虚拟人物生成等方面；从而实现对这些元素的实时变形、渲染和合成，制作出更逼真、更具视觉冲击力的特效。在娱乐媒体中的图像识别应用方面，图像识别在现场直播中的应用可以自动识别直播画面中的人脸，并匹配其相关身份信息，为直播内容增加更多互动性和趣味性；还可以识别出观众的情绪和反应，并及时反馈给主播，以便主播更好地调整直播内容。利用图像识别技术开发的虚拟形象生成工具，可以生成逼真的虚拟形象，并将其应用于直播中，实现虚拟主播与真实主播的无缝切换。图像识别在影视制作中的应用可以通过图像识别技术生成逼真的虚拟人物形象，并将其应用于影视作品中，从而提升影视作品的视觉效果和表现力；还可以实时捕捉演员的面部表情和动作，并将其转化为数字信号，方便后期制作人员进行特效处理和动画制作。图像识别在游戏娱乐中的应用可以让玩家通过图像识别技术控制游戏角色的面部表情和动作，从而实现更逼真和身临其境的互动体验；还可以通过图像识别技术识别出玩家的面部特征，并将其应用于游戏角色的创建，从而实现更加个性化和真实的角色形象。

5. 图像识别技术在工业领域中的应用

在工业领域，图像识别技术的应用也越来越广泛。在工业自动化流水线上，图像识别最典型的应用是二维码识别，通过对各种材质表面的二维码进行识别读取，大大提高了现代化工业生产的效率。在智能制造中，图像识别技术为制造业注入了智能感知的能力。在生产线上，它可以实时监测产品的质量，检测生产中的异常情况，并立即做出反应。在产品质检中，它可以替代人工目视检查，提高检测准确性。在零部件识别方面，它能够迅速而准确地辨认不同的零部件，有助于组装过程的自动化。此外，图像识别技术还可用于设备维护，提前发现潜在故障，降低生产线停机的风险。在工业4.0时代，图像识别技术正引领着制造业实现前所未有的智能生产。它与自动化技术的融合，使得制造业能够建立自适应生产系统。生产设备可以通过图像识别技术实时获取并分析生产数据，优化生产流程。在工业检测中，图像识别技术可以用于安全监控，如智能目标检测与跟踪，通过对监控画面的分析，系统能够自动识别出目标物体，如人、车辆等，并对其进行实时跟踪，极大地提高了监控系统的自动化程度和监控效率。

6. 图像识别技术在交通领域中的应用

在交通领域，图像识别技术可以应用于交通管理、交通安全、交通运输等方面。在交通管理方面，它可以应用于交通违法行为的自动识别和处罚，如自动识别闯红灯、超速行驶、违章停车等行为，并自动对违法者进行处罚；还可以应用于交通流量的监测和分析，自动识别交通流量的大小和方向。在交通安全方面，它可以应用于交通标志的识别，自动识别交通标志的类型和含义；还可以应用于交通事故的预防和处理，自动识别交通事故的发生地点、发生时间、事故原因等，并进行预防和处理。在交通运输方面，它可以应用于交通运输的管理和调度，自动识别交通运输车辆的类型和数量，并对车辆进行管理和调度；还可以应用于交通运输的监控和分析，自动识别交通运输车辆的运行状态和位置，并对车辆进行监控和分析。

7. 图像识别技术在军事领域中的应用

在军事侦察与目标识别中，图像识别技术具有重要作用。它可以帮助军队快速获取敌方目标的情报，为后续作战行动提供支持，通过精确打击敌方关键目标，降低敌方作战能力，提高战斗胜利的可能性，减少战争成本。在图像处理技术方面，图像增强与复原技术可以提高图像的清晰度和对比度，修复受损的图像。图像分割与提取技术可以将图像中的目标与背景分离，从图像中提取有用的目标信息。目标检测与跟踪技术可以在图像中检测到目标的位置和大小，跟踪目标的运动轨迹。在军事侦察中，光学侦察利用光学镜头获取目标的光学图像，具有分辨率高，可获取细节丰富的图像信息，适用于白天进行侦察，受气象条件影响较小的优势。红外侦察利用物体热辐射原理，通过红外设备摄取目标红外辐射信号，具有透雾、透水汽，适用于恶劣气候条件，可在夜间进行侦察，不受光照影响的优势。微波侦察利用微波辐射源照射目标，通过接收反射的微波信号获取目标信息，具有可穿透云层、雨雾等气象条件，对地面目标的探测能力较强的优势。在军事目标识别中，基于特征的目标识别方法可以从图像中提取目标的形状、颜色、纹理等特征信息，将提取的特征信息与已有的目标数据库进行比对，识别目标类型，应用于敌方目标识别、目标分类、损伤评估等方面。基于深度学习的目标识别方法利用神经网络模型自动学习目标特征，实现目标识别，应用于战场态势感知、多模态图像融合等方面。多模态图像融合的目标识别方法将来自不同传感器的图像进行融合，以提高目标的识别准确率，应用于提高目标识别的鲁棒性和准确性等方面。在军事态势感知中，战场态势感知系统可以实时监测和采集战场信息，分析评估战场态势，为指挥员提供决策依据。图像处理技术可以通过图像增强、复原、分割等方法提取战场目标信息和战场环境信息，基于图像的战场态势分析评估可以评估敌方目标的数量和类型，分析敌方的作战意图和潜在威胁，评估战场的天气、地形等环境因素对作战的影响，预测战场发展态势。

8. 图像识别技术在现代智慧城市中的应用

在智慧城市建设中，图像识别技术被广泛应用。通过对城市中的摄像头图像进行实时监测和分析，图像识别技术可以实现交通管理、安全监控、环境监测等功能。例如，它可以识别交通流量，实现智能交通信号控制和拥堵预警；还可以识别人员可疑行为、物品异常状态，如持刀识别、灭火器缺失识别、积水识别等提高公共安全管理水平。在智慧城管方面，通过科学部署、安装监控设备，在线监测，AI 视频识别，快速定位解决城市管理工作的难点、堵点，让城市"十乱"现象无处藏身。例如，通过智慧城管的"视频 + AI 算法"，可以自动巡航、识别城市中存在的乱摆乱卖、乱停乱放、乱拉乱搭等各种违规问题，并及时派单给一线巡查人员进行处置。在街面秩序沿街商铺视频可视化 AI 智能监管方案中，借助智能数据采集车的车载 AI 探头、道路监控摄像头、高空探头、移动执法仪等采集设备，通过视频智能分析的方式对"跨门营业""乱设摊""占道堆物""占道违停"等市容违法行为进行图像识别和物联感知，并通过电话、短信方式督促其整改，全面提升城市市容环境卫生管理水平。

9. 图像识别技术在无人机巡检中的应用

无人机巡检图像识别技术是指利用无人机航拍图像进行图像自动识别和分析的技术。其原理主要包括无人机高清相机拍摄目标场景，获取原始图像数据，图像预处理，以及利用机器学习、深度学习等技术对预处理后的图像数据进行分析和识别。无人机巡检图像识别技术的应用主要包括电力、石化、电信等行业的设备巡检以及城市管理领域的公共设施巡检。以电力行业为例，无人机通过高清图像拍摄电线杆、变电站等电力设施，通过图像识别技术可以自动分析设施的损坏情况、异常情况等，提高了设施巡检的效率和精度。在石化行业，无人机通过高清图像拍摄石化设备，通过图像识别技术可以自动分析设备的损坏情况、异常情况等，提高了设备巡检的效率和精度。在城市管理领域，无人机巡检图像识别技术可以应用于道路、桥梁、公园等场所的巡检，通过高清图像和图像识别技术可以自动分析场所的损坏情况、异常情况等，提高了城市管理的效率和精度。

10. 图像识别技术在其他领域中的应用

图像识别技术在生物医学图像分析中的应用等领域也发挥着重要作用。它可以自动识别和分类生物医学图像中的特征，提高诊断速度和准确性，降低医疗成本，并为医学研究提供有价值的见解。在犯罪侦查中的应用分析中，图像识别技术可以通过采集图像信息，提取出图像中的特征，然后利用分类算法将特征进行分类，从而实现对图像的识别。在遥感图像识别中，航空遥感和卫星遥感图像通常用图像识别技术进行加工以便提取有用的信息，目前主要用于地形地质探查，森林、水利、海洋、农业等资源调查，灾害预测，环境污染监测，气象卫星云图处理以及地面军事目标识别等。在通信领域的应用包括图像传输、电视电话、电视会议等。在军事刑侦领域的应用如军事目标的侦察，公安部门现场照片、指纹、人像等的处理辨识，历史文字和图片档案的修复和管理等。在机器视觉领域，作为智能机器人的重要感觉器官，机器视觉主要进行 3D 图像的理解和识别，该技术也是目前研究的热门课题之一。机器视觉的应用领域也十分广泛，例如用于军事侦察、危险环境的自主机器人，邮政、医院和家庭服务的智能机器人。此外机器视觉还可用于工业生产中的工件识别和定位，太空机器人的自动操作等。在图片识别技术的应用中，它可以在生活的各个方面得到应用，比如车牌识别、人脸识别、网络内容审核、图像文本识别、图文翻译、移动支付、考试阅卷等。在图像识别深度应用中，持续给智能制造注入新能力，例如云南烟叶复烤有限责任公司技术中心团队基于图像识别技术的深度应用研究，成功研发出一种高效的叶片结构多指标在线无损检测技术及设备，设备一机多能，同时满足叶片结构指标的多维度在线检测，填补了国内外空白。在五个常见的机器视觉应用领域中，图像识别是使用机器视觉来处理、分析和理解图像，以各种不同方式识别目标和对象。图像识别在机器视觉行业中最典型的应用是二维码的识别，机器视觉系统可以方便识别和读取各种材料外观的二维码，大大提高了现代化生产的效率。在视觉识别应用的场景中，AI 视觉识别技术通过对图像进行实时监测和分析，实现各种功能，提高管理的智能化水平。在图像识别垃圾分类系统中，利用深度学习方法设计一个垃圾分类系统，实现对日常生活中常见垃圾进行智能识别分类。在机器视觉的一些应用领域中，图像识别功能非常强大，目前主要识别的内容有人、车辆等各类目标物。在工业领域对带有明确信息的标识进行识别，有助于提高生产效率、降低生产成本。在人体识别图像技术在智能安防中的应用中，人体识别图像技术作为一种有效的生物特征识别技术，被广泛应用于智能安防领域，它可以帮助安保人员更好地掌控人员流动情况，提高安防效率，在人员管控、监控预警、目标追踪、生物特征识别等方面发挥着重要作用。在 AI 视觉识别技术典型应用场景中，AI 视觉识别技术在智慧城市、智慧工业、智慧工地、智慧园区、智慧交通等领域得到了广泛应用，通过对城市中的摄像头图像进行实时监测和分析，实现交通管理、安全监控、环境监测等功能。

综上所述，图像识别技术在各个领域都有着广泛的应用，为人们的生活和工作带来了极大的便利和效益。随着技术的不断发展和进步，图像识别技术的应用领域还将不断拓展和深化。

5.4　语　音　识　别

5.4.1　语音识别概述

语音识别技术，也称自动语音识别（Automatic Speech Recognition，ASR），是以语音为研究对象，通过语音信号处理和模式识别让机器自动识别和理解人类口述的语言或文字的技术。它是一门涉及面很广的交叉学科，与声学、语音学、语言学、信息理论、模式识别理论以及神经生物学等学科都有非常密切的关系。

20 世纪 50 年代，以贝尔实验室成功研制出可以识别 10 个英文数字的实验系统为标志，语音识别技术研究工作正式进入起步阶段。语音识别目前是人工智能领域相对成熟的技术，已经广泛应用于智能助理、语音识别交互、智能家居、金融交易等领域。

语音识别的本质是一种基于语音特征参数的模式识别。一般的模式识别包括预处理、特征提取、模式匹配等基本模块。首先对输入语音进行预处理，包括分帧、加窗、预加重等。其次是特征提取，常用的特征参数包括基音周期、共振峰、短时平均能量或幅度、线性预测系数等。在进行实际识别时，要对测试语音按训练过程产生模板，最后根据失真判决准则进行语音识别。

近年来，随着人工智能的兴起，语音识别技术在理论和应用方面都取得了重大突破，开始从实验室走向市场，已逐渐走进人们的日常生活。现在语音识别已经应用于许多领域，主要包括语音识别听写器、语音寻呼和答疑平台、自主广告平台、智能客服等，如图 5-16 所示。

图 5-16　智能语音识别场景

语音识别软件特别多，可以帮助用户将视频和音频文件转换成文字文本，采用即时人工智能技术，为用户提供高品质、清晰易读的语音识别文稿。例如，作为华为移动服务的核心组件，HMS Core 机器学习服务为开发者提供了一系列强大的 AI 能力，它的实时语音识别服务支持将实时输入的短语音转换为文本，在通用理想环境下的识别准确率可达 95%以上。科大讯飞、搜狗、百度等先后召开发布会，对外公布语音识别准确率均达到 97%。腾讯云语音机器人系统中文语音识别的字准率为 97.40%。全国政协委员李彦宏说，"现在语音识别的准确率能做到 92%，两三年内可以做到 98%"。

5.4.2　语音识别技术的原理

语音识别的原理可以说是高度复杂，但基本上可以概括为两个主要步骤：特征提取和模式匹配。首先，在特征提取阶段，语音识别设备将声音信号转换为计算机能够理解的数字形式。声音实际上是一种波，常见的音频格式如 MP3、WMV 等都是压缩格式，需将其转成非压缩的纯波形文件如 Windows PCM 文件（WAV 文件）来处理。WAV 文件里除了文件头，就是声音波形的一个个点。在开始语音识别前，有时需进行静音切除操作，降低对后续步骤的干扰。然后对声音进行分帧，一般使用移动窗函数实现，每帧通常为 25 毫秒，每两帧之间有 15 毫秒的交叠。分帧后，由于波形在时域上几乎没有描述能力，所以要将波形做变换，常见的一种变换方法是提取梅尔频率倒谱系数（Mel Frequency Cepstral Coefficients，MFCC）特征，把每一帧波形变成一个多维向量，这个向量包含了这帧语音的内容信息，此过程叫作声学特征提取。

接下来介绍两个概念：音素和观察序列。音素是单词发音的构成要素。对英语来说，常用的音素集是卡内基梅隆大学发明的一套由 39 个音素构成的音素集。汉语一般直接用声母和韵母作为音素集，另外汉语识别还分有调音调。声音经过处理后变成了一个多维矩阵，称之为观察序列。生成观察序列之后进行模式匹配，让计算机辨认这个数字化的声学特征向量所代表的语音。这需要将提取的特征与预先存储的语音模型进行比较，找出最匹配的模型。这个语音模型通常是通过大量的训练数据，让计算机学会各种语音特征和其对应的语言模式。通过特征提取和模式匹配的双重步骤，计算机得以理解和识别声音，实现从声音到文本的转化。

5.4.3   语音识别技术的发展历程

语音识别技术的发展历史悠久。1952 年，贝尔实验室成功研制出了世界上第一个能识别 10 个英文数字发音的实验系统——Audry 系统。这个系统虽然在严格控制的条件下识别语音号码的准确率较高，但存在体积大、耗能高、维护问题多等缺点。1962 年，IBM 推出了能够识别数字和简单数学术语的 Shoebox 系统。与此同时，日本的实验室正在开发元音和音素识别器以及第一个语音分词器。20 世纪 70 年代，美国国防部高级研究计划局（Defense Advanced Research Projects Agency，DARPA）资助了语音理解研究（Speech Understanding Research，SUR）项目，该研究的成果包括卡耐基梅隆大学的 HARPY 语音识别系统。HARPY 能从 1011 个单词的词汇表中识别出句子，使这套系统的语音能力相当于三岁儿童的平均水平。HARPY 是最早使用隐马尔可夫模型（Hidden Markov Model，HMM）的语音识别模型之一，这种概率方法推动了 ASR 的发展。20 世纪 80 年代，随着 IBM 的实验转录系统 Tangora 的出现，语音到文本工具的第一个可行使用案例出现了。经过适当的训练，Tangora 可以识别并输入 2 万个英语单词。但对于商业用途来说，该系统仍然过于笨重。

20 世纪 90 年代到 21 世纪 10 年代，个人电脑和无处不在的网络为 ASR 的创新创造了新视角。1990 年，Dragon Dictate 作为第一款商用语音识别软件面世，当时成本约为 9000 美元。1992 年，贝尔实验室推出了语音识别呼叫处理（Voice Recognition Call Processing，VRCP）服务。2007 年，谷歌 VoiceSearch 向大众提供了语音识别技术，同时收集了数百万网络用户的语音数据，作为机器学习的培训材料。苹果（Siri）和微软（Cortana）紧随其后。在 21 世纪 10 年代早期，深度学习、循环神经网络（Recurrent Neural Network，RNN）和长短期记忆（Long Short-Term Memory，LSTM）的出现，导致 ASR 技术能力的超空间飞跃。

在数十年的发展基础上，为了响应用户日益增长的期望，语音识别技术在过去五年中取得了进一步的飞跃。优化了不同的音频保真度和苛刻的硬件要求的解决方案，使语音识别技术通过语音搜索和物联网等方式在日常使用中变得更为方便。

5.4.4   语音识别技术的算法

1. 传统语言识别算法

传统语音识别算法主要基于模式识别理论和数学统计学方法。其基本步骤包括预处理、特征提取、建模和解码等。

在预处理阶段，将原始语音信号进行采样、滤波、分段等处理，转换为数字信号。常用的滤波器是带通滤波器，其目的有两个：一是抑制输入信号中频率超出采样频率一半的所有分量，防止混叠干扰；二是抑制 50Hz 的电源工频干扰。

特征提取常用的方法有 MFCC、感知线性预测（Perceptual Linear Predictive，PLP）等。MFCC 捕捉音频信号的功率谱，从本质上识别每个声音的独特之处。首先通过放大高频来平衡信号使其更清晰，然后将信号分成短帧，持续时间在 40 毫秒到 200 毫秒之间，再对这些帧进行分析以了解它们的频率成分。通过应用一系列模拟人耳如何感知音频的滤波器（如 MFCC），捕捉语音信号的关键、可识别的特征，最后将这些特征转换成声学模型可以使用的数据格式。PLP 旨在尽可能地模拟人类听觉系统的反应，与 MFCC 类似，PLP 过滤声音频率以模拟人耳。在经过过滤之后，动态范围被压缩，以反映人们的听觉对不同音量的不同反应。最后一步是估计频谱包络线，捕捉语音信号最基本特征。

建模阶段常用的模型包括 HMM、高斯混合模型（Gaussian Mixture Model，GMM）等。HMM 将时间序列看作一系列状态之间的转化，并用概率模型描述状态之间的转化。

解码是语音识别的核心阶段，目标是找到最大可能性的词序列，即将给定的语音信号转换为最可能的文本。常用的解码算法有 Viterbi 算法等。

传统语音识别算法在小词汇量、孤立字（词）识别系统中有较好的表现，例如利用频率尺度的动态时间规整（Dynamic Time Warping，DTW）算法进行孤立字（词）识别。常见的传统语音识别算法还有基于参数模型的 HMM 方法，该方法主要用于大词汇量的语音识别系统，需要较多的模型训练数据、较长的训练和识别时间，而且还需要较大的内存空间。一般连续 HMM 要比离散 HMM 计算量大，但识别率要高。基于非参数模型的矢量量化（Vector Quantization，VQ）的方法，所需的模型训练数据少、训练和识别时间短、工作存储空间小，在孤立字（词）语音识别系统中得到了很好的应用。

2. 深度学习语言识别算法

在深度学习领域，语音识别的核心算法主要包括卷积神经网络、循环神经网络（Recurrent Neural Network，RNN）、长短期记忆网络、注意力机制（Attention）等。

卷积神经网络主要应用于图像识别和语音处理。通过卷积层提取语音信号的时频特征，可以有效提高语音识别的准确性。例如在语音识别中，卷积神经网络可以对语音信号进行预处理，如滤波、归一化等，然后使用卷积层提取特征，如时域特征、频域特征等，再使用池化层减少特征维度，最后使用全连接层进行分类。

循环神经网络适用于处理序列数据，如语音信号。循环神经网络通过其内部的循环结构，可以捕捉语音信号中的时间依赖关系，从而提高语音识别的性能。

长短期记忆网络是循环神经网络的一个变种，旨在解决循环神经网络的梯度消失和梯度爆炸问题。长短期记忆网络通过其特殊的记忆单元，可以更好地捕捉语音信号中的长期依赖关系，从而提高语音识别的准确性。

注意力机制（Attention）可以让模型更加关注输入数据中的重要部分，提高语音识别的效果。

3. 语音识别特征提取技术

语音识别特征提取技术包括以下几种。

（1）语音信号的预处理。语音信号的预处理主要包括去除噪声、降低语音信号的带宽、对语音进行分段等操作。例如在进行任何识别之前，机器必须将人们产生的声波转换成它们能理解的格式，这个过程称为预处理和特征提取。首先对语音信号进行滤波、A/D 变换，预加重和端点检测等预处理，然后才能进入识别、合成、增强等实际应用。

（2）常用的特征提取方法。常用的特征提取方法如短时能量、短时过零率、MFCC 等。MFCC 和 PLP 系数是两种最常见的特征提取技术。MFCC 捕捉音频信号的功率谱，从本质上识别每个声音的独特之处；PLP 旨在尽可能地模拟人类听觉系统的反应，过滤声音频率以模拟人耳，在经过过滤之后，动态范围被压缩，以反映人们的听觉对不同音量的不同反应，最后一步是估计频谱包络线，捕捉语音信号最基本特征。

（3）音素识别。音素识别是指将语音信号分成若干个音素进行识别，常用的方法是 HMM。

（4）神经网络提取特征。Tandem 特征是神经网络输出层节点对应类别的后验概率向量降维并与 MFCC 或者 PLP 等特征拼接得到；Bottleneck 特征是用一种特殊结构的神经网络提取，这种神经网络的其中一个隐含层节点数目比其他隐含层小得多，所以被称为 Bottleneck（瓶颈）层，输出的特征就是 Bottleneck 特征。

（5）基于滤波器组的 Fbank 特征（Filterbank）。基于 Fbank 的语音数据特征提取是一种广泛使用的语音特征提取方法，它通过一系列处理步骤来捕捉语音信号的关键特征。主要步骤包括：预加重、分帧、加窗、离散傅里叶变换、Mel 滤波器组和倒谱。基于 Fbank 的语音数据特征提取是一种高效且符合人类听觉原理的方法。

5.4.5　语音识别系统的工作流程

语音识别系统的工作流程较为复杂，主要分为以下几个步骤。

首先，分析和处理语音信号，去除冗余信息。这一步骤旨在对采集到的语音信号进行初步筛选，以提高后续处理的效率。其次，获取影响语音识别的重要信息和表达语言含义的特征信息。通过对语音信号进行处理，提取出关键特征，为后续的识别工作提供依据。然后，围绕特征信息，用最小单元识别单词。在这一阶段，系统根据提取的特征信息，对语音中的单个单词进行识别。接着，根据不同语言的各自语法，按顺序识别单词。不同语言有不同的语法规则，系统需要依据这些规则来正确识别单词的顺序，把握前后含义为协助识别鉴定标准，有利于分析识别。利用上下文的含义，可以提高识别的准确性。随后，根据语义分析，将重要信息划分为段落，取出被识别的单词并相互连接，并根据句子的含义调整句子的组成。最后，整合词义，具体分析前后文的相互依存，适当调整目前正在处理的句子。

具体来说，一个完整的语音识别系统的工作过程分为以下七个步骤：

（1）对语音信号进行分析和处理，去除冗余信息。

（2）获取影响语音识别的重要信息和表达语言含义的特征信息。

（3）围绕特征信息，用最小单元识别单词。

（4）根据不同语言的各自语法，按顺序识别单词。

（5）把前后含义为协助识别鉴定标准，有利于分析识别。

（6）根据语义分析，将重要信息划分为段落，取出被识别的单词并相互连接，并根据句子的含义调整句子的组成。

（7）整合词义，具体分析前后文的相互依存，适当调整目前正在处理的句子。

例如，腾讯云语音识别流程主要包括以下几个步骤：

（1）音频采集。通过麦克风或其他音频设备采集用户的语音输入。

（2）音频预处理。对采集到的音频进行预处理，包括降噪、去除回声等操作，以提高语音识别的准确性。

（3）特征提取。从预处理后的音频中提取特征。

（4）声学模型训练。使用大量标注好的语音数据，通过机器学习算法训练声学模型，建立语音特征与文本之间的映射关系。

（5）语言模型训练。使用大量文本数据，通过机器学习算法训练语言模型，建立文本的概率分布模型。

（6）解码与识别。将特征序列输入声学模型和语言模型，通过解码算法计算出最可能的文本输出。

（7）后处理。对识别结果进行后处理，包括语法纠错、断句、标点等操作，以提高识别结果的准确性和可读性。

除上述工作流程外语音识别系统还需要进行以下几项工作。

（1）去除冗余信息。语音识别系统在去除冗余信息方面起着至关重要的作用。首先，对输入的语音信号进行预处理，这个过程就像是对原始材料进行初步筛选。预处理包括过滤掉不重要的信息及噪声，如环境中的背景杂音、轻微的电流声等。进行端点检测，找出语音信号的始末，准确确定语音的开始和结束位置，避免将不必要的静音部分纳入后续处理。同时，进行语音分帧以及预加载，一般认为时长在 10～30 毫秒内的语音信号是短时平稳的，将语音信号分割为一段一段进行分析，并提升高频部分，使语音信号的特征更加明显。通过这些步骤，语音识别系统有效去除了对语音识别无用的冗余信息，为后续的处理提供了更加纯净的语音信号。

（2）获取特征信息。语音识别系统获取特征信息是一个关键环节。在对语音信号进行处理后，需要提取出能够反映语音本质特征的信息。首先，去除语音信号中对于语音识别无用的冗余信息，保留关键特征。例如，从语音信号中提取出的时域特征，如自相关函数、方差、峰值等，可以描述语音信号的短期波形特征。频域特征如傅里叶变换、快速傅里叶变换、波束傅里叶变换等，可以描述语音信号的频域特征。时频域特征如短时傅里叶变换、波形分解、时频图等，以及高级特征如语言模型、语音模型、语音合成等，都为后续的语音识别提供了重要依据。通过这些特征的提取，语音识别系统能够更好地理解语音信号的本质，为准确识别字词奠定基础。

（3）用最小单元识别单词。语音识别系统利用最小单元识别单词是一个复杂而精细的过程。首先，系统对处理后的语音信号紧扣特征信息，将其分解为最小单元。在这个过程中，系统会将语音信号从时域转换到频域，为声学模型提供合适的特征向量。声学模型根据声学特征计算每个特征向量在声学特征上的得分，从而识别出语音中的音素、单词或短语。通过对最小单元的识别和组合，语音识别系统逐步构建出单词的识别结果。

（4）按照语法识别单词。语音识别系统按照不同语言的各自语法，依照先后次序识别字词。在识别过程中，系统会根据语言的语法规则，分析语音信号中的字词顺序和结构。例如，对于英语句子，系统会根据英语的语法规则，识别出主语、谓语、宾语等成分，从而确定单词的正确含义和位置。对于汉语句子，系统会考虑词语的搭配、词性等因素，按照语法规则进行字词的识别。同时，系统还会结合语言模型，根据语法和词汇的相互关系，提高字词识别的准确性。通过这种方式，语音识别系统能够更加准确地识别出语音中的单词，并理解其在句子中的作用。

（5）利用上下文协助识别。语音识别系统把上下文当作辅助识别条件，有利于分析和识别。在识别过程中，系统不仅仅关注单个字词，还会考虑前后字词的含义和语境。例如，当识别到一个单词时，系统会根据前后单词的含义来推测当前单词的正确含义。如果前后单词的含义相互矛盾，系统会重新评估当前单词的识别结果。此外，系统还会利用上下文的信息来判断句子的完整性和合理性。例如，当识别到一个不完整的句子时，系统会根据前后句子的内容来推测缺失的部分，从而提高识别的准确性。通过利用前后含义的辅助识别，语音识别系统能够更加准确地理解语音信号的含义，提高语音识别的质量。

（6）划分段落并调整句子。语音识别系统按照语义分析，给关键信息划分段落，提取出所识别的字词并连接起来，同时根据语句意思调整句子构成。在这个过程中，系统会对识别出的字词进行语义分析，确定其在句子中的作用和含义。然后，根据语义将关键信息划分段落，使句子的结构更加清晰。例如，对于一个长句子，系统会根据语义将其划分成几个小段落，每个段落表达一个相对独立的意思。同时，系统会根据语句的意思调整句子构成，使句子更加通顺和合理。例如，调整词语的顺序、添加适当的连接词等，使句子更加符合语法规则和语言习惯。通过这种方式，语音识别系统能够提高语音识别的准确性和可读性。

（7）整合词义并调整句子。语音识别系统结合语义，仔细分析上下文的相互联系，对当前正在处理的语句进行适当修正。在这个过程中，系统会综合考虑整个文本的语义，整合词义，使句子的含义更加准确和完整。例如，当识别到一个多义词时，语音识别系统会根据上下文的含义来确定其正确的词义。同时，系统会对当前正在处理的语句进行适当修正，例如纠正错别字、调整语法错误等。此外，系统还会根据语义的连贯性和逻辑性，对句子进行进一步的优化和调整，使整个文本更加通顺和自然。通过这种方式，语音识别系统能够提高语音识别的质量和准确性，为用户提供更加优质的语音识别服务。

总之，语音识别系统的工作流程是一个复杂而精细的过程，涉及多个环节的协同工作。通过去除冗余信息、获取特征信息、用最小单元识别单词、按语法识别单词、利用上下文协助识别、划分段落并调整句子以及整合词义并调整句子等步骤，语音识别系统能够将语音信号准确地转换为文本，为用户提供高效、准确的语音识别服务。随着技术的不断发展，语音识别系统的性能将不断提高，为人们的生活和工作带来更多的便利。

5.4.6 声纹识别

声纹识别是一种通过声音判别说话人身份的技术，也称为说话人识别，包括说话人辨认和说话人确认。不同的任务和应用会使用不同的声纹识别技术，如缩小刑侦范围时可能需要说话人辨认技术，而银行交易时则需要说话人确认技术。声纹识别就是把声信号转换成电信号，再用计算机进行识别。

声纹具有唯一性和独特性，是在说话人发声时提取出来的，可以作为说话人的表征和标识，能与其他人相互区别。每个人的语音声学特征既有相对稳定性，又有变异性，不是绝对的、一成不变的。这种变异可来自生理、病理、心理、模拟、伪装，也与环境干扰有关。尽管如此，由于每个人的发音器官都不尽相同，因此在一般情况下，人们仍能区别不同的人的声音或判断是否是同一人的声音。

声纹识别技术原理是利用声音的独特性来识别人物的，通过对个人语音的一些特征（如声调、语速、语调、频率等）进行分析和比对，以识别个人身份。其过程首先要进行声纹识别，需先有语音材料，事先上传语音进行身份注册。系统会将测试语音和所知道的语音进行比对，通过分析语音的特征，提取特征值，将一条语音变成很多个 13 维的特征值数组。然后利用 K 最邻近（K Nearest Neighbor，KNN）算法求出点与点之间的距离，距离越近则说明两个语音之间的相似度越高，以找出两个最相似的语音。

声纹识别有着诸多优势，比如声纹语料收集方式自然，无须进行特定动作，不受光线或隐私等特定场景的约束，人们接受度更高；获取语音的识别成本低廉，收集方式简单，一个麦克风即可；适合远程身份确认；声纹辨认和确认的算法复杂度低；配合一些其他措施，如通过语音识别进行内容鉴别等，可以提高准确率。

目前，声纹识别技术应用广泛。在金融领域，其可作为用户远程注册和密码找回环节中的辅助验证，在信贷申请环节可用于防欺诈，准确率可达 99%。在公检法领域，声纹识别作为视觉线索的补充，在司法诉讼、反电信诈骗、治安防控、侦查破案、执法监督、网络安全等诸多环节发挥着重要作用。在门禁考勤系统中，其可实现无需携带任何物品的验证流程，能有效防止代打卡现象。在笔记本电脑交互方面，华为 MateBook X Pro 已支持声纹识别技术，为用户带来新的交互体验。此外，声纹识别技术在智能安防和智能家居设备中也有应用，如部分高级智能门禁、智能识别系统等智能家居设备已搭载声纹识别系统。随着技术的发展，声纹识别技术未来会向"声纹+智能"以及多模态识别的方向发展。

5.4.7　声纹识别的技术原理

声纹识别是一种生物识别技术，它把声信号转换成电信号，再用计算机进行识别。人类语言的产生是人体语言中枢与发音器官相合配合的复杂的动作过程，不同人的发声器官在尺寸和形态方面差异很大，所以每个人的声纹图谱都不同。

声纹具有稳定性、可测量性、唯一性等特点，是由波长、频率以及强度等百余种特征维度组成的生物特征。在实际分析中，可通过波形图和语谱图进行展现。声纹识别的关键技术主要有两点：一是语音特征参数提取技术，要从讲话人的语音中提取出特定器官结构、行为习惯的特征参数，该参数较为稳定，不易模仿、抗噪声性强；二是模式匹配识别判断技术，先获取跟讲话人个性相关的特征参数，再根据一定准则，将未识别的特征参数与模型库中训练好的模型进行特征匹配，根据相似度得出最匹配结果并输出，常用矢量化模型、随机模型、神经网络模型等。

例如，每个人的语音声学特征既有相对稳定性，又有变异性，但由于发音器官不尽相同，一般情况下人们仍能区别不同人的声音。声纹识别主要体现在共鸣方式特征（咽腔共鸣、鼻腔共鸣和口腔共鸣）、嗓音纯度特征（高纯度、低纯度和中等纯度）、平均音高特征（嗓音高亢或低沉）、音域特征（声音饱满或干瘪）等方面。

5.4.8　声纹识别的优点

声纹识别相对其他生物特征识别有一些特殊优势。首先，声纹识别不需要接触，人们易接受，可以用于远程领域，声音采集通过麦克风或电话、手机即可完成。其次，获取语音的识别成本低廉，只需要一个麦克风就可以完成声纹识别，与人脸识别和指纹识别相比成本更低。再者，声纹蕴含信息丰富，具有较高安全特性，且不易篡改。同时，声纹语料收集方式自然，无须进行特定动作，不受光线或隐私等特定场景约束，人们接受度更高；声纹识别可以随机改变朗读内容，不易被复制或盗用。被识别人不需要近距离接触识别设备，声纹可以通过电话、App 等渠道传达语音到后台进行识别，并且可以在用户语音对话过程中自动完成识别，使用成本低而且方便快捷。

5.4.9 声纹识别的应用领域

声纹识别作为一种先进的生物识别技术，在多个领域都展现出了巨大的应用潜力。它以其独特的技术原理、显著的优势，在金融、公共安全、门禁考勤等领域发挥着重要作用，为人们的生活和工作带来了更多的便利和安全保障。

1. 声纹识别在金融领域的应用

在金融领域，声纹识别技术应用广泛。例如，中国建设银行自 2015 年 7 月起在手机银行和自动取款机（Automated Teller Machine，ATM）上推出了声纹验证服务，用户通过准确说出随机动态码，系统录制语音信息，验证声纹及随机动态码后，就能进行转账、支付等交易。截至目前，声纹用户已突破 100 万，日均交易 17 万笔，未发生一例声纹识别风险事件。

此外，中国人民银行正式发布了金融行业第一个生物识别技术标准《移动金融基于声纹识别的安全应用技术规范》（JR/T 0164—2018），标志着以声纹识别为代表的生物特征识别技术首次得到金融监管部门的认可。在金融领域，很多高频应用场景对用户体验方面的需求较高，声纹识别验证方式相对便捷，声音信息一般不涉及用户隐私问题，用户接受度比较高。同时，声纹不易篡改，综合利用声音中蕴含的丰富信息可以具备较高的安全特性。

2. 声纹识别在公共安全领域的应用

声纹识别技术在公共安全领域的应用价值日益凸显，特别是在一些语言证据是唯一或有关证据的案件中，声纹识别技术发挥着不可替代的作用。声纹是通过声谱仪对语音纹理的描录，声纹鉴定又称语声鉴定，对有声言语进行个人识别的专门技术。把作案人和嫌疑人的说话录音分别通过语图仪转换成条带状或曲线形语图，根据语图所反映的音频、音强与时间等语音特性进行比较，就嫌疑人是否为作案时的言语人做出鉴别与判断。它能为确定案件性质、提供破案线索、印证其他证据、话者同一认定起到重要作用。

成年以后，人的声音可保持长期相对稳定不变。即使故意模仿他人声音和语气，或故作耳语、轻声讲话，其声纹却始终相同。鉴于声纹的这些特征，办案中可以将获取的犯罪嫌疑人的声纹，通过声纹识别技术进行检验对比，为侦查破案提供可靠的证据。声纹识别技术能够为公安行业带来突破，助力科技强警，为案件侦破过程提供新的线索和证据，对于提高办案效率，优化办案方式，提高办案质量，提升案件侦破能力等都将起到积极的推动作用。

3. 声纹识别在门禁考勤系统中的应用

声纹识别在门禁考勤系统中有广泛应用。例如，使用声纹识别结合其他生物识别作为门禁系统的开锁方式，可实现无需携带任何物品的验证流程，实现芝麻开门的场景。在考勤系统中，使用声纹识别结合其他生物识别进行考勤，成本较低，能有效防止代打卡现象，特别适合大规模流动性较高的群体的考勤场景。

声纹识别技术基于声纹 1:1 比对和 1:N 检索，结合声纹数字内容验证，仅当声纹和内容均匹配时才能核验成功。支持声纹自由说话，不限说话内容，用户可自由输入 1～2 分钟的有效音频，实现声纹注册。认证结果安全有效，依据精确的声纹模型，实现精准认证，1:1 声纹验证场景下，声纹识别准确率可达 85%。

5.5　自然语言处理

5.5.1　自然语言处理概述

自然语言处理（Natural Language Processing，NLP）是计算机科学、人工智能和语言学的交叉领域，致力于使计算机能够理解、分析、处理、生成自然语言，并根据语言执行相关任务。

NLP 技术涉及多个方面。在文本处理方面，NLP 技术包括分词、词性标注、句法分析、命名实体识别等任务，还可进行文本的清洗、归一化、标准化和预处理。例如，中文分词可将连续的自然语言文本切分成具有语义合理性和完整性的词汇序列；词性标注为自然语言中的每个词赋予一个词性，如动词、名词、副词；命名实体识别即专有名词识别，可识别自然语言文本中具有特殊意义的实体，如人名、机构名、地名。在语音识别方面，NLP 技术可以将人类语音转换为文本形式，使计算机能够理解和处理口头语言。在语言理解方面，NLP 技术致力于使计算机能够理解人类语言的含义和语境，包括语义分析、语义角色标注、指代消解等。在机器翻译方面，NLP 可以实现将一种语言自动翻译成另一种语言，使得计算机能够在不同语言之间进行交流和理解。在信息检索方面，NLP 技术可以帮助计算机从大规模的文本数据中提取有用的信息，并进行相关性排序和检索。在自动摘要方面，NLP 能够从大量文本中提取重要信息，生成简洁准确的文本摘要，方便人们快速了解文本内容。在情感分析方面，NLP 可以分析文本中的情感倾向和情感态度，帮助人们了解和评估情感。

自然语言处理的发展历程漫长。早期主要采用基于规则的方法，后随着技术发展，基于统计的方法逐渐兴起。如今，随着人工智能和大数据技术的快速发展，特别是深度学习技术的不断进步，NLP 在机器翻译、智能客服、智能写作、智能搜索、情感分析等方面的应用正在快速发展，且在医疗健康、金融科技、教育和新媒体等领域也得到广泛应用。未来，NLP 的发展趋势包括深度学习、跨语言处理、非结构化数据的处理、个性化和智能化、多模态处理、语义理解和推理、隐私保护等多个方面。

5.5.2　自然语言处理的发展过程

自然语言处理的发展历程可追溯至 20 世纪。早期，艾伦·图灵在 20 世纪 40 年代就预见了计算机在自然语言研究中的重要角色，1950 年他提出著名的图灵测试，为计算机处理自然语言奠定了理论基础。20 世纪 50 年代的机器翻译研究标志着自然语言处理的重要开端。

萌芽期（1956 年以前）是自然语言处理的基础研究阶段。人类积累的数学、语言学和物理学知识为计算机诞生及自然语言处理提供了理论基础。图灵在 1936 年提出图灵机概念，促使 1946 年电子计算机的诞生，为机器翻译和自然语言处理提供了物质基础。这一时期，克劳德·艾尔伍德·香农（Claude Elwood Shannon）把离散马尔可夫过程的概率模型应用于描述语言的自动机，并引入熵的概念用于语言处理的概率算法。斯蒂芬·科尔·克莱尼（Stephen Cole Kleene）研究了有限自动机和正则表达式，诺姆·乔姆斯基（Noam Chomsky）提出了上下文无关语法并运用到自然语言处理中。同时，这一时期还取得了一些研究成果，如 1946 年鲁道夫・科格尼（Rudolph Köenig）进行了声谱研究，1952 年贝尔实验室开展语音识别系统研究，1956 年人工智能的诞生为自然语言处理翻开新的篇章。

快速发展期（1957—1970 年），自然语言处理融入人工智能研究领域，分为基于规则和基于概率两大阵营，开始飞速发展。

低谷的发展期（1971—1993 年），自然语言处理在这一时期发展相对缓慢。

复苏融合期（1994 年至今），1994 年统计机器翻译技术取得显著突破，尽管机器阅读速度比人类快 400 倍，但仍无法媲美人类的翻译能力。近年来，深度学习和神经网络的兴起，尤其是 RNN、LSTM 和 Transformer 模型等的应用，极大地提高了对复杂语言结构和含义的处理能力。从 BERT 模型到 ChatGPT，自然语言处理技术不断创新。BERT 模型由谷歌于 2018 年发布，提出了预训练思想，使用 Transformer 的编码器作为基础架构，能解决语法错误判别、情感分析等多种实际问题。ChatGPT 在文本生成方面效果显著提高，与 BERT 模型相比，其重点突破了自然语言生成任务。

5.5.3　自然语言处理的关键技术

自然语言处理的关键技术包括词法分析、句法分析、词义分析和语境分析等。

词法分析分为词型和词汇两个方面。词型分析主要是对单词的前缀、后缀进行分析，而词汇分析主要是对整个词汇系统的控制。通过词法分析可以更好地理解单词的构成和含义。

句法分析是对输入自然语言进行词汇短语的分析目的是识别句子的句法结构，实现全自动句法分析过程。句法分析可以帮助计算机理解句子的语法结构，从而更好地理解句子的含义。

词义分析是一种自然语言语义的分析法，涉及单词、词组、句子以及段落等各个方面。通过词义分析可以确定词语的准确含义，避免歧义。

语境分析是查询语篇以外的知识，更正解释所要查询语言的技术，包括一般知识、特定领域知识等。语境分析可以帮助计算机更好地理解语言的含义，提高自然语言处理的准确性。

此外，机器学习也是自然语言处理的核心技术之一。常用的机器学习算法包括决策树、支持向量机和神经网络等。决策树是一种用于分类和回归的算法，通过树形结构的决策过程来做出预测。支持向量机是一种用于分类和回归的算法，通过找到最佳的决策边界来区分不同类别的数据。神经网络是一种模拟人脑结构的算法，由多个层次的节点组成，每个节点通过加权的方式与其他节点连接，从而实现复杂的模式识别。

数据分析与处理包括文本预处理（如分词、词性标注）、特征提取（如 TF-IDF、词嵌入）等步骤。分词是将一段连续的文本切分成单独的词语；词性标注是为每个词语标注其词性，如名词、动词等；TF-IDF 是一种常用的特征提取方法，通过计算词语在文档中的频率和其在整个语料库中的逆文档频率来衡量词语的重要性；词嵌入是一种将词语转换为向量表示的方法，使其可以在高维空间中进行数学运算和比较。

语言模型是自然语言处理系统的核心组件。近年来，基于深度学习的语言模型（如 GPT-4、BERT）已经取得了显著的进展，这些模型可以生成具有上下文理解能力的自然语言文本。GPT-4 是一种基于 Transformer 架构的生成式预训练模型，能够生成高质量的自然语言文本。BERT 是一种基于 Transformer 架构的双向编码表示模型，通过掩码语言模型和下游任务的联合训练，实现了卓越的语言理解能力。

5.5.4　自然语言处理的应用领域

自然语言处理在许多领域都有广泛应用。在聊天机器人方面，可利用自然语言处理技术开发智能聊天机器人，使其能够理解和回答用户的问题。

在智能客服领域，自然语言处理可以用于开发智能客服系统，自动回答用户问题或提供相关帮助。在企业级市场中，智能客服可以应用于客户服务、技术支持、销售等多个领域，提高服务效率和质量。

在自然语言翻译领域，自然语言处理可用于开发自动翻译系统，将一种语言的文本翻译成另一种语言。随着全球化的推进和多语言环境的日益普及，自然语言翻译的需求不断增长。

在智能写作领域，自然语言处理可以用于开发智能写作工具，自动生成高质量的文章或文本。例如，在新闻报道领域，智能写作工具可以根据给定的主题和关键词，快速生成新闻稿件。

在文本分类领域，自然语言处理可用于对文本进行分类，如将新闻文章分类到不同主题或将电子邮件分类为垃圾邮件或非垃圾邮件。在情感分类中，常用类别标签表示源文本的情绪色调，如"积极"或"消极"。

在命名实体识别领域，自然语言处理可以用于识别文本中的命名实体，如人名、地名、组织名等。在信息检索中，命名实体识别可以帮助用户更准确找到所需内容。

在情感分析领域，自然语言处理通过计算机自动分析和处理文本中的情感信息，在社交媒体分析、在线评论分析、品牌声誉管理和客户服务等领域有广泛应用。

在信息抽取领域，从非结构化文本中提取结构化信息。实体关系抽取是信息抽取的核心任务之一，对构建知识图谱至关重要。知识图谱可在信息检索、智能问答、推荐系统等领域发挥重要作用。

在语音识别领域，自然语言处理可用于将语音转换为文本，使计算机能够理解和处理语音输入。例如，在智能语音助手、语音搜索等应用中，语音识别技术发挥着重要作用。

5.5.5　企业级自然语言处理平台的优势

企业级自然语言处理平台具有多方面的优势。首先，自然语言处理技术在企业级市场的应用可以提高服务效率和质量。例如，在智能客服领域，企业级自然语言处理平台可以实现 24 小时不间断服务，无需人工干预，快速响应用户需求，提高客户满意度。

其次，自然语言处理技术可以为企业提供更丰富、更准确的语言理解能力。多模态学习结合多种类型的数据（如文本、图像、声音等）使企业级自然语言处理平台能够理解和处理来自不同模态的信息。随着物联网和智能家居的发展，多模态数据的获取变得更加容易，为企业级自然语言处理平台提供了新的挑战和机遇。

再者，企业级自然语言处理平台可以帮助企业实现信息抽取，从非结构化文本中提取结构化信息。实体关系抽取技术对于构建知识图谱至关重要，知识图谱可以提供丰富的语义信息，帮助企业更准确地找到所需内容。在智能问答、推荐系统等领域，知识图谱也发挥着重要作用。

此外，自然语言处理技术在企业级市场的应用还可以帮助企业提升运营效率和效益。自然语言处理就是以电子计算机、编程语言为工具对人类特有的书面和口头形式的自然语言信息进行各种类型处理和加工的技术。例如，金蝶 AI 服务云助力企业实现各个应用场景的智能化，帮助企业提升体验、优化流程、节约成本及降低风险，打造企业级 AI 服务。

5.5.6 自然语言处理技术的发展趋势

自然语言处理技术未来的发展趋势呈现多方面特点。深度学习和神经网络将进一步应用于自然语言处理领域，未来的自然语言处理研究将继续探索如何利用深度学习模型来处理更复杂的语言任务，如情感分析、机器翻译和文本摘要。随着模型的不断优化和训练数据的增加，自然语言处理系统在理解和生成自然语言方面的能力将得到显著提升。

多模态学习将得到发展。结合多种类型的数据（如文本、图像、声音等）来提高自然语言处理系统的性能。随着物联网和智能家居的发展，多模态数据的获取变得更加容易，这为自然语言处理提供了新的挑战和机遇。未来的自然语言处理系统需要能够理解和处理来自不同模态的信息，以提供更丰富、更准确的语言理解能力。

对低资源语言的研究将变得越来越重要。世界上有数千种语言，但大多数自然语言处理研究都集中在少数几种主流语言上。随着全球化的发展，对低资源语言的研究变得越来越重要。未来的自然语言处理研究需要开发新的算法和技术，以适应这些语言的数据稀疏性和复杂性。

可解释性和伦理问题将日益受到关注。随着自然语言处理系统在各个领域的应用越来越广泛，其可解释性和伦理问题也日益受到关注。未来的自然语言处理研究需要关注如何提高模型的透明度和可解释性，以及如何处理与隐私、偏见和歧视相关的问题。这将涉及跨学科的研究，包括计算机科学、语言学、心理学和伦理学等。

跨语言和跨文化的理解将变得更加重要。随着全球化的加速，跨语言和跨文化的理解变得越来越重要。未来的自然语言处理研究将需要开发能够理解和处理不同语言和文化背景的系统。这不仅涉及语言的翻译，还包括对文化差异和语境的理解。

此外，从技术发展角度看，语义表示将从符号表示向分布表示转变，将词汇表示为连续、低维、稠密的向量，从而可以计算不同层次的语言单元之间的相似度。这种方法可以被神经网络直接使用，为自然语言处理带来很大转变。当端到端的数据量非常充分时，可能无需句法分析，也能进行信息抽取。但当端到端的数据不充分时，人为划分层次可能仍然必要。

自然语言处理在未来将继续保持高速发展态势，不断创新和突破，为人们的生活和工作带来更多便利和价值。

自然语言处理作为一门涉及多个学科领域的技术，在过去几十年中取得了显著的发展。从早期的基础研究到如今的深度学习和多模态学习，自然语言处理在应用领域不断拓展，关键技术不断创新，企业级应用优势日益凸显，未来发展趋势也充满了机遇和挑战。随着技术的不断进步和全球化的加速，自然语言处理将在更多领域发挥重要作用，为人们的交流和合作提供更强大的支持。

5.6　知　识　图　谱

5.6.1　知识图谱概述

知识图谱是一种拥有极强表达能力和建模灵活性的语义网络，它以符号形式描绘现实世界中的各种概念及其相互关系，本质上是一种精细化的语义知识库。

知识图谱可以被视为由节点和边构成的图，节点代表物理世界中的实体或概念，边代表实体或概念之间的语义关系。它是一个结构化的语义知识库，用于存储实体之间的关系和属性，通过图形方式组织信息，使数据之间的连接变得直观可操作。例如，在社交网络图谱里，可以有人和公司的实体，人和人之间可以是朋友或同事关系，人和公司之间可以是现任职或曾任职关系。

知识图谱的起源可追溯到 20 世纪中叶的语义网络，20 世纪 70 年代知识工程推动专家系统和知识库发展。随着知识库规模扩大，RDF 和 OWL 等语言应运而生。21 世纪 10 年代，知识表示学习成为热点，2012 年谷歌推出知识图谱，引领智能化搜索引擎发展。此后，深度学习技术的进步为知识图谱带来新机遇，知识图谱补全和动态更新技术不断涌现，多模态知识图谱也整合不同信息源。

知识图谱具有多方面的应用价值。在信息检索方面，它能实现概念检索，以图形化方式向用户展示结构化知识，让用户从人工过滤网页中解脱出来。在智能决策方面，知识图谱可分析实体间复杂关系和模式，揭示业务趋势、市场机会和潜在风险，如帮助金融机构识别欺诈行为、支持供应链优化等。在人工智能应用方面，知识图谱为 AI 提供深厚知识基础和上下文理解能力，应用于自然语言处理、机器学习和推荐系统等领域，如聊天机器人可通过查询知识图谱提供详细回答或推荐。此外，知识图谱还能促进跨领域知识融合，整合不同领域和来源的信息，在科学研究、医疗健康、环境保护等领域发挥重要作用。

5.6.2　知识图谱的产生及发展过程

知识图谱的起源可以追溯到 20 世纪 50 年代末至 60 年代初语义网络的诞生。当时语义网络被当作自然语言机器翻译的工具，后在 1968 年由奎林（J.R.Quilian）深化概念，明确其是用图来表示知识的结构化方式。此后，知识图谱的发展历经多个阶段。

起源阶段（1955—1977 年），尤金·加菲尔德（Eugene Garfield）提出将引文索引应用于检索文献的思想，德瑞克·约翰·德索拉·普莱斯（Derek John de Solla Price）指出引证网络类似于科学发展的"地形图"，分析引文网络成为研究当代科学发展脉络的常用方法。同时，奎林提出语义网络，作为人类联想记忆的公理模型，后用于自然语言理解和表示命题信息。

发展阶段（1977—2012 年），美国计算机科学家爱德华·费根鲍姆（B.A. Feigenbaum）首次提出知识工程的概念，以专家系统为代表的知识库系统被广泛研究和应用。1991 年，尼彻斯（R.Niches）等人提出构建智能系统的新思想，包括知识本体和问题求解方法。自 1998 年万维网之父蒂姆·伯纳斯·李（Tim Berners Lee）提出语义网，随着链接开放数据规模激增，知识表示和知识组织被深入研究。

繁荣阶段（2012 年至今），2012 年谷歌提出 Google Knowledge Graph，知识图谱正式得名。知识图谱强调语义检索能力，关键技术包括从互联网网页中抽取实体、属性及关系，旨在解决自动问答、个性化推荐和智能信息检索等问题。目前，知识图谱技术正逐渐改变现有的信息检索方式，主流搜索引擎都在采用知识图谱技术提供检索信息。

5.6.3　知识图谱的构成及作用

知识图谱是一种结构化的语义知识库，以"实体—关系—实体"构成的三元组为基本单位，迅速描述物理世界中的概念及其相互关系。实体是现实世界中的具体对象或概念，节点代表物理世界中的实体或概念，边代表这些实体或概念之间的各种语义关系。

知识图谱的作用主要体现在多个方面。首先，它能够提升认知能力和理解能力，通过构建实体之间的关系和语义网络，使机器能够具备认知能力和理解能力，像人一样理解和分析现实世界，实现更高级别的智能应用。其次，它支撑语义搜索和推荐系统，能够支持语义搜索和推荐系统，提高搜索和推荐的准确性和效率。搜索引擎可以理解用户查询的语义意图，返回更准确的搜索结果。推荐系统则可以利用知识图谱中的实体关系，为用户提供更个性化的推荐服务。再者，它支持自然语言理解和问答系统，其中的实体和关系信息可以作为理解自然语言中实体和关系的背景信息，提高问答系统的准确性和效率。最后，知识图谱推动人工智能在金融、医疗、司法等领域的应用，为智能决策提供支持。

5.6.4　知识图谱的应用领域

1. 知识图谱在信息检索中的应用

知识图谱在信息检索中具有重要作用。一方面，它能够提升检索精度，通过结构化知识表示和语义理解，能够更准确地理解用户查询意图，提高检索结果的准确性和相关性。例如，传统的信息检索模型中，文本通常使用词袋模型表示，存在只能通过 TF-IDF 等相关信号判断查询文本相关性以及模型没有深入理解查询和文本语义信息的缺陷。而通过引入知识图谱中的实体以及实体的描述信息，可以丰富语义，优化信息检索模型。另一方面，它能增强语义理解能力，知识图谱中的实体、属性和关系信息，可以帮助信息检索系统更好地理解文本数据的语义信息，进而改进检索性能。同时，它支持自然语言交互，用户可以通过自然语言方式进行查询和交互，提高用户体验。知识图谱还可以用于知识库建设，各种资源可以链接到知识图谱中的知识点节点上，从而根据知识图谱的关系构建相应的资源图谱。

2. 知识图谱在智能决策中的应用

知识图谱在智能决策中有着重要价值。首先，知识图谱可以帮助人们更好地理解和分析数据，通过将实体之间的关系表示为有向无环图，实现对知识的深入理解和推理。例如，在企业决策中，知识图谱可以整合企业内部的各种数据，包括销售数据、客户数据、产品数据等，帮助企业管理者更好地了解企业的运营状况，从而做出更明智的决策。其次，它能提高决策效率和准确度，设计合理的查询算法，使得用户能够方便地获取所需的信息。例如，在金融领域，知识图谱可以整合金融市场的各种数据，包括股票价格、公司财务数据、宏观经济数据等，帮助投资者更好地了解市场状况，从而做出更准确的投资决策。最后，知识图谱能够帮助人们更好地理解和预测未来的变化。通过收集和分析大量文本数据，构建出丰富的知识图谱，从海量的知识中找到有价值的信息，为未来的决策提供参考。

3．知识图谱在人工智能中的应用

知识图谱在人工智能发展中起着重要作用。其一，它提供结构化知识，以一种结构化的方式表示知识，使得机器能够更好地理解和处理信息，更有效地存储、检索和利用知识。其二，它促进信息理解，能够理解复杂的语义关系和上下文含义，对于自然语言处理等任务至关重要，帮助计算机更好地理解人类语言，提高人工智能的应用智能化水平。其三，它支持智能推理，不仅包含事实性知识，还包含逻辑关系和规则，使得人工智能系统能够进行复杂的推理和决策过程。其四，它增强数据互联，通过将不同来源和类型的数据联系起来，为人工智能系统提供全面的知识视角，跨领域的数据整合对于构建全面的智能系统非常重要。其五，它扩展应用场景，随着知识图谱技术的发展，应用场景不断扩大，包括智能问答、推荐系统、自动驾驶等多个领域。

知识图谱作为一种新兴的信息技术，在多个领域都发挥着重要作用。从起源和发展历程来看，它经历了多个阶段的演进，不断完善和发展。在构成上，以三元组为基本单位，具有提升认知、支撑搜索推荐、支持自然语言处理等作用。在信息检索中，它能够提升精度、增强语义理解、支持自然语言交互。在智能决策中，它具有重要价值，可帮助理解分析数据、提高决策效率和准确度、预测未来变化。在人工智能中，它提供结构化知识、促进信息理解、支持智能推理、增强数据互联、扩展应用场景。总之，知识图谱为人们更好地组织、管理和利用海量信息提供了新的方法和途径。

5.6.5　知识图谱的体系结构

知识图谱的体系结构较为复杂，主要包括逻辑结构和技术架构等方面。

在逻辑结构上，知识图谱可分为数据层与模式层两个层次。数据层主要由一系列事实组成，知识以事实为单位进行存储，通常用"实体—关系—实体""实体—属性—属性值"这样的三元组来表达事实，可选择图数据库作为存储介质。模式层构建在数据层之上，是知识图谱的核心，通常采用本体库来管理知识图谱的模式层。本体库在是结构化知识库的概念模板，通过本体库而形成的知识库不仅层次结构较强，并且冗余程度较小。

从技术架构来看，知识图谱的体系架构是指构建模式结构。知识图谱构建从最原始的数据（包括结构化、半结构化、非结构化数据）出发，采用一系列自动或者半自动的技术手段，从原始数据库和第三方数据库中提取知识事实，并将其存入知识库的数据层和模式层，这一过程包含信息抽取、知识表示、知识融合、知识推理四个过程，每一次更新迭代，均包含这四个阶段。

知识图谱的体系分成四个过程：数据采集、知识抽取、知识链接和融合、知识的应用。数据采集是以大量数据为基础，采集的数据来源一般是网络上的公开数据、学术领域的已整理的开放数据、商业领域的共享和合作数据等，这些数据可能是结构化的、半结构化的或者非结构化的，数据采集器要适应不同类型的数据。知识抽取是对数据进行粗加工，将数据提取成"实体—关系—实体"三元组，根据数据所在的问题领域，抽取方法分为开放支持抽取和专有领域知识抽取。知识链接和融合的作用是消除数据孤岛，将多源知识整合成一致的图谱结构。知识的应用是将结构化知识转化为决策支持、智能服务等场景能力。

知识图谱的一种通用表示形式是三元组形式，即头实体、尾实体两个实体之间的关系。知识图谱是一种典型的多边关系图，由节点（实体）和边（实体之间的关系）组成，本质上是一种语义网络，用于揭示万物之间的关系。

知识图谱的原始数据类型一般有三类：结构化数据（如关系数据库）、半结构化数据（如XML）、非结构化数据（如图片、音频、视频、文本）。存储这些数据类型一般有两种选择，一种是通过资源描述框架（Resource Description Framework，RDF）这样的规范存储格式来进行存储，另一种是使用图数据库来进行存储。

综上所述，知识图谱的体系结构涵盖了多个层面和过程，对于实现更智能的信息处理和应用具有重要意义。

5.6.6　知识图谱的发展历程

知识图谱的发展历程丰富而多元。20世纪50年代末60年代初语义网络诞生，可看作知识图谱概念的起源，当时其主要应用于机器翻译和自然语言处理。21世纪10年代，知识表示学习成为热点，2012年谷歌推出知识图谱，引领了智能化搜索引擎的发展，此后知识图谱技术在各行业迅速火爆。

2012年以前，知识图谱技术处于初级发展阶段，发展缓慢且规模小、应用场景不清楚。直到谷歌发布大规模知识图谱，其宣传语"Things, not Strings"给出了知识图谱的精髓，即获取字符串背后隐含的对象或事物。此后，知识图谱在金融、电商、医疗、政务等众多领域广泛应用。

近几年，知识图谱人工智能技术已经在互联网搜索、推荐系统、图像识别、智能客服等领域得到了广泛应用。知识图谱工程实践是迈向智能的第一步，但如何将符号化的知识融合应用到计算框架中仍是挑战。通过与各类自然语言处理算法或模型结合，集成语言知识，才能发挥认知智能的威力，推动常识理解和推理能力的进步。

目前，知识图谱的研究和应用正在逐步深入。多模态知识图谱在传统知识图谱基础上，构建多种模态下的实体及语义关系。但当前知识图谱在构建和落地过程中对人工的依赖程度还较高，导致构建成本高、效率低，相对通用的知识图谱中自动化、大规模、高质量的构建技术仍有待探索。

随着技术的不断进步，未来知识图谱将更加强大，能够更好地理解人类世界。在技术创新方面，随着深度学习、机器学习等人工智能技术的不断发展，知识图谱的构建、推理和应用等方面的技术也在不断优化和改进。在应用拓展方面，知识图谱技术逐渐从单一领域拓展到跨领域，实现更广泛的应用。此外，知识图谱技术的商业化也是一个重要趋势，随着各行各业对知识图谱的需求不断增长，越来越多的创业公司开始涌现，推动了行业的竞争和发展。

5.6.7　知识图谱的应用领域

知识图谱具有广泛的应用领域。在搜索方面，知识图谱可提供对事物本身的描述，让搜索结果更直观、更符合查询语义。例如谷歌提出知识图谱概念以优化搜索，国内的百度、搜狗等也纷纷构建了知识图谱平台，如360搜索可直接展示"上海有多少人？"的国家统计局数据。在垂直领域的问答系统中，知识图谱可结合不同领域知识进行推理给出精准答案，如保险行业中客户询问某保险能否保障脊髓灰质炎，知识图谱可结合保险与医疗知识给出答案。在推荐方面，知识图谱中丰富的关联性可为推荐系统提供信息来源，具有可解释性强、能精准推送的优势，如小丁喜欢听《艾米莉》，同乐队的其他歌可作为推荐歌曲。在风控方面，知识图谱能与社交网络分析理论结合，对团伙欺诈等风险起到很好的挖掘作用，如通过多笔交易、企业信息等判断洗钱行为。此外，知识图谱还可辅助语言理解，包括实体消歧、指代消解等，如对文中多义词进行精准判断，解释文中代词。在智能反欺诈领域，利用知识图谱技术抽取数据关联性，如银行可利用知识图谱分辨信用卡非法套现中是否使用类似电话号码等信息，形成链条型关系网络。在翻译教学中，知识图谱可自动抽取和翻译术语，解决多义词和歧义词问题，提高翻译的连贯性和流畅性，还能整合翻译案例和经验，为学生提供实用指导。在教育数字化方面，知识图谱可用来高效查询复杂关联信息，从语义层面理解用户意图，改进搜索质量。当前知识图谱主要应用于搜索和问答场景，用于提高检索结果准确性和问答结果全面性。

1. 知识图谱在搜索引擎中的应用

知识图谱在搜索领域有着重要的应用。知识图谱以结构化的形式描述客观世界中概念、实体及其关系，将互联网信息表达成更接近人类认知世界的形式。在搜索中，知识图谱实现了语义搜索，使 Web 从网页链接向概念链接转变，支持用户按主题而不是字符串检索。例如，当用户搜索某个具体的事物时，知识图谱能够识别出用户的查询意图，不仅仅返回包含关键词的网页，还能提供关于该事物的结构化知识，以图形化方式向用户展示经过分类整理的信息，从而使人们从人工过滤网页寻找答案的模式中解脱出来。知识图谱还能进行实体识别和链接，通过识别和链接实体，搜索引擎可以更好地理解用户的查询意图，并提供更有针对性的搜索结果。比如，当用户搜索"莫斯科"时，知识图谱能够识别出这是一个地点实体，并将其与知识图谱中的"莫斯科"实体进行关联，提供关于莫斯科的地理位置、人口、历史等信息。此外，知识图谱还可以帮助搜索引擎回答用户的问题，例如"莫斯科位于哪个国家？"等。同时，知识图谱能够帮助搜索引擎更好地评估网页的相关性，从而提高搜索结果的质量，还能为搜索引擎提供个性化搜索服务，更好地了解用户的兴趣和需求，从而提供更具个性化的搜索结果。

2. 知识图谱在交互问答中的应用

在问答领域，知识图谱发挥着关键作用。相比于传统的搜索引擎获取知识的方式，智能问答系统基于自然语言交互的方式更符合人的习惯。知识图谱为人工智能算法提供了知识利用的突破点，解决了问题理解和语义关联问题，象征着计算机对于人类的自然语言理解产生了巨大进步。在产业界，许多智能问答系统背后都有海量知识图谱作为支撑。例如，IBM Watson 背后依托 DBpedia 和 Yago 等百科知识库和 WordNet 等语言学知识库实现深度知识问答。Amazon Alex 主要依靠 True Knowledge 公司积累的知识图谱。度秘、Viv、小爱机器人、天猫精灵背后也都有知识图谱的支撑。在问答系统中，知识图谱可以帮助系统更好地理解用户的问题，通过语义分析理解自然语言中的意义，为目标语言的生成提供依据。知识图谱构建是从大量文本中抽取实体和关系的过程，在语言翻译中，它可以帮助人们理解语言的语义和语境，从而提高翻译的准确性。在问答系统的工作原理中，用户提出问题后，系统需要经过自然语言处理技术进行处理，以识别问题中的实体和关系。其次，查询知识图谱，根据用户问题提取相关实体和关系，从知识图谱中查询信息。最后，将查询结果生成自然语言答案返回给用户。通过将知识图谱嵌入集成到问答系统中，系统能够更准确地理解用户的意图，提高回答的准确性和相关性。

3. 知识图谱在推荐方面的应用

知识图谱在推荐系统中具有显著优势。知识图谱就是实体的属性关系网，能够很好地表达实体之间的关系，这个关系可以是具有同样属性的实体，也可以是上下位的实体关系。对于推荐系统来说，这个图谱中的实体不仅仅是推荐的内容，还包含了用户的信息，或者是标签，所以知识图谱很好地提供了一个推荐对象的关系网。通过知识图谱，推荐系统可以更好地给用户推荐关联内容。例如，用户购买了手机，那么它就可以给用户推荐充电宝、保护套、钢化膜等产品，因为在它的"脑子"中知道这些产品是手机的附件。也可以通过用户搜索了蓝牙耳机这一行为，给他推荐其他具有蓝牙功能的耳机。在推荐系统的运作流程中，经过过滤产生的推荐集还需要根据内容的相关度进行排序，最后系统根据相关度的排序，将内容分配到对应的模块，这样用户就能看到自己感兴趣的内容。有的系统也会将过滤放在第一步，先根据条件过滤一些输入信息，然后传输给推荐系统。这样能够减少推荐系统的计算量，缩短推荐系统处理时间，提高推荐系统的即时性，但这也会存在一些问题，如减少输入导致类别特征的内容丢失，影响推荐系统的内容数量与质量。

4. 知识图谱在风险控制领域的应用

知识图谱在风险控制领域有着广泛的应用。在风控领域，知识图谱构建了一个基于图的数据结构，将现实世界的实体关系通过点和边来描述，实现了一种更有效的展示本体之间关系的网络，也给人们提供了一个通过关系去分析问题的方式。概括来说，知识图谱在风控领域的应用主要分为以下几个部分：关联识别、聚类识别、推导识别、异构识别、碰撞检测、同义识别。例如，在关联识别中，可以通过关系识别匿名用户与登录用户。如果匿名用户 A 与登录用户 B 拥有相同的设备指纹、客户端信息等，可以初步推断匿名用户 A 与登录用户 B 是同一人，若 A 有风险行为，则 B 的操作不可靠。在银行信用卡养卡套现的风险识别中，银行可以利用知识图谱技术抽取现有数据关联性，从关联中分辨出是否使用类似的电话号码、地址以及区域，将关联属性与其他金融数据输入深度学习网络做有监督的训练，在数十万欺诈案例数据上得到一个动态识别模型。知识图谱的出现为风控领域提供了全新的解决方案，特别是在应对团伙欺诈导致的风控难度急剧上升的问题上。传统风控基于线性模型，未评估关联关系对风险的影响，而知识图谱可以将单点、单维度、分散的数据串联形成机器可以理解的知识图谱关系网络，为数据赋予实时性、关联性、风险可视化的特点。同时，通过算法模型对知识图谱进行深度开发，打破原有的个体边界，在社群的视角下精准识别欺诈团伙。

5. 知识图谱在语言理解方面的应用

知识图谱在辅助语言理解方面起着重要作用。在实体消歧方面，知识图谱能够对文中提到的多义词进行精准判断。例如，当文中出现"苹果"一词时，知识图谱可以根据上下文确定"苹果"指的是水果还是科技公司。在指代消解方面，知识图谱对文中的代词做出解释。例如，确定"他"和"它"具体指代的对象。在搜索中，传统搜索只提供对网页的搜索，而知识图谱提供了对事物本身的描述，使结果更直观，更符合查询的语义。在问答系统中，垂直领域的问答系统会涉及许多专业知识面的问题，知识图谱可以通过结合不同领域的知识进行推理，从而给出精准答案。例如，在保险行业的问答中，当客户问到"××保险能不能保障脊髓灰质炎？"知识图谱可以通过结合保险领域知识与医疗知识进行推理，从而给出精准答案。

6. 知识图谱在智能反欺诈领域中的应用

知识图谱在智能反欺诈领域具有核心优势。例如"同盾科技"云图具有灵活的产品架构，支持在"同盾"云端、客户本地端和两端融合三种部署方式，高效、快速搭建知识图谱平台及应用；配置化、插件化的产品架构适配能力强，灵活度高，扩展性强；与同盾机器学习平台、大数据计算平台等无缝整合，可快速搭建平台级知识图谱。同时，"同盾科技"云图拥有强大的知识计算引擎，能够自动地、不停歇地从数据到知识、从知识到服务的计算引擎，具备处理文本、语言、视频等多模态的结构化、半结构化和非结构化数据的自然语言处理技术，可提供基于图谱的建模、推理等知识计算和学习服务。在应用场景方面，知识图谱可以对多源异构数据和多维复杂关系进行处理与可视化展示，将难以用数学模型直接表示的关联属性，利用语义网络和专业领域知识进行组织存储，形成一张以关系为纽带的数据网络，通过对关系的挖掘与分析，能够找到隐藏在行为之下的利益链条和价值链条，并进行直观的图例展示。知识图谱与机器学习相结合的智能风控方案是主流趋势，在金融领域中，无论是传统金融或是互联网金融，信用评估、反欺诈和风险控制都是最为关键的环节。应用机器学习算法和知识图谱的智能风控系统在风险识别能力和大规模运算方面具有突出优势，逐渐成为金融领域风控反欺诈的主要手段。

7. 知识图谱在翻译教学中的应用

知识图谱在翻译教学中具有多方面的应用价值。知识图谱是一种语义网络，可以帮助整理和表现知识。在翻译教学中，不同领域的专业术语和知识是重要的组成部分。为了构建多语言知识图谱，需要进行多语言对照工作。不同国家和地区的文化差异和习惯用语在翻译中非常重要，因此知识图谱需要包括相关的文化信息，帮助学生更好地理解和翻译文化相关的内容。知识图谱的构建还可以整合翻译案例和经验，提取出翻译的最佳实践和经验，为学生提供实用的指导。在具体应用方面，其一，自动术语的抽取和翻译助力准确而流畅的翻译。知识图谱可以将术语的抽取和翻译过程自动化，提高翻译的效率和准确性。通过构建特定领域的知识图谱，自动抽取文本中的术语，并提供其对应的翻译，这对于特定领域的翻译任务非常有用，如医学、法律、科技等领域的翻译。知识图谱还可以帮助解决多义词和歧义词的问题，在不同的语境中，一个词可能有不同的意义，知识图谱可以帮助学生更好地理解文本的语境，提供准确的翻译。此外，知识图谱还可以用于提高翻译的连贯性和流畅性，在翻译过程中，翻译系统可以参考知识图谱中的上下文信息，帮助学生更好地理解原文的意图和风格，从而提供更加自然的翻译。其二，多语言知识图谱的应用促进了翻译质量的提高。通过构建多语言知识图谱，学生可以在翻译时深入比较不同语言之间的语法结构、词汇特点和文化差异，从而更好地理解目标语言和源语言之间的关系，有效地提高翻译质量。多语言知识图谱可以应用于多语言翻译任务之中，学生可以利用知识图谱寻找不同语言之间的对应关系，减少翻译错误，以促进多语言翻译的准确性。知识图谱还有助于学生提高术语管理技能，通过比较不同语言之间的术语使用，学生能更深入地理解术语的含义和用法，为翻译专业领域的技术文档提供有力支持。其三，实时语言翻译辅助提供沉浸式学习体验。知识图谱可以用于开发实时翻译工具，帮助用户在实时交流中快速翻译文本。这些工具可以基于知识图谱中的语言知识和语境信息，提供准确的翻译结果，这对于商务会谈、国际旅行和在线会议等非常有帮助。知识图谱在实时语言翻译中还可以用于处理文化差异和习惯用语，提供关于不同国家和地区的文化背景信息，帮助用户更好地理解对方的语言和文化，避免不必要的误解和冲突。知识图谱可以与 VR 和 AR 技术结合，为翻译教学提供更真实和沉浸式的学习体验。

知识图谱在多个领域都有着广泛而重要的应用。在搜索引擎中，它实现了语义搜索，提供更有针对性和个性化的搜索结果；在交互问答领域，它帮助系统更好地理解用户问题，提高回答的准确性和相关性；在推荐方面，它提供了推荐对象的关系网，实现更精准的推荐；在风险控制领域，它为风险识别提供了全新的解决方案；在语言理解方面，它有助于解决实体消歧和指代消解等问题；在智能反欺诈领域，它与机器学习相结合，成为金融领域风控反欺诈的主要手段；在翻译教学中，它提高了翻译的效率、准确性和质量，提供了沉浸式学习体验。知识图谱的应用不断拓展和深化，为各个领域的发展带来了新的机遇和挑战。

思　考　题

1．什么是人工智能？
2．什么是图像识别技术？
3．什么是知识图谱？

第6章 虚拟现实技术

6.1 虚拟现实技术概述

虚拟现实（Virtual Reality，VR）技术通过计算机生成的三维环境模拟真实世界，为用户提供沉浸式体验。这项技术最早起源于 20 世纪 60 年代，但在 21 世纪初期才开始迅速发展，并逐渐发展出增强现实（Augmented Reality，AR）、混合现实（Mixed Reality，MR）和扩展现实（Extended Reality，XR）等技术。如今，这些技术已广泛应用于教育、医疗、工业、设计、旅游、游戏、军事训练等各个领域，并成为发展元宇宙（Metaverse）的关键技术。

6.1.1 虚拟现实的历史

虚拟现实技术与人类诸多的科技成就一样，从人类的梦幻构想中一步步变成了现实。其发展历程可以分为以下四个阶段。

1. 概念萌芽与研发初创阶段（1930—1970 年）

在 1960 年之前，虚拟现实以模糊幻想的形式见诸各大文学作品里。其中最为著名的是英国作家阿道司·赫胥黎（Aldous Huxley）在 1932 年推出的长篇小说《美丽新世界》（*Brave New World*），这本书以 26 世纪为背景，描写了机械文明的未来社会中人们的生活场景，书中描述的一种头戴式设备可以为观众提供图像、气味、声音等一系列的感官体验，以便让观众能够更好的沉浸在电影的世界中。1935 年美国科幻小说家斯坦利·G·温鲍姆（Stanley G. Weinbaum）在其短篇小说《皮格马利翁的眼镜》（*Pygmalion's Spectacles*）中描述了一种能够提供沉浸式体验的眼镜，被认为是虚拟现实概念的早期萌芽。在故事中，主人公丹·伯克（Dan Burke）遇到了一位精灵般的教授阿尔伯特·路德维希（Albert Ludwig），他发明了一副眼镜，这副眼镜能够提供一种全新的电影体验，它不仅能够提供视觉和听觉，还包括味觉、嗅觉和触觉。佩戴者能够与电影中的角色进行互动，并且完全沉浸在故事之中，仿佛自己就是故事的一部分。这部作品对虚拟现实的描述非常详尽，包括了沉浸式体验和与虚拟世界的交互，这些概念至今仍是 VR 技术发展的核心目标，对虚拟现实技术的发展产生了深远的影响。

1957 年一位电影摄影师和发明家莫顿·海林格（Morton Heilig）为实现他的"体验剧场"设计出了一种设备，名为 Sensorama，如图 6-1 所示。Sensorama 是一个大型的、类似柜子的机器，用户可以坐在里面，通过立体的 3D 显示器和立体声音响，以及震动座椅、风扇产生的风效，甚至是气味发射器，来体验一种多感官的沉浸式体验。海林格设想，观众可以支付 25 美分来体验一个虚拟的、时长十分钟的纽约市摩托车骑行之旅，体验中不仅包括视觉影像，还包括相应的震动、头部移动、声音和风的冲击。这是人们用机器构建的虚拟环境较全面地模拟现实世界真实感受的首次尝试，被认为是虚拟现实技术的早期原型。

1968 年计算机图形学先驱图灵奖得主伊凡·苏泽兰（Ivan Sutherland）和他的学生鲍勃·斯

普罗尔（Bob Sproull）开发了第一个头戴式显示器，由于显示器非常沉重，不能直接戴在头部，需要被悬挂在天花板上，因此被形象地称为"达摩克利斯之剑"（The Sword of Damocles），如图 6-2 所示。该设备能够跟踪用户头部的运动，并在显示器上显示立体的图像，虽然只是边长为 5 厘米的正方体，但可以随着观察者头部的运动而显示出不同的状态，为用户创造了一种沉浸式的体验，是现代虚拟现实头显技术的雏形。

图 6-1 Sensorama

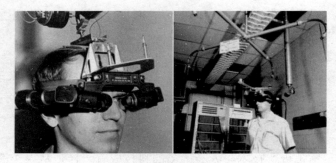

图 6-2 达摩克利斯之剑

此阶段虚拟技术从幻想中的虚拟走向了现实，但技术限制导致 VR 设备的研发仍然处于原型机阶段，基本没有商业化应用。

2. 技术积累阶段（1971—1990 年）

在 20 世纪 70 年代至 80 年代，虚拟现实技术进入了技术积累阶段，这一时期出现了多项重要的技术突破和应用开发，为后续的商业化发展奠定了基础。1977 年，电子艺术和可视化领域的先驱丹·桑丁（Dan Sandin）与托马斯·德法恩蒂（Thomas DeFanti）在伊利诺伊大学芝加哥分校的电子可视化实验室（Electronic Visualization Laboratory，EVL）共同基于同事理查德·赛尔（Richard Sayre）的想法，研制出了 Sayre Glove，这可以被视为世界上第一款有线数据手套（Data Glove）。同时，光学技术和其他触觉设备同步发展、这使用户在虚拟空间中移动和交互成为现实。1979 年，埃里克·豪利特（Eric Howlett）开发了一种大跨度超视角（Large Expanse Extra Perspective，LEEP）光学系统，这是一种用于虚拟现实的宽视场光学技术。LEEP 技术的核心在于通过特定的光学设计，实现大范围的超视角显示，从而提供更宽广的视野和更沉浸的虚拟现实体验。这种技术对于实现视觉上的完全沉浸至关重要，因为它能够减少用户在体验虚拟现实时的"纱窗效应"，使用户感觉自己完全置身于另一个世界中。LEEP 技术至今仍然是虚拟现实设备光学基础的重要组成部分，它为现代 VR 设备的发展奠定了基础，并且对提高 VR 体验的沉浸感和真实感起到了关键作用。1987 年，埃里克·豪利特（Eric Howlett）基于 LEEP 技术，推出了虚拟现实头盔 Cyberface。

在整个 20 世纪 80 年代，美国科技圈开始掀起一股 VR 热，VR 甚至出现在了《科学美国人》（Scientific American）和《国家寻问者》（National Enquirer）杂志的封面上。1985 年美国航空航天局（National Aeronautics and Space Administration，NASA）启用了一项虚拟现实技术计划 VIVED VR。该计划旨在为 NASA 打造沉浸式宇宙飞船驾驶模拟训练中心，以增强宇航员的临场感,使其在太空能够更好地工作。VIVED VR 设备安装在头盔上,配备了一块中等分辨率的 2.7 英寸液晶显示屏,并结合了实时头部运动追踪,这与今天已经步入民用市场的 VR 设备在命名、设计以及体验方式上都非常相似,如图 6-3 所示。

图 6-3　NASA 的 VIVED VR 设备

1984 年,杰伦·拉尼尔(Jaron Lanier)创立了 VPL Research 公司,这是世界上第一家销售虚拟现实产品的公司,他不仅创立了这家公司,还普及了虚拟现实一词。拉尼尔领导的团队开发了早期的多人虚拟世界、第一个"化身"(avatars)系统,以及虚拟现实在手术模拟、车辆内饰原型设计等多个领域的应用设备。例如,1989 年该公司推出了第一款商业化的虚拟现实产品 eyephone。eyephone 是一款具有 2.7 英寸屏幕的头戴式显示器,它与数据手套一起使用,允许用户与虚拟环境进行交互,如图 6-4 所示。然而,由于当时技术的局限性,eyephone 仅搭载了低分辨率的 LCD 显示器,重量达到 2.4kg,且计算机性能不足以支持复杂的图形渲染,用户体验和沉浸感都不是很好。此外,eyephone 的售价高达 9400 美元,限制了它的普及。但这款设备在当时代表了虚拟现实技术的前沿,为后来的虚拟现实设备发展奠定了基础。虽然,VPL Research 公司在 1990 年申请破产,但其在虚拟现实领域的贡献是多方面的,从技术创新到商业化应用,再到对社会的影响,都显示了其在这一领域的重要地位。

图 6-4　VPL Research 公司生产的 eyephone

3. 商业化发展阶段（1991—2015 年）

20 世纪 90 年代，虚拟现实技术已经开始从军事和科研领域向商业化转型。1992 年，Sense8 公司开发的 WTK（Wireless ToolKit）软件开发包，极大缩短了虚拟现实系统的开发时间，为沉浸式虚拟现实技术的快速发展打下了基础。1993 年，美国波音公司应用虚拟现实技术设计了波音 777 飞机。波音 777 由 300 多万个零件组成，这些零件及飞机的整体设计是在一个有数百台工作站的虚拟环境系统上进行的，在虚拟环境中实现了飞机的设计、制造和装配。设计师戴上头盔显示器后，就能穿行于这个虚拟的飞机中，从各个角度去审视飞机的各项设计，在后来的实际的运行中证明了真实情况与虚拟环境中的情况完全一致。这种设计大大缩短了产品研发周期，节约了大量的设计成本，是虚拟现实技术商业应用的成功案例。

20 世纪 90 年代，许多游戏公司将 VR 视为游戏行业的创新机会，推出了自己的 VR 产品，如世嘉（Sega）公司的 Sega VR 和任天堂公司的 Virtual Boy。Sega VR 的开发始于 1991 年，原计划在两年后发布，但最终由于多种原因未能上市。任天堂公司于 1995 年发布的 Virtual Boy 设计理念超前，曾经引发很大的关注，如图 6-5 所示。Virtual Boy 是第一个能够显示立体 3D 图形的便携式游戏机，它通过视差原理产生立体效果，使玩家能够体验到深度感，但该设备的显示屏只有红色单色。总之，其不起眼的 3D 效果、缺乏真正的便携性、长时间使用会出现头痛等健康问题以及低质量的游戏，最终导致其商业失败，不久就销声匿迹。

图 6-5　任天堂公司的 Virtual BoyVirtual Boy 及其显示画面

总之，尽管 20 世纪 90 年代的 VR 技术取得了一定的进展，但由于技术不成熟、产品成本高昂以及市场接受度有限，许多 VR 产品并未能实现真正的商业成功。

中国著名科学家钱学森对虚拟现实技术也有深刻的洞见，他建议将 Virtual Reality 的中文翻译为"灵境"，如图 6-6 所示。他认为"灵境"不仅准确表达了虚拟现实技术的特点，还充满了浓厚的中国文化气息。1994 年 10 月，他在给戴汝为、汪成为、钱学敏三人的信中写道："灵境技术是继计算机技术革命之后的又一项技术革命。它将引发一系列震撼全世界的变革，一定是人类历史中的大事。"他还在信中绘制了一张导图，阐释灵境技术的广泛应用可能会引发人类社会的全方位变革。钱学森先生认为，灵境技术能够大大扩展人脑的知觉，使人进入前所未有的新天地，

图 6-6　钱学森写给全国科学技术名词审定委员会办公室的信

新的历史时代要开始了。他的这一观点不仅体现了对 VR 技术本身的深刻理解，更展现了他对

技术未来发展的战略眼光。我国于 20 世纪 90 年代初，启动了多项有关 VR 的国家重点研究项目，虚拟现实技术的研究和应用全面展开。1990 年，北京航空航天大学成立了虚拟现实技术与系统国家重点实验室，成为国内最早从事虚拟现实技术研究的实验室之一。浙江大学、北京理工大学、中国科学院计算所、清华大学等多个教育和科研机构取得了多项 VR 领域的重要研究成果。在"十二五"期间，科技部设置了虚拟现实与数字媒体主题，部署了多项国家重点基础研究发展计划（973 计划）项目、国家高新技术研究发展计划（863 计划）项目和重大项目，推动了虚拟现实技术的产业化发展。

21 世纪 00 年代 VR 技术虽然没有出现重大的突破性进展，但在一些关键技术上不断积累和改进。随着计算机图形学、计算机仿真学、人机接口技术、传感技术等相关领域的不断进步，VR 技术逐渐成熟，出现了更多高级的 VR 系统和应用。例如，VR 技术在教育和培训领域，提供了新的学习和培训方法，提高了学习效率和体验。VR 技术在医疗领域的应用也逐渐增多，如模拟手术训练、疼痛管理、物理治疗等，提高了医疗培训的质量和患者的治疗效果。随着技术的发展，VR 也开始在社交和会议领域得到应用，提供了新的交流和协作方式。

2012 年，谷歌推出穿戴智能产品 Google Glass，尽管最终没有成为主流消费产品，但它在医疗和工业领域找到了一些有限的应用。2012 年，一款革命性的头戴式显示器 Oculus Rift 问世，使得热度减退的 VR 和 AR 技术重回大众视野。2012 年，17 岁少年帕尔默·拉奇（Palmer Luckey）在自家车库通过研究拆解 1970 年至 2000 年初的 56 款 VR 头显设备，制作出开发者版本的 Rift 头显，将它推上众筹平台 Kickstarter 并引起了广泛关注，获得了近十倍于其众筹目标的资金。Oculus Rift 的成功众筹反映了消费者对高质量虚拟现实体验的需求热度，也预示着 VR 技术即将进入主流市场。2014 年 Facebook 以 20 亿美元的天价收购了 Oculus 公司，这一事件犹如 VR 产业爆发前的一声春雷。截至 2016 年，各公司纷纷推出了自己的消费级 VR 产品，如谷歌的 Cardboard、三星的 Gear VR、索尼的 PlayStation VR，以及我国的暴风魔镜、大朋 VR 和 Pico 等。2015 年下半年开始，创业界和投资界到处都在谈论虚拟现实产品，投资人开始疯狂寻找和虚拟现实有关的一切企业。甚至有不少的科技领袖表态，虚拟现实将成为继个人计算机、智能手机之后的又一基础计算平台。

4. 产业化应用阶段（2016 年至今）

2016 年，随着不同层次 VR 和 AR 产品的涌现、内容产业和技术支撑更加成熟，VR 产业链不断发展，用户规模也不断扩大，虚拟现实进入产业化发展阶段。2016 年，Facebook 公司正式发售 Oculus rift 消费者版本，售价为 599 美元。当时 Facebook 公司总裁扎克伯格认为，2016 年是消费级 VR 设备元年，从此消费级 VR 设备开始普及。2021 年 10 月扎克伯格更是将公司名称 Facebook 改为 Meta，表明了他对元宇宙（Metaverse）发展前景的极度肯定和决绝奔赴的态度。目前百度、腾讯、阿里巴巴、华为、谷歌、微软、英伟达、苹果等国内外互联网企业都在布局元宇宙产业，涌现出越来越多的产品和应用。谷歌、阿里巴巴等公司联合投资了 Magic Leap 公司。2021 年百度发布首个国产元宇宙产品"希壤"，为用户打造了一个跨越虚拟与现实、永久续存的多人互动虚拟世界。2021 年 3 月 Roblox 公司在纽约证券交易所上市，成为元宇宙上市第一股。其产品 Roblox 是一个集游戏开发、社交互动和教育于一体的综合性平台。2021 年 8 月腾讯与 Roblox 合作的"罗布乐思"正式在国内上线，同年 8 月腾讯正式上线了国内首个艺术品交易 App "幻核"。2022 年 1 月，中国联通在线沃音乐发布 AI 数字孪生虚拟人产品解决方案，为行业伙伴提供一体化、全场景数字服务，加速数字化转型发展。2023年，苹果公司推出了一款混合现实头戴式设备 Apple Vision Pro，能够将数字内容与现实世界无缝融合。

2021 年兴起的元宇宙一词更准确地概括了 VR 技术与人工智能、区块链、云计算、边缘计算、高性能计算、高速通信、物联网等现代信息技术融合发展的应用场景和未来方向。市场研究公司 Grand View Research 的报告曾预测，2021 年至 2030 年，全球元宇宙市场的规模将从 388.5 亿美元增长到 6788 亿美元，复合年增长率将达到 39.4%，中国市场也表现出强劲的增长势头。2023 年 9 月我国工信部等五部门联合发布了《元宇宙产业创新发展三年行动计划（2023—2025 年）》，各地方政府也纷纷推出了具体的发展政策和举措。明确了元宇宙及相关技术的发展方向和目标，从技术创新、应用推广、产业集群、人才培养等多个维度给予了全面支持。随着政策的持续推进和落实，元宇宙产业有望在未来几年内实现快速突破和高质量发展。

6.1.2　虚拟现实的含义及特征

1. 虚拟现实的含义

VR 是指采用以计算机技术为核心的现代科技手段生成一个虚拟环境，用户借助特定的输入/输出设备，以自然的方式与这个虚拟环境进行交互，从而通过视觉、听觉和触觉等多种感官获得身临其境的感受。

具体说明如下：

（1）现代科技手段。主要包括计算机图形学、计算机仿真技术、人机交互技术、人机接口技术、多媒体技术、传感器技术、人工智能技术等。通过这些科技手段实现三维虚拟环境建构、动作捕捉、运动模拟、位置空间定位、跟踪识别等虚实交互。

（2）虚拟环境。虚拟环境是对现实三维世界的模拟，是人为制造出来的，存在于计算机等生成设备内部的。可能是游戏世界、模拟训练场景或其他任何虚拟空间，如太空环境、火灾现场、手术现场等。用户沉浸在这个虚拟环境中，有身临其境的感觉。

（3）自然交互。自然交互是指通过头戴式显示器、数据手套、数据衣、游戏手柄等输入输出设备，通过语音、手和脚的移动、头的转动和眼部焦点追踪等方式进行的。虚拟现实技术带来的是计算机与用户之间交互方式的革命，以自然方式交互也是未来人们使用计算机等设备的发展方向。

2. 虚拟现实系统的特征

虚拟现实系统具有以下三个重要特征，又被称为虚拟现实的 3I 特性。

（1）沉浸感（Immersion）。借助适当设备，通过欺骗人体感官（视觉、听觉、嗅觉、触觉、味觉、温度感觉等），让使用者在虚拟环境中的一切感觉都非常逼真，有种身临其境的感觉。沉浸感是虚拟现实的最终实现目标，即追求越来越真实的虚拟世界。

（2）交互性（Interaction）。使用者可以用自然的方式与虚拟环境交互，计算机能根据使用者的头、手、眼、语言及身体的运动，调整系统呈现的虚拟环境。虚拟现实系统的使用者能够通过头戴式显示设备、数据手套、数据衣等传感设备进行虚实之间的交互。

（3）构想性（Imagination）。在自然交互的基础上激发人的想象力，使人们在虚拟世界中构想出真实的感觉。也就是使用者在虚拟环境中通过获取的多种信息和自身在系统中的行为，通过联想、推理和逻辑判断等思维过程，对系统运动的未来进展进行想象，以获取更多的知识，认识复杂系统深层次的运动机理和规律性。

6.1.3 增强现实的含义及特征

1. 增强现实的含义及应用

增强现实是虚拟现实技术发展到一定时期后，90 年代才出现的一种将虚拟信息与现实世界叠加的创新技术。两种技术同根同源，但 VR 是将用户置于一个完全由计算机生成的虚拟环境中，VR 系统中的虚拟环境与现实世界是隔绝的。而 AR 呈现的是直接注册到物理环境的信息，用户体验到的是现实世界的真实场景中叠加了计算生成的虚拟信息，是一种虚实结合的体验。

AR 系统通过智能手机、平板电脑、AR 眼镜等设备的摄像头捕捉现实世界的真实场景，然后通过特定的算法实时地将虚拟信息精确地叠加到这些场景上，且用户可以以自然的方式在虚实结合的场景中进行交互，从而增强用户的现实体验。简单 AR 系统的基本流程如图 6-7 所示。

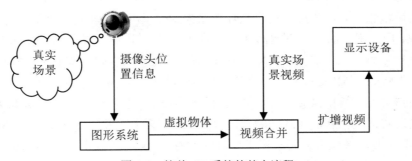

图 6-7 简单 AR 系统的基本流程

将手机的摄像头对准商场的货架，显示屏就会在当前画面上叠加该货架上产品对应的数字信息（如价格、产地等），通过交互界面用户还可以进一步了解某种商品更多的信息。深受年轻人喜欢的上海某科技公司开发的 App 与 AR 初创公司维京合作，建立了一个能让用户试穿鞋子的功能，用户坐在家里就可以试穿该 App 上几千种各种款式的鞋子。为此该公司为几千款鞋子建立了 3D 模型，然后将这些模型集成到 App 的 AR 试穿模块上，用户只要在 App 某款鞋的详情页面上点击"AR 试穿"按钮，打开手机摄像头对准自己的脚部，画面上就会出现穿着该款鞋子的效果。

2. 增强现实系统的特征

1997 年 Azuma 在综述论文中提出增强现实必须具有以下三个特征。

（1）虚实结合（Combines Real and Virtual）。虚实结合是指将虚拟信息（图像、视频或操作界面等）与现实世界中的实际物体或环境相结合。虚拟物体出现的时间或位置与真实世界对应的事物相一致，这种结合可以是增强信息，也可以是真实物体的非几何信息，如标注信息、提示等。

（2）实时交互（Interactive in Real Time）。系统能根据用户当前的位置或状态，及时调整与之相关的虚拟信息，强调用户与真实世界中的虚拟信息之间的自然交互。这意味着用户能够在真实环境中通过交互工具与增强信息进行互动，且这种交互是实时的。

（3）三维注册（Registered in 3D）。三维注册要求对合成到真实场景中的虚拟信息和物体准确定位并进行真实感实时绘制，使虚拟物体在合成场景具有真实的存在感和位置感。涉及计算机观察者确定视点方位，从而将虚拟信息合理叠加到真实环境上。这种注册确保用户可以得到精确的增强信息，即虚拟物体在真实世界中的位置和方向是准确无误的。

这三个特征共同定义了增强现实技术的核心，使其区别于其他如虚拟现实和混合现实技术。

3．VR、AR、MR 和 XR 概念辨析

混合现实是指合并现实和虚拟世界而产生的新的可视化环境，在新的可视化环境里，物理和数字对象共存，并实时互动。MR 的关键特征是其合成的内容会与真实内容进行实时交互，同时为用户提供实时的数字信息。这一特性使得 MR 技术在虚拟与现实的融合上达到了更高的层次，为用户带来更加沉浸式和自然的交互体验。MR 技术结合了 VR 和 AR 的优势，能够更好地将 AR 技术体现出来。

扩展现实是 VR、AR 和 MR 等多种技术的统称。它通过计算机技术和可穿戴设备，将虚拟内容与现实环境相结合，为用户提供从轻度增强到完全沉浸的多样化体验。

简单地说，用户眼前的一切事物都是虚拟的则是 VR 的环境，如果展现出来的虚拟信息只能简单叠加在现实事物上，那就是 AR。MR 的关键点是与现实世界进行交互和信息的实时获取。从概念上讲 MR 和 AR 更接近，二者都是虚实结合的，但 MR 在呈现视角上比 AR 更广阔，虚实之间融合得更好。简单来说，MR 和 AR 的区别在于：MR 能通过一个摄像头让用户看到裸眼看不到的现实，虚拟和现实之间融合得很好，可以随观察角度改变虚拟物体的相对位置；AR 只管在现实中叠加虚拟信息而不管现实本身，虚拟和现实是可分的。根据史蒂夫·曼（Steve Mann）的理论，智能硬件最后都会从 AR 技术逐步向 MR 技术过渡。而 XR 涵盖了 VR、AR 和 MR 技术。

6.1.4 虚拟现实系统的组成与分类

1．虚拟现实系统的组成

虚拟现实系统包括硬件、软件和开发者/用户组成，其中硬件主要包括输入设备、输出设备和计算机等生成设备。软件主要包括操作系统、虚拟现实开发工具和引擎、VR 内容和应用软件等，如图 6-8 所示，用户通过输入/输出设备与计算机生成的虚拟环境进行交互。

虚拟现实系统中的输入设备用于捕捉用户的动作和指令，包括数据手套、眼球焦点追踪、语音识别设备、三维控制器、操纵手柄等。输出设备给用户提供视觉、听觉、触觉等感官体验，包括头戴式显示器、立体声音响、力反馈设备等。虚拟环境是由开发者通过三维建模设备、全景相机、高性能计算机、图形加速卡、分布式计算机系统等生成设备以及相关软件创建和渲染出来的。除此之外，一些复杂的虚拟现实系统还要有网络环境的支持。

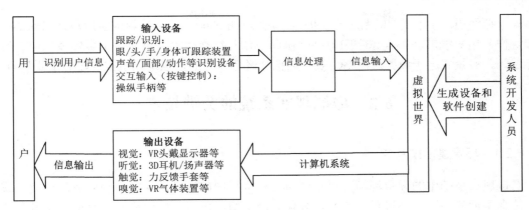

图 6-8 虚拟现实系统的组成

2. 虚拟现实系统的分类

在虚拟现实系统发展的历史上根据用户参与形式与沉浸度的差异,通常将虚拟现实系统分为桌面式虚拟现实系统、沉浸式虚拟现实系统、增强式虚拟现实系统和分布式虚拟现实系统 4 种模式。

(1)桌面式虚拟现实系统。桌面式 VR 系统(Desktop VR)是一种基于个人计算机或初级图形工作站的小型虚拟现实系统,通常使用计算机屏幕作为用户观察虚拟世界的一个窗口,因此又称为窗口式虚拟现实系统。尽管用户坐在显示器前,却可以通过计算机屏幕观察 360°范围内的虚拟世界,并能通过立体眼镜和各种输入设备(如数据手套、空间位置跟踪定位设备等)与虚拟世界进行交互。

桌面式 VR 系统相对来讲技术简单、成本较低,而实用性较强,应用广泛。例如较常见的虚拟校园、虚拟实验室、虚拟样板房就是桌面式 VR。此外,在计算机辅助设计、计算机辅助制造、建筑设计、桌面游戏、军事模拟、生物工程、航天航空、医学工程和科学可视化等领域都有广泛应用。

(2)沉浸式虚拟现实系统。沉浸式 VR 系统是一种高级的、较理想、较复杂的虚拟现实系统,它通过封闭的场景和音响系统将用户的视听觉和外界隔离,能够让用户完全融入并感知虚拟环境,为用户提供强烈的沉浸感和临场感。可以利用头盔显示器、位置跟踪器、数据手套和其他设备,使参与者获得置身真实情景的感觉。沉浸式 VR 系统也是真正意义上的 VR 系统。

(3)增强式虚拟现实系统。增强式 VR 系统不仅利用 VR 技术来模拟现实世界、仿真现实世界,而且还利用该系统增强参与者对真实环境的感受,也就是增强现实中无法感知或不方便的感受。典型的实例是战机飞行员的平视显示器,它可以将登记表计数和武器瞄准数据投射到安装在飞行员面前的穿透式屏幕上,它可以使飞行员不必低头读座舱仪表的数据,从而可以集中精力盯着敌人的飞机或导入偏差。还有一种理解,增强式 VR 系统就是把真实环境和虚拟环境组合在一起,使用户既可以看到真实世界,又可以看到叠加在真实世界中的虚拟对象,也就是说增强式 VR 系统和 AR 本质上是同一个概念,只是表述方式不同。

(4)分布式虚拟现实系统。分布式 VR 系统允许多个用户通过网络连接,共享同一个虚拟世界。用户可以通过计算机或其他设备进入虚拟世界,与其他用户进行实时交互,并共享信息。也就是说,系统可以将异地多个用户联结起来,对同一虚拟世界进行观察和操作,共同体验虚拟经历。分布式 VR 系统不仅提供了沉浸式的体验，还支持异地多用户之间的实时交互和协作，用户能够获得超越空间限制的协同工作与社交体验。可应用于多媒体通信、协作设计系统、实景式电子商务、网络游戏、虚拟社区等多方面，也是元宇宙构建的重要基石。

6.2　虚拟现实系统的关键技术

6.2.1　环境建模技术

虚拟现实系统中的虚拟环境可以是模仿真实世界中的环境、人类主观构造的环境，或者是模仿真实世界中人类不可见（科学可视化）的环境。虚拟环境建模是指获取现实世界的三维数据，然后根据应用需要，使用这些数据构建虚拟环境模型。虚拟环境建模主要是三维视觉建模，主要包括几何建模、物理建模和行为建模三种技术。

1. 几何建模技术

虚拟环境中的三维物体由几何信息表示，几何建模的核心在于创建、编辑、存储和渲染三维对象的几何信息，这些信息包括点、线、面、体等几何元素及其相互关系，以及几何信息的数据结构与操纵该数据结构的算法。从外观角度，几何建模过程可以分为形状建模和外观建模两个主要方面。

物体的形状建模关注于绘制三维物体的轮廓，使用点和线构建物体的外边界，通常涉及使用多边形网格来逼近物体表面，绘制出物体形状，并能存储物体的形状描述。物体的外观由表面纹理、颜色、光照系数等确定，关注于物体的外表特征。

建模方法除了人工建模还有自动建模方式。人工建模方式包括使用建模工具软件，如Blender、3ds Max、Maya 等；通过图像编程接口，如 OpenGL、Java3D 等；以及使用虚拟现实建模语言，如 VRML 等。自动建模可以使用三维扫描仪等设备采集真实物体的形状和外观数据，自动生成数字模型。此外，还有一种环境建模方式是通过全景相机 360°拍摄真实环境照片，生成立体数字环境，如数字校园、数字展览馆，用于数字漫游。

2. 物理建模技术

物理建模是指虚拟对象的物理特性，如质量、重量、惯性、表面硬度、变形模式等，与几何建模和行为法则相融合，形成更具有真实感的虚拟环境，如虚拟环境中弹跳着的球、风吹窗帘的运动等建模。

在虚拟现实引擎（如 Unity、Unreal）中进行物理建模时可以使用以下两种技术。

（1）分形技术。分形技术用于描述具有自相似特征的数据集，适用于复杂的不规则外形物体的建模，通常用于静态远景的建模，例如河流山体的地理特征建模、天空中的云朵、树木等自然景观建模。

（2）粒子系统。粒子系统也是物理建模的一种，使用简单的元素（粒子）来完成复杂运动的建模。粒子系统常用于描述火焰、水流等动态现象。

3. 行为建模技术

虚拟现实的本质就是客观世界的仿真或折射，虚拟现实的模型则是客观世界中物体或对象的代表。而客观世界中的物体或对象除了具有表观特征如外形、质感，还具有一定的行为能力，并且服从一定的客观规律。例如，把球抛在人身上时，人和球都会产生相应的行为，而不毫无反应；虚拟环境中自由飞行中的小鸟遇到有人走近时会飞远；泥石流运动的过程中，通过浸没、阻挡、翻滚等各种物体之间产生复杂的相互作用。行为建模技术往往需要多种学科研究成果、各种突破性技术支持，才能仿真出与真实世界行为相似的效果。

6.2.2 立体显示技术

研究表明，普通人通过视觉获取的感觉信息占五种感官信息的 70%以上，因此立体显示技术是用户在虚拟现实系统中获得沉浸感的关键。目前常见的立体显示技术有需要通过佩戴立体眼镜的双目视差屏幕 3D 显示技术，无需佩戴眼镜就能看到立体影像的裸眼 3D 屏幕显示技术和全息 3D 显示技术等。

1. 双目视差屏幕 3D 显示技术

由于人的双眼有 4～6 厘米的内瞳距，在观察物体时两眼看到的图像是有差别的，两幅图像输送给大脑后，会形成有景深的立体图像，如图 6-9 所示。这就是计算机和投影系统的立体成像原理。

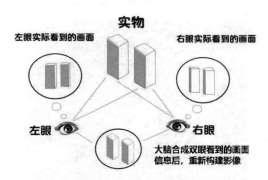

图 6-9　双目视差立体显示原理

依据双目视差原理，结合分时、分光、分色等不同技术可产生不同的立体显示眼镜。佩戴后只要符合常规的观察角度，即可产生合适的图像偏移，形成立体图像。例如，观众在影院观看 3D 电影时佩戴偏光眼镜，通过分光技术使观众的左眼只能看到左像，右眼只能看到右像，然后通过双眼汇聚功能将左、右像呈现在视网膜上，由大脑视觉神经产生三维立体的视觉效果。

2. 裸眼 3D 屏幕显示技术

裸眼 3D 屏幕显示技术是一种不借助偏振光眼镜等外部工具，通过特殊的技术手段实现立体视觉效果的技术。其基本原理也是利用双眼视差，通过光栅技术或透镜阵列技术实现光场三维成像。光栅技术通过在显示面板前方放置一个狭缝光栅对显示内容进行遮挡，让左右眼看到不同的影像并形成立体效果，而无需佩戴眼镜。柱状透镜阵列采用了相同的原理，只是实现的方式由狭缝换成了透镜，透镜通过对光的折射作用，将不同的显示内容折射到空间中不同的地方，到达人眼时显示的内容被分开，人眼接收到两幅含有视差的图像，从而产生立体效果。裸眼 3D 光栅技术和透镜阵列技术都可以应用于不同的裸眼 3D 显示设备中，如显示器、广告牌、电视等。如图 6-10 所示为成都商业街上的一处裸眼 3D 显示屏。联想公司于 2023年 11 月推出的 ThinkVision 27 3D 显示器是全球首款 27 英寸 4K 裸眼 3D 显示器，无需佩戴 3D

眼镜即可体验 3D 效果，通过实时眼动追踪和可切换的柱状透镜技术，实现 2D 和 3D 内容的无缝切换，如图 6-11 所示。

图 6-10　裸眼 3D 显示屏

图 6-11　ThinkVision 27 3D 显示器

3. 全息 3D 显示技术

全息 3D 显示技术是一种利用干涉和衍射原理，记录并再现物体真实的三维图像的技术。它通过记录光波前的幅度和相位信息，能够重建出物体的精确三维图像，是目前唯一能够满足人眼视觉系统全部深度信息需求的 3D 显示技术。

实现全息 3D 显示非常具有挑战性，涉及全息 3D 信息的计算，所需的数据传输速率极高。上海交通大学电子信息与电气工程学院的杨佳苗团队与加州理工学院合作，在超高清全息三维显示方向取得重要进展，提出了一种具有全频信息记录能力的超高清全息三维显示方法，相关成果发表在 *Science Advances* 上。这项研究解决了传统全息三维显示技术清晰度较低的问题，为全息三维显示技术的进一步发展和应用提供了新的可能性。中国科学技术大学实现了超高密度三维动态全息投影技术，这种技术利用光的多重散射极大提高了光学系统可调控空间频率的范围，并极大抑制了不同投影平面间图像的串扰。

全息 3D 显示技术的发展目标是提供更加自然、舒适的三维视觉体验，同时减少或消除视觉疲劳和不适。随着技术的进步，未来的全息 3D 显示技术将更加成熟，能够广泛应用于多个领域。无论是商业领域的产品展示、教育领域的复杂结构展示、医学领域的精准手术模拟，还是娱乐产业的虚拟演唱会，全息 3D 显示技术都能以直观、生动的方式传递信息，使产品展示、知识传授、技能培训及艺术表现等更加高效且引人入胜。

6.2.3　人机自然交互技术

传统的人机交互方式是通过显示器、键盘和鼠标与系统交互，在虚拟现实系统中人可以通过眼睛、耳朵、皮肤、手势和语音等各种感官直接与虚拟系统交互，这就是人机自然交互技术。目前在虚拟现实领域中较为成熟的交互技术有手势识别技术、动作捕捉技术（Motion Capture）、眼动追踪技术等。

1．手势识别技术

手势识别技术是手势交互的关键技术，手势识别的准确性和快速性直接影响人机交互的准确性、流畅性和自然性。手势识别系统的输入设备主要分为基于数据手套的识别和基于视觉（图像）的识别技术两种。

基于视觉的手势识别技术，用户无需穿戴设备，具有交互方便、自然和表达丰富的优点，符合人机自然交互的大趋势，适用范围广，应用前景广阔。从交互过程来看，主要包含 4 个步骤，如图 6-12 所示。第一步是数据采集，通过摄像头采集人体手势图像；第二步进行手部检测与分割，检测输入图像是否有手，如果有手，则检测出手的具体位置，并将手部分割出来；第三步进行手势识别，通过算法提取手部图像中的关键特征点，如手指的位置、方向、弯曲角度等；第四步使用识别结果控制虚拟环境中的人或物，将识别结果发送给虚拟环境控制系统，从而控制虚拟人或物实现特定运动。其中，手势识别是整个手势交互过程的核心，而手部检测与分割则是手势识别技术的基础。

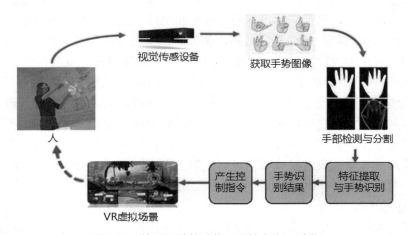

图 6-12　基于视觉的手势识别技术交互过程

基于数据手套的手势识别技术通常在手套上集成惯性传感器来跟踪用户的手指乃至整个手臂的运动。它的优势在于没有视场限制，而且完全可以在设备上集成振动、按钮、触摸等反馈机制。

2．动作捕捉技术

电影中的一些计算机生成（Computer-Generated，CG）角色大都使用了动作捕捉技术，如

《阿凡达》里的部落公主、《捉妖记》中的小妖王胡巴等。电影中 CG 角色用到的动作捕捉技术，通过记录并处理演员的动作，将真实演员的动作数字还原并渲染至相应的虚拟角色上，实现需要的电影动画效果。在虚拟现实领域，动作捕捉技术主要用于实时记录并数字化人体或其他物体在三维空间中的运动轨迹，提升用户与虚拟环境的交互体验。因此，虚拟现实领域内的动作捕捉又称为运动捕捉。

　　动作捕捉系统是指用来实现动作捕捉的专业技术设备。动作捕捉系统的设计原理有机械式、声学式、电磁式、惯性传感器式、光学式等。其中较常见的光学式动作捕捉系统基于计算机视觉原理，通过多个高速摄像头捕捉目标物体或人体上的反光标记点（Marker），并利用这些标记点的位置信息重建目标的三维运动轨迹。这种动作捕捉系统的捕捉对象活动范围大，且无线缆和机械装置的限制，但价格昂贵，后处理工作量大，并且场地内要避免强光直射和反射光干扰。另一种较常用的惯性动作捕捉系统主要通过惯性测量单元（Inertial Measurement Unit，IMU）记录物体或人体的运动数据，IMU 通常包括加速度计、陀螺仪和磁力计等，能够测量捕捉对象的加速度、角速度和方向，测量数据通过蓝牙等无线网络技术传送到数据处理设备，由数据处理设备解算出捕捉对象的运动数据。由于惯性动作捕捉系统主要依赖于无处不在的重力和磁场，对场地条件没有过多的限制，甚至水下也可以使用。但该系统的缺点是位置数据会随时间产生漂移，为此一些公司采用了惯性动作捕捉与光学动作捕捉相结合的方式，利用光学动作捕捉不断重新校正惯性传感器的位置数据。

　　动作捕捉系统通常由硬件和软件两大部分构成。硬件一般包含信号发射与接收传感器、信号传输设备以及数据处理设备等。软件一般包含系统设置、空间定位、运动捕捉以及数据处理等功能模块。信号发射传感器通常位于运动物体的关键部位，例如人体的关节处，持续发出的信号由定位传感器接收后，通过传输设备进入数据处理工作站，在软件中进行计算得到连贯的三维运动数据，包括运动目标的三维空间坐标、人体关节的六自由度运动参数等，并生成三维骨骼动作数据，驱动骨骼动画。例如北京某公司的惯性动作捕捉系统 Perception Neuron 主要基于 IMU 技术。通过 IMU 中的微型传感器捕捉人或物体的动作数据。每个 Perception Neuron 传感器集成了加速度计、陀螺仪和磁力计。这些传感器协同工作，能够高精度地捕捉人或物体的运动姿态和轨迹，实时输出高精度的姿态数据。同时，该系统的软件具有强大的数据处理能力。它可以对传感器传来的原始数据进行滤波，去除数据中的噪声和干扰部分，还能进行校准操作，使数据更符合实际的动作情况。并且系统可以将处理后的数据转换为其他动画制作软件或者游戏引擎能够识别的格式，方便在影视制作、游戏开发等众多领域的应用，实现动作的重建，将捕捉到的真实动作赋予虚拟角色。

　　3. 眼动追踪技术

　　眼动追踪技术是一种用于测量和记录眼睛位置和运动的传感器技术。通过测量眼睛注视点的位置或者眼球相对头部的运动而实现对眼球运动的追踪。眼动追踪技术的基本工作原理是利用图像处理技术，使用能锁定眼睛的特殊摄像机，通过摄入从人的眼角膜和瞳孔反射的红外线连续地记录视线变化，从而达到记录、分析视线追踪过程的目的。

　　眼动追踪技术具有广泛的应用，除了在 XR 领域进行人机交互，还被应用于科学和医学研究、智能驾驶、人因工程等领域。

6.2.4　碰撞检测技术

虚拟世界中角色、工具、障碍物之间经常会发生碰撞，及时检测出碰撞及碰撞后的反应是否与真实世界相符，是 XR 自然交互过程真实感的保证。碰撞检测技术用于判断两个或多个物体是否发生碰撞，以及计算碰撞的位置、法向量、碰撞反应等信息。碰撞检测技术主要包括两种方法：基于物理仿真的碰撞检测和基于几何形状的碰撞检测。基于物理仿真的碰撞检测需要模拟物体之间的相互作用力和运动速度等物理参数，而基于几何形状的碰撞检测则分析物体的几何形状，包括面、边、点等要素，以判断两个物体是否相交或包含。

在虚拟世界中通常有大量的物体，并且这些物体的形状复杂，要检测这些物体之间的碰撞是一件十分复杂的事情，其检测工作量较大，而且碰撞检测要有较高的实时性和精确性，基于视觉、触觉方面自然感要求，一般要在 30～50 毫秒内完成碰撞检测。因此，碰撞检测技术目前仍是一项需要科研人员进一步探讨和研究的重要技术。

6.3　虚拟现实系统的常用设备

虚拟环境的创建以及用户与虚拟环境进行自然交互的过程中需要一系列硬件设备。除了计算机等通用设备，虚拟现实系统有代表性的硬件还包括实现三维建模、3D 视觉显示、3D 声音和跟踪及传感等功能的硬件设备，这些硬件体现在以下具体的单一功能设备和一体化设备中。

6.3.1　建模设备

1．三维扫描仪

三维扫描仪通过对实物或环境的外形、结构和色彩进行光学或其他方式的侦测，获得物体表面的空间坐标数据。它的重要意义在于能够将实物的立体信息转换为计算机能直接处理的数字信号，进而实现三维重建计算，是实物等数字化过程中获取数据的一种快捷手段。

三维扫描仪可分为接触式和非接触式扫描仪，接触式扫描仪在扫描过程中会直接接触物体，逐点获取物体的三维坐标信息，构建精确的三维模型，在工业制造、牙科和珠宝设计等行业应用较多。非接触式三维扫描仪主要指光学三维扫描仪。光学三维扫描仪的测量方法按照是否投射主动光源，可分为被动式测量方法、主动式测量方法、主动与被动相结合的测量方法。采用主动式测量方法的激光扫描技术，扫描仪发射激光束到物体表面，传感器测量激光返回所需的时间，通过计算物体表面各点的距离，创建一个点云（即三维空间中的数据点的集合），从而创建物体的三维模型。

目前，三维扫描产业正处于飞速发展的时期，国内市场上不同品牌、不同类型的三维扫描仪产品不断涌现，型号丰富，迭代速度快。这些产品的类型根据应用需求的不同，可分为手持式三维扫描仪、拍照式三维扫描仪、台式三维扫描仪，以及各种用于专业领域的人体三维扫描仪、脚型三维扫描仪、牙科三维扫描仪、彩色三维扫描仪等，图 6-13 为手持式三维扫描仪，图 6-14 为台式三维扫描仪。三维扫描仪的应用广泛，例如在数字化生产线的过程中，利用大空间三维扫描仪和手持式三维激光扫描仪进行数据采集，配合专业三维软件构建三维模型，实现工厂装置的三维数字化。

图 6-13　手持式三维扫描仪

图 6-14　台式三维扫描仪

2. 全景相机

全景相机能够对大空间（如外景环境、建筑内景）拍摄水平 360°，垂直接近 360°的照片，然后通过算法软件对这些照片进行拼接与图像融合，从而呈现出一幅全景图像或全景视频，在虚拟现实领域可用于 VR 直播、空间漫游等领域。此外，全景相机的上游产品作为视觉传感器在机器人视觉、无人机视觉、无人驾驶等领域也有广泛应用。

全球消费级全景相机市场头部厂家有中国的影石 Insta360 和看到科技，美国 GoPro，日本理光等企业。其中国内企业展现出了强劲的技术创新和产品研发实力，在全球市场占据了重要地位。例如，2023 年位于深圳的影石 Insta360 销售额占全球消费级全景相机市场的 67.2%，占全球专业级全景相机市场的 61.4%。图 6-15 为影石公司的两款全景相机。

图 6-15　两款全景相机

6.3.2　头戴式显示设备

头戴式显示设备（Head-Mounted Display，HMD）是一种穿戴设备，简称头显。产品采用高分辨率的显示屏或光学投影技术将图像或视频内容直接显示在用户的眼睛前方，并通过内置传感器追踪用户头部运动，实时调整显示内容的视角和位置。可以通过配备按钮、触摸板、手柄、手势识别、眼动追踪等交互方式，使用户与虚拟世界进行互动并控制应用程序。头戴式显示设备还可以集成音频输出设备，如立体声耳机或扬声器，以增强沉浸感。用户戴上 HMD 后，可以体验沉浸式的虚拟现实或增强现实环境，是 VR、AR 以及 MR 应用领域中最具代表性的设备。常见的头显中完全应用于 VR 领域的有 HTC Vive、Oculus Rift 等；具有 AR 功能的产品有 Microsoft HoloLens、Magic Leap、Meta Glass、华为 Vision Glass 等。近年 MR 头显或 XR 头显产品也日渐成熟，如 HTC VIVE Focus Vision、Apple Vision Pro、字节跳动的 PICO 4 Ultra 等。

HMD 较成熟的产品中按连接方式可以分为外接式头显、一体机以及混合式头显三种。

（1）外接式头显。外接式头显指需要连接到外部计算设备（如 PC、手机或游戏机），由外部计算设备来提供图像和数据处理能力。其中外接式头显连接到高性能的电脑上，能够借助其强大的计算能力和图形处理能力，实现更逼真的画面效果、更复杂的场景渲染以及更流畅的交互体验，使其在高端 VR 游戏、专业模拟训练等对性能要求极高的领域具有不可替代的地位。

（2）一体机。一体机集成了显示屏、处理器、存储器、传感器和电源等模块，无需连接外部设备即可独立运行。这种设备具有较高的集成度，使用起来比较方便，用户只要戴上设备，开启电源就可以使用。但其内置的处理器、存储等硬件性能相对有限，在运行大型、高画质的 VR 游戏或复杂应用时，可能会出现卡顿、画面延迟等问题，不过随着技术的发展，部分高端一体机性能有很大提升。由于其便携性和集成性，一体机头显在娱乐、教育、医疗和工业设计等领域有着广泛的应用。

（3）混合式头显。混合式头显既可以作为独立的一体机运行，也可以连接外部计算设备（如 PC）以提供更高级的应用体验。混合式头显结合了两类设备的优点，能够针对不同的使用场景提供灵活的解决方案，可以满足各种消费者的需求和偏好。

目前市场上常见的头戴式显示设备产品有以下几种。

1. HTC Vive 系列产品

HTC 即宏达国际电子股份有限公司，是全球 VR 头戴显示器的头部制造商之一。HTC Vive 的首款产品于 2015 年 3 月在世界移动通信大会（Mobile World Congress，MWC）上发布，并于 2016 年 4 月正式推出消费者版。之后几乎每年 HTC 都有新产品发布，其中典型的 PCVR 产品有 HTC Vive Pro 等，典型的一体机产品有 HTC Vive Focus plus 等。近年发布的新产品多为混合式头显，既可以作为 VR 一体机使用，也可以与 PC 设备一起使用。而且功能上也从单一支持 VR 应用向支持 AR、MR 以及 XR 方向扩展。2023 年发布的 HTC Vive XR Elite 就是一款融合了 VR 和 MR 技术的高端一体机头显，具有高分辨率显示、精准的追踪性能和舒适的佩戴体验。在视觉效果、交互性和应用场景等方面都有所提升，能够为用户带来更加沉浸式的虚拟现实和扩展现实体验，让使用者在多领域可轻松进入元宇宙世界。

2024 年 9 月发布的 HTC Vive Focus Vision 是一款功能强大的混合式头显，无需外部定位器即可追踪用户全身的运动，而不仅仅是头或手部，如图 6-16 所示。适用于 PCVR 和一体机游戏、线下大空间娱乐、企业培训、高效协作以及 MR 应用等多样化场景。处理器配备了高通骁龙 XR2，搭配 12GB 内存和 128GB 储存空间，还支持 MicroSD 储存卡扩容，可满足用户运行各种复杂应用和游戏的需求。搭载瞳距自动调节功能和眼动追踪技术，用户与他人共用一台头显设备时，无需手动操作便可保障清晰的视觉体验，该功能适用于 VR 线下大空间体验、培训等用户更替频繁的场景。拥有双前置彩色摄像头，可实现立体透视效果，让用户在佩戴头显时能够自然、深入地感知现实世界，享受更加逼真的 MR 体验。

2. Meta Oculus 系列产品

Meta 公司原名 Facebook，是一家互联网科技公司，经营领域主要有社交网络服务、虚拟现实和元宇宙。Meta 收购 Oculus 公司后，通过 Oculus 系列产品（如 Oculus Rift、Oculus Quest

等）布局 VR 和 AR 领域，为用户打造沉浸式的虚拟和增强现实体验。2024 年 9 月 Meta 发布的 Meta Quest 3S 是一款 VR 头显，具有一定的 AR 扩展能力。该一体机产品采用高通骁龙 XR2 Gen 2 芯片、8GB 的 LPDDR5 内存以及 128GB 或 256GB 的存储空间，配备 FALD 显示屏能够提供流畅、清晰的视觉体验。Meta Quest 3S 通过 4 个内置集成摄像头追踪用户在物理空间中的位置和动作，配备 2 个带有加速度计和陀螺仪的控制器，支持手部追踪，用户可以自然地与虚拟环境中的物体进行交互。

图 6-16　HTC Vive Focus Vision 的应用场景

3. PICO 系列产品

PICO 品牌成立于 2015 年，产品包括虚拟现实软硬件产品，2021 年被字节跳动公司收购，并入其虚拟现实相关业务，并致力于成为领先的世界级扩展现实平台。PICO 的主要产品包括：2015 年发布的 PICO 1 系列、2021 年发布的 PICO neo 3 VR 一体机系列、2022 年发布的 PICO 4 VR 一体机系列、2024 年发布的 PICO 4 Ultra 系列。PICO 4 Ultra 是 PICO 推出的首款混合现实一体机，具备 MR/VR 模式一键切换和手势交互功能，可提供沉浸式体验。PICO 4 Ultra 搭载了高通骁龙 XR2 Gen2 处理器、12GB 内存和 256GB 存储器，显示屏具有 4K+分辨率和 105°超大视野，配备双目 3200 万像素彩色透视摄像头和 iToF 深度感知摄像头，能够提供出色的性能表现和立体高清彩色透视体验。它支持实时环境感知和多任务窗口操作，兼容安卓应用生态和手机镜像功能，在系统层面引入了全景屏工作台，用户可以在现实空间中同时打开和排布多个虚拟大屏，提升多任务处理的效率和舒适度，如图 6-17 所示。

图 6-17　PICO 互联应用时显示的电脑和手机画面

4. Apple Vision Pro

Apple Vision Pro 是苹果公司于 2023 年推出的一款高端 MR 头显设备。其配备高分辨率的双眼 Micro-OLED 显示屏（共 2300 万像素）、强大的 M2 处理器和实时传感器处理芯片 R1，实现低延迟和高精度感知。Vision Pro 采用了先进的空间音频系统和眼动追踪技术，同时具备立体 3D 主摄系统和多个高分辨率摄像头，支持眼动追踪、手势识别和语音输入等多种交互方法。在运行的操作系统提供 3D 用户界面和无限画布，允许用户在现实空间中自由摆放和调整应用界面。在技术创新方面，Vision Pro 引入了 Optic ID 虹膜识别系统，确保用户隐私和设备安全，同时配备先进的空间音频系统，支持个性化空间音频和音频射线追踪，为用户带来影院级别的观影体验。

5. HoloLens

HoloLens 是微软公司开发的一款 MR 一体机头显设备。该产品无需连接电脑或手机设备即可独立使用，通过全息影像技术将数字世界与物理环境融合，HoloLens 支持定位放置全息图、全息图交互等功能，用户可以通过凝视、手势和声音指令与全息图进行互动，为用户提供沉浸式的交互体验。HoloLens 采用了先进的传感器和摄像头阵列，包括用于头部追踪的可见光摄像头、眼动追踪的红外摄像头等，以及高性能的计算平台，确保了流畅的全息影像渲染和交互操作。其特点在于轻便、无线设计，支持语音命令和手部追踪，使用户能够轻松精确地进行操作。HoloLens 已广泛应用于制造业、建筑业、零售业、医疗保健和教育等多个领域，通过提供的混合现实解决方案，改进了工作效率、培训和客户服务等方面。例如，在制造业中，HoloLens 可用于指导装配和培训；在医疗保健中，它支持远程专家咨询和全息患者咨询等应用。

6.3.3　CAVE 系统

在头戴式显示器成为 VR 的典型设备之前，科研界和工业界更多的是使用投影系统来使用户沉浸在 3D 数据数字环境中。这类系统需要一组投影仪，将图像投射到房间的内墙、地板和天花板上，结合一套追踪用户位置的 3D 眼镜，用户在房间内移动会导致数据环境的视角发生相应变化。这种系统被称为洞穴式自动虚拟环境（Cave Automatic Virtual Environment，CAVE），由美国伊利诺伊大学芝加哥校区的电子可视化实验室发明。1999 年浙江大学计算机辅助设计与图形学国家重点实验室成功建成我国第一台四面 CAVE 系统。

CAVE 系统由高质量投影仪、一个强大的计算机系统和配套软件组成，可提供一个房间大小的四面、五面或者六面的立体投影显示空间，供多人使用。其核心技术包括：高分辨率的立体投影技术、多通道视景同步技术、视角动态跟踪及捕捉技术、立体音响技术、传感器技术等。通过这些技术产生一个被三维立体投影画面包围的、供多人使用的、完全沉浸式的虚拟环境。CAVE 系统作为一种沉浸式虚拟现实技术，凭借其强大的可视化能力提供高度的沉浸感，并能够支持多名用户同时使用，用户可以通过自然的动作和行为与虚拟环境进行实时互动。但是，CAVE 系统需要较大的空间来布置投影屏幕和设备，且使用和维护成本高、技术复杂，限制了其在中小型企业或家庭环境中的应用。目前，CAVE 系统较多应用在虚拟实验室、虚拟手术室、虚拟工业产品设计室、虚拟主题公园等场景中。例如德国的一家运输工程公司 MAN Truck & Bus 投入了 50 万美元创建了一个 CAVE 系统，用于创建虚拟车辆模型，以便在制造使用之前发现潜在设计问题并及时消除，此系统的应用为公司节约了开发成本，大幅提升了研发效率。

6.3.4 其他交互设备

在虚拟实现领域中数据手套、力反馈手套、VR 手柄、力反馈操纵杆、三维鼠标等也是较常见的交互设备。下面主要介绍一下数据手套、力反馈手套和 VR 手柄。

1. 数据手套

数据手套是一种穿戴式交互设备，用于捕捉和跟踪手部动作（如进行物体抓取、移动、旋转、装配、操纵、控制等）并将其转换为数字信号，从而在虚拟环境中再现人手动作，达到人机交互目的，是一种通用的人机接口。它通常由柔软的材料制成，内部包含多种传感器，如弯曲传感器、加速度计和陀螺仪、光学传感器等。数据手套能够实时捕捉手指的弯曲角度、手掌的旋转角度等信息，并将这些数据通过有线或无线网络传输到计算机或其他计算设备，从而实现对手部动作的精确跟踪和控制，达到人机交互的目的。

数据手套代表性品牌有 5DT、CyberGlove、Manus VR、Dexmo、诺亦腾等。其中 5DT 是数据手套领域的老牌企业，其产品受到了 VR 等领域专业人士认可，以高精度的光纤传感器技术和稳定的数据传输著称。5DT Data Glove Ultra 系列广泛应用于 VR、AR、动画制作和医疗康复等领域。

数据手套的优点是输入数据量小，速度快，直接获得手在空间的三维信息和手指的运动信息，可识别的手势种类多，能够进行实时识别；缺点是受技术及材料的影响，价格相对较高，有些材料容易老化，影响产品的使用寿命。数据手套穿戴复杂，给人带来很多不便，并且因为本身不能提供与空间位置相关的信息，所以数据手套必须配合位置跟踪器使用以达到获取空间位置信息的目的。

2. 力反馈手套

力反馈手套是数据手套的一种，但更侧重于触觉反馈功能，用户能够用双手亲自"触碰"虚拟世界，甚至能感受到虚拟物体的重量、形状、大小、材质、软硬度等特性。力反馈手套是一种结合了手部动作捕捉和触觉反馈技术的设备，主要根据反作用力原理，在虚拟环境中模拟真实的触觉和力感，增强用户的沉浸感和交互体验。触觉反馈功能可以通过电机、气动装置或电磁装置等执行器来产生力反馈。例如，电机可以通过转动产生扭矩，通过传动装置将力传递到手指或手掌部位；气动装置利用压缩空气驱动气囊或气室膨胀收缩来提供力的感觉；电磁装置则利用电磁力来实现力的反馈。

力反馈手套的众多产品中 CyberGrasp 设备是一种轻量级的力反射外骨骼，可套在 CyberGlove 数据手套上，为每个手指添加阻力反馈，如图 6-18 所示。用户借助 CyberGrasp 力反馈系统能够在虚拟世界中感受到计算机生成的 3D 物体的大小和形状，在抓取、触摸、操纵虚拟物体时获得与真实世界相同的感觉。CyberGrasp 系统最初是为了美国海军的远程机器人专项合同研发的，用于遥控远程机器人，操作员不仅可以控制远程机器人的"手"还能真正"感觉"到被操纵的物体。国内自主研发的产品 Dexmo 是一款商业化便携式双手无线力反馈手套，由深圳岱仕科技有限公司开发，兼具手部动作捕捉与力反馈功能。当用户在虚拟世界触碰物体时，手套上触觉制动器就会膨胀，通过按压手掌和指尖，产生"真实"触摸的感觉。Dexmo 手套能让用户在虚拟世界感知手上物体的外形、材质、温度、重量，甚至能感受到物体的质感，比如软硬。这些产品在虚拟现实、工业培训、医疗康复等领域都有广泛应用，未来有望在更多领域发挥重要作用。

图 6-18　CyberGrasp 力反馈手套

3．VR 手柄

在虚拟现实系统中，通常头显设备都配备两个 VR 手柄，如图 6-19 所示。VR 手柄属于局部动作追踪器，其主要作用是方便用户对 VR 系统进行数据输入、控制等操作。在体验 VR 游戏等应用时，手柄相对于键盘和鼠标更方便操作，能带来更好的操作体验。

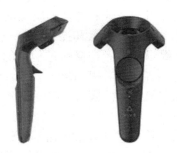

图 6-19　VR 手柄

以基于惯性传感器的 VR 手柄为例，其工作原理是根据加速度和磁场传感器在各测量轴方向上的分量，计算得出手柄相对于重力加速度和地磁场的俯仰角和方位角，将这两个角度作为手柄的状态变量，计算得到动作指令，通过串口传送到主机端，然后在虚拟场景中完成相应的动作。此外，VR 手柄还可以通过外部摄像头实现手柄的位置追踪，使用户通过操纵 VR 手柄实现在虚拟场景中的自由参观。此外，手柄还可以通过按钮进行人机交互，并通过振动马达实现反馈，增强使用者的沉浸感。

VR 手柄的优点是结构简单，性能稳定，成本低廉，应用的可移植性强；其缺陷是对于手部关节的精细动作无法还原，无法进行手部动作的精准定位，容易受周围环境铁磁体的影响而降低精度。目前 VR 手柄仍是虚拟现实领域的主流交互工具之一，随着技术的进一步发展，裸手交互和脑机接口技术可能会逐渐取代传统的 VR 手柄，成为主流交互方式。

6.4　虚拟现实技术的应用

虚拟现实和增强现实等技术发展到现在，正以其越来越逼真的沉浸式体验和在现实场景中叠加虚拟信息的超视体验，重塑人们对世界的感知和交互方式。随着技术的不断进步，相关产品的不断升级，其应用也越来越广泛和深入。下面介绍 VR 和 AR 等技术在医疗、教育、工业设计、军事、娱乐等领域中的一些典型应用。

6.4.1　医疗和教育领域

有些医疗和教育场景在现实中不易获得，如医学生的心脏等器官手术实践，教育应用中火灾、地震等危险场景，宏观或微观层面的场景等。运用 VR 或 AR 等技术构建出能够取代这些真实场景的虚拟环境供培训使用，无疑是化解这一难题的有效途径。

1. 在医疗领域内的应用

虚拟现实等技术在医学领域内的应用主要体现在两个方面：一方面是在培训医学生实践技能时模拟真实手术场景；另一方面是创设有利于病人身心的虚拟情境进行辅助治疗。

（1）VR 的虚拟手术室应用。对于医学生和年轻医生而言，临床经验的积累往往需要漫长的时间和大量的实践操作。使用 VR 技术开发的虚拟手术培训系统，可以提供一个高度逼真且安全的模拟环境。通过佩戴 VR 设备，使用者能够身临其境地进入虚拟手术室，清晰地看到手术部位的解剖结构，并使用模拟手术器械进行各种复杂的手术操作，如骨科手术、心脏手术、眼睛手术等。系统中的触觉设备（如力反馈手套）能够模仿手术操作的物理触感（如硬度、弹性、阻力）并准确模拟软组织、骨骼纹理和肌肉的感觉，让用户获得完全身临其境的培训体验，有助于他们更好地掌握手术力度和操作技巧。也就是说，系统可以根据操作的准确性和规范性给予实时反馈，提示手术者在操作过程中的失误以及改进的方向。这种沉浸式的培训方式不仅能够显著缩短培训周期，提高培训效率，还能让学员在没有真实患者风险的情况下反复练习，增强自信心和熟练度，从而在实际临床工作中更加从容地应对各种手术情况。

（2）AR 虚拟三维立体教具。传统教学方式中医学生进行实体解剖的练习机会难得，而且在对实际生命体进行解剖时，较多细小的神经和血管是很难看到的。而且一旦进行了切割，解剖体就被破坏，很难通过再次切割来进行不同的观察。结合 AR 技术构建虚拟的数字人体，可以清晰地呈现 360°视角的立体图像，供医学生从各个角度进行观察，甚至通过 XR 技术还可以实现人体内漫游。

（3）辅助医疗方式多种多样。通过 VR 等技术实现辅助医疗，已经成为现代医疗手段发展的重要方向。医生在进行复杂的手术之前，可以对患者的三维影像数据进行全方位的观察和分析，提前规划手术路径，模拟手术过程，预测可能出现的风险和问题，并制定相应的应对措施。例如，在神经外科手术中，利用 VR 技术构建的患者脑部模型，医生能够清晰地看到肿瘤与周围神经、血管的解剖关系，从而更加精确地进行手术操作，最大限度地减少对正常组织的损伤，提高手术的成功率和患者的愈后质量。AR 技术还可以通过将虚拟的图像信息叠加在真实的手术视野上，为医生提供实时的辅助信息。在进行骨科手术时，AR 眼镜可以将患者的骨骼结构、手术器械的位置以及预设的手术方案等信息直接呈现在医生的眼前，帮助医生更加准确地进行手术操作，避免因视觉误差或经验不足而导致的手术失误，大大提高了手术的精准性和安全性。

在心理治疗方面，VR 技术为患者带来了新的希望和治疗途径。对于患有恐惧症、创伤后应激障碍（Post Traumatic Stress Disorder，PTSD）等心理疾病的患者，传统的治疗方法往往效果有限。而 VR 暴露疗法通过创建特定的虚拟场景，让患者身临其境地面对恐惧源，如高空、密闭空间、战争场景等，在治疗师的引导下逐渐克服恐惧心理。这种沉浸式的治疗方式能够更加有效地激活患者的情绪反应，使治疗过程更加生动、真实，从而提高治疗的效果和成功率。同时，VR 技术还可以用于缓解患者在手术前的焦虑情绪，通过播放舒缓的虚拟场景和音乐，帮助患者放松身心，减轻术前的紧张和恐惧，为手术的顺利进行创造良好的心理条件。

VR 和 AR 技术在医疗领域的应用还扩展到了康复治疗、远程医疗会诊等。在康复治疗中，通过结合 VR 游戏和运动康复训练，患者可以在更加有趣、生动的环境中进行康复锻炼，提高康复的积极性和依从性。例如，利用 VR 技术设计的康复训练游戏，患者可以通过模拟的运动场景进行肢体的活动和锻炼，系统会根据患者的运动表现进行评估并调整训练方案，使康复过程更加个性化和科学化。在远程医疗会诊中，AR 技术可以让专家远程实时查看患者的病情，并通过虚拟标注和指导，为基层医生提供手术操作或诊断方面的建议，实现优质医疗资源的共享和下沉，提高偏远地区和基层医疗机构的医疗服务水平。

尽管 VR 和 AR 技术在医疗领域已经取得了显著的进展和成果，但仍面临一些挑战和问题。例如，技术设备的成本较高，限制了其在一些医疗机构的普及应用；部分 VR 和 AR 医疗应用的准确性和可靠性还需要进一步提高；同时，相关的法律法规和伦理规范也有待完善，以确保技术的安全、合理使用。然而，随着技术的不断进步和创新以及社会各界对医疗健康领域的关注度不断提高，这些问题有望逐步得到解决。

2. 在教育培训领域内的应用

VR 等技术在教育领域内的应用不仅可以辅助教学，还会带来学习方式的变革。

（1）VR 虚拟实验室。传统的实验室教学受到空间、设备和安全等多方面的限制。通过 VR 技术可以创建虚拟实验室，学生可以在虚拟环境中进行各种实验操作。国内某公司的 VR 虚拟实验室主要应用于化学、医学和生物等学科的教学中。在化学实验中，学生可以在虚拟实验室中进行危险的化学反应，如乙酸乙酯的合成实验，而不必担心实验安全问题。在高等教育领域，德国某知名工科大学打造 VR 虚拟实验室用于机械工程专业教学。学生们能远程操控高精度虚拟机床，模拟复杂零部件的加工工艺，从设计图纸到成品产出，全程精准模拟，缩短了学生毕业后进入企业的上手适应期，提高了企业对该校学生实践能力满意度。虚拟实验室不仅降低了实验成本，还提高了实验的可重复性和灵活性，提升了学习效率和教学效果。

（2）AR 技术增强教学内容呈现。将传统文字形式的教学内容以生动立体的形式呈现在学生眼前并与学生互动，学生的学习兴趣和教师的教学效果会大幅提升。下面是几个使用 AR 技术增强教学内容呈现的案例。

国外某小学将 AR 技术融入数学课堂。学生用平板电脑扫描 AR 数学教材上的习题，平面图形随即转换为立体模型，学生可以旋转、缩放，直观地探究图形的棱长、表面积与体积关系。据统计，学生对几何知识的学习兴趣提高了近一半，作业正确率也显著上升。原本枯燥的几何图形学习瞬间充满趣味。

国外某艺术院校借助 AR 技术革新绘画教学。学生在户外写生时，利用 AR 眼镜扫描实景，就能在眼前叠加不同艺术风格滤镜，如印象派、立体派等，实时对比观察同一景色在多样风格下的呈现效果，激发创作灵感。

在特殊教育领域，某家康复机构针对孤独症儿童推出 AR 互动绘本项目。通过简单的手势操作，孤独症儿童能让绘本中的动物"活"起来，听它们讲述故事、学习生活常识。经过半年的干预训练，70%的孩子在认知能力和社交主动性上有明显改善，部分孩子甚至能进行简短的日常交流。

（3）虚拟教学情境改变学习方式。虚拟现实技术能够为学生提供高度沉浸式的学习环境。结合建构主义和情境学习的思想，创设自主学习的环境，可以改变传统的以教师讲授为中心的学习方式，学习者在虚拟的学习情境里个性化地通过探索和互动得到知识和技能，真正实现了以学生为中心的教学方式。以历史课为例，学生不再是通过枯燥的文字和静态的图片来了解古代文明。借助 VR 设备，学生可以"穿越"回古代，亲身体验古埃及金字塔的建造过程，或是置身于古代中国的繁华街市。在学习地理时，学生可以探索世界各地的地理特点，感受不同气候带的环境差异，甚至观察火山的形成和喷发过程。这种沉浸式的体验能够极大地激发学生的学习兴趣，让学习不再是被动地接受知识，而是主动地探索发现。

虚拟现实和增强现实技术在教育领域的应用具有广阔的发展前景，它们能够为教育提供更加丰富、互动和个性化的学习体验，有效解决传统教育中的一些问题和局限性，提高学习兴趣与动机，促进实践与技能培养。同时虚拟实验室、虚拟课堂等借助网络技术可以打破时空边界，实现远程教学。然而，要实现在教育领域中的广泛应用和深入发展，还需要克服技术成本高、内容开发不足、加强教师培训等方面的挑战。而且学生长时间使用 VR 设备可能会导致一些健康问题，如晕动症、眼睛疲劳等。此外，在虚拟环境中进行学习和活动时，学生可能会忽视现实世界中的安全问题。教育工作者和研究人员需加强合作，共同探索和创新教育领域的应用模式和方法，推动教育的现代化和智能化发展。

6.4.2 工业和商业领域

VR 等技术在工业和商业领域内的工业制造、产品设计、市场营销、零售购物等多个方面展现出了巨大的应用潜力，甚至重塑了产业生态，推动了商业模式的创新与升级。

1. 应用于产品设计

VR 等技术可以为设计师提供更为直观、高效的设计手段。设计师可以借助 VR 设备，在虚拟空间中全方位地构建和审视产品模型，对产品的外观、结构、功能等进行细致打磨。例如，在汽车设计领域，工程师可以利用 VR 技术创建汽车的三维模型，从不同角度观察车身线条、内饰布局，甚至模拟驾驶体验，及时发现并调整设计中的问题，缩短设计周期，降低设计成本。同时，通过 AR 技术将设计图纸或三维模型与现实世界相融合，让设计师在真实环境中预览产品效果，增强设计的精准度和可行性。如家具设计师在设计新款式家具时，可以通过 AR 设备将家具模型放置在实际的家居场景中，观察家具与空间的协调性，依据反馈进行优化，打造出更符合市场需求的产品。

2. 应用于生产环节

VR 等技术可以模拟整个生产流程，从原材料的采购、运输到生产加工、产品组装，再到成品的检验与包装，每一个环节都能在虚拟环境中得到详尽的呈现。工程师可以对生产流程进行反复模拟，找出潜在的瓶颈和问题，提前进行优化调整，提高生产效率，降低生产成本。例如，某大型机械设备制造企业，在生产前利用 VR 技术模拟了整个装配过程，发现了部分零件的装配顺序不合理，导致装配效率低下，通过调整装配顺序和方法，实际生产中的装配时间缩短了 30%。此外，AR 技术在生产现场的应用也日益广泛，工人可以通过佩戴 AR 眼镜，实时获取生产指导信息，如操作步骤、工艺参数、设备状态等，确保生产过程的标准化和规范化。同时，AR 技术还能辅助设备的维护与故障诊断，维修人员在检修设备时，可以通过 AR 设备查看设备的内部结构和运行数据，快速定位故障原因，提高维修效率，减少设备停机时间，保障生产的连续性。

3. 应用于市场营销环节

VR 等技术可以为市场营销与品牌推广提供全新的展示平台和互动方式。企业可以利用 VR 技术打造沉浸式的品牌体验馆，让消费者在虚拟环境中全方位地了解品牌的历史、文化、产品和服务。例如，某知名服装品牌通过 VR 技术创建了一个虚拟的时尚秀场，消费者可以身临其境地观看服装的展示，感受服装的面料质感、设计细节，增强了品牌的吸引力和消费者的购买欲望。同时，企业还可以通过 AR 广告、AR 产品展示等方式，将虚拟信息与现实场景相结合，吸引消费者的注意力，提升品牌的认知度。如某饮料品牌推出的 AR 营销活动，消费者通过手机扫描产品包装上的图案，即可在手机屏幕上看到虚拟的代言人形象，与消费者进行互动，传递品牌信息，增强了消费者的参与感和品牌忠诚度。

4. 线上线下商品销售

VR 等技术正在重塑消费者的购物体验。通过 VR 技术，消费者可以足不出户地逛遍全球的商场和店铺，享受沉浸式的购物体验。例如，某大型电商平台推出了 VR 购物功能，消费者戴上 VR 头盔，即可进入虚拟的购物空间，自由浏览各种商品，查看商品的详细信息和 3D 模型，甚至可以模拟试穿服装、试用化妆品等，实现了线上购物与线下体验的完美融合。还有一些电商平台提供了 VR 或 AR 功能来提升用户的购物体验，如房产销售网站的 VR 看房功能、化妆品销售时提供的 AR 化妆镜、购物网站的 AR 试鞋功能等。同时，消费者在实体店购物时，也可以通过 AR 设备获取商品的更多信息，如价格、评价、使用方法等，还可以看到商品在不同场景下的效果，如在家具店选购沙发时，通过 AR 设备可以看到沙发放置在自己家中的效果，帮助消费者做出更明智的购买决策。此外，AR 技术还可以用于商场的导航和促销活动，消费者在商场内可以通过 AR 设备查看店铺的位置、优惠信息等，提升了购物的便捷性和趣味性。

综上所述，VR 和 AR 技术在产品的设计、生产到销售的各个环节都有广泛应用，可以提高效率并降低成本。在商业营销和零售中，虚拟展示和购物效果演示给消费者带来了更好的购物体验，其应用前景受到了企业和商家的高度认可。未来还需要企业和商家与技术提供商、内容开发者、行业组织等深入合作，共同推动 VR 和 AR 技术在工业和商业领域的健康发展，实现产业的升级和转型，为用户创造更加美好的产品和服务体验。

6.4.3　航天和军事领域

VR 等技术在航空航天和军事领域内的应用价值非常高，已经成为这些领域内训练、设计等方面不可缺少的存在。

1. 在航天领域内的典型应用

VR 技术出现早期带来巨大商业价值的成功应用就是在航天和军事领域。如今在航天领域内，AR、VR 和 XR 等技术在飞行器设计与测试、航天员训练、航天任务预演等方面都有深入的应用。

（1）航天器设计与测试。在航天器的设计和测试过程中，VR 等技术可以提供一个虚拟的三维环境，使设计师能够直观地观察和修改设计方案。例如，在航天器的舱内布局设计中，通过 VR 技术可以构建出航天器的虚拟座舱模型，设计师可以在其中进行各种布局和操作的模拟，从而优化设计方案。此外，VR 技术还可以用于模拟航天器在轨运行期间的各种情况，如设备故障等，为航天器的测试和改进提供支持。

（2）辅助航天器装配与维修。航天器的构造精密复杂，装配与维修工作难度极高。维修人员佩戴 AR 眼镜，能够实时获取设备的内部结构信息、维修步骤指引，将虚拟的装配或故障诊断信息精准叠加在真实的航天器部件上。当遇到棘手故障时，远程专家还能通过 AR 系统，以第一视角查看现场情况，实时标注操作要点，协助现场人员快速完成修复工作，大大缩短维修时间，保障航天器的正常运行。

（3）航天员训练。太空环境极端复杂且危险，航天员在进入太空前需要进行大量高难度训练，以适应太空环境和任务要求。VR 技术可以为航天员提供一个高度逼真的虚拟太空环境，使其能够在地球上进行各种太空任务的模拟训练。从失重状态下的舱外活动到航天器复杂的操控系统操作，航天员戴上头显等 VR 设备后仿佛置身于真实的太空环境中，进行各种操作训练。VR 技术可以用于模拟失重环境下的心理训练，帮助航天员建立失重环境下的空间方位感。还可以模拟各种可能遇到的突发状况，如太空垃圾撞击、设备故障维修等，极大提升了航天员应对危机的能力，确保他们在真正面对太空挑战时能够冷静、准确地做出反应，为太空任务的成功执行奠定坚实基础。

（4）航天任务预演。在大型航天项目启动前，利用 VR 技术构建整个任务流程的虚拟模型，涵盖火箭发射、卫星入轨、深空探测等各个环节。科学家与工程师们能够在虚拟环境中反复演练，提前发现潜在问题，优化任务方案。以嫦娥系列月球探测任务为例，科学家与工程师们借助 VR 技术，提前数月就进入虚拟的月球环境，模拟月球车从着陆器驶出、在崎岖月面行驶、采集样本等全过程。通过反复演练不同光照条件、地形起伏下的行驶路径，优化月球车的行驶算法，提前发现潜在的机械结构干涉、能源供应问题，调整采样策略，让采样点的选择更加科学合理，有效提高了任务成功率，降低了高昂的探索成本。

2. 在军事领域内的典型应用

战争是残酷的，现代在军事领域实战经验积累和军事任务演练可以借助 VR 和 AR 等技术实现。我国开发了多种 XR 训练系统，如坦克驾驶模拟训练系统、飞行模拟训练系统和空降兵跳伞训练系统等。这些系统通过三维建模和虚拟仿真技术，为士兵提供了逼真的训练环境，使他们能够在虚拟环境中进行各种战术动作的训练。此外，XR 技术还被用于作战方案的制定和作战效果的评估，通过模拟不同的作战场景和方案，帮助指挥官进行决策分析和优化，提高作战指挥的科学性和准确性。美国国防部高级研究计划局自 20 世纪 80 年代起一直致力于研究被称为 SIMNET 的虚拟战场系统。该系统将分布在不同地理位置的多个训练单元通过网络连接，构建出大规模、高逼真的虚拟战场环境。系统中连接数百台模拟器（代表坦克、步兵战车、直升机、固定翼飞机等），所有参与者都能体验到连贯、合乎逻辑的事件序列。战斗结果取决于团队协作和个人主动性，而不是由教官控制的脚本场景。在一次模拟中东沙漠地区的军事对抗演练中，各部队士兵们穿戴专业 VR 设备，仿若置身于漫天风沙、酷热难耐的真实战场。装甲部队驾驶虚拟坦克，凭借 VR 呈现的精准操控界面，感受真实的行进颠簸与射击后坐力，与步兵协同作战，依据虚拟战场中的地形起伏、沙丘遮挡，合理规划推进路线，躲避敌方炮火袭击。步兵则利用 VR 设备，清晰洞察周围环境，从废弃村落的房屋布局到隐蔽的地下通道，精准定位敌人位置，与装甲部队紧密配合，及时传递情报，实施穿插包围战术。同时，空中支援力量依据 VR 系统实时共享的战场态势，准确投放虚拟弹药，打击关键目标。

这种大规模的协同训练使得部队能够在动态、自由发挥的环境中练习战术技能，提高部队的协同作战能力和战术水平。

综上所述，VR 和 AR 技术在航天和军事领域有着广泛而深远的应用，它们为航天员训练、航天器设计、航天任务预演、军事训练、作战指挥、任务演练等方面提供了强大的支持，推动人类探索宇宙与捍卫和平的伟大事业迈向新高度。

6.4.4　休闲和娱乐领域

虚拟现实技术从诞生到现在，在游戏和文化旅游等休闲娱乐领域内的应用，是最受大众关注的应用方式之一。

1. 在游戏方面应用

游戏一直是 VR 应用的一个重要领域，近年来呈现快速增长的态势。VR 游戏具有高度的沉浸感和强交互性等特点，在角色扮演类、射击类、驾驶类等游戏中能让玩家获得更逼真的游戏体验。引入 AR 技术的游戏则能够将游戏中的虚拟元素融入现实世界，一些 AR 寻宝类和探险类游戏，玩家甚至可以走出家门到现实世界中去参与游戏，打破了传统游戏的空间限制。

（1）沉浸式角色扮演游戏（Role Playing Game，RPG）。在传统 RPG 游戏中，玩家通过屏幕操控角色，虽能感受剧情，但代入感有限。而 VR 技术的融入，彻底改变了这一局面。以《上古卷轴：刀锋》的 VR 版本为例，玩家戴上 VR 头盔，仿佛瞬间踏入了那个充满奇幻色彩的魔幻世界。游戏中的城镇、森林、洞穴等场景栩栩如生，玩家可以自由转动视角，全方位观察周围环境。借助 VR 手柄，玩家能够与游戏中的各种物品进行互动，比如拿起武器与怪物战斗，动作如同在现实中一般自然流畅。在与 NPC 交流时，NPC 的表情、动作都显得极为真实，仿佛就在眼前与自己对话，极大地增强了游戏的代入感和沉浸感，让玩家真正成为游戏世界中的一员，全身心投入角色的冒险历程。

（2）健身与体育类游戏。VR 健身与体育类游戏将运动与游戏相结合，让玩家在娱乐中达到健身的目的。以《节奏光剑》为例，玩家在游戏中跟随音乐的节奏，使用 VR 手柄挥舞虚拟光剑，切割飞来的方块。游戏过程中，玩家需要不断地做出挥动手臂、转身等动作，既锻炼了身体的协调性和反应能力，又能让玩家沉浸在音乐和游戏的乐趣中。此外，还有一些 VR 体育游戏，如网球、篮球等，玩家可以在虚拟的体育场景中与对手进行比赛，享受运动的乐趣，同时达到健身的效果。

（3）带来全新互动体验的 AR 游戏。在典型的 AR 游戏《精灵宝可梦 GO》中，玩家利用 GPS 定位在现实场景中通过手机寻找和捕捉各种宝可梦。玩家经常会在公园、广场等宝可梦出现概率较高的地方聚集，他们会互相交流游戏经验，分享遇到稀有宝可梦的地点信息，甚至组织团队一起挑战游戏中的道馆。这种线下的社交互动不仅丰富了玩家的游戏体验，还帮助玩家结识了更多志同道合的朋友，拓展了自己的社交圈子。

2. 在文旅方面的应用

文旅产业承载着传播文化、满足人民精神需求的重任。VR 技术以其独特的沉浸感、交互性和构想性，打破了传统文旅的边界，让游客得以身临其境地感受历史文化、自然风光，成为推动文旅产业升级的关键力量。

（1）虚拟旅游体验。VR 技术让景区借助全景漫游，使游客足不出户便能畅游全球名胜。例如 2011 年谷歌启动了一项"艺术与文化"计划，利用 VR、AR、3D 扫描等技术重现世界各地博物馆、古迹的内部场景，用户在家里戴上设备，就可以仿若置身于卢浮宫欣赏蒙娜丽莎，或漫步在罗马斗兽场感受历史沧桑，极大拓展了旅游的时空范畴。

对于一些因自然灾害、保护需求限制客流量的景点，如敦煌莫高窟，VR 虚拟洞窟游览既满足游客参观诉求，又避免实体洞窟过度开放造成的损坏，实现文化传承与旅游开发的平衡。

AR 技术则为实地旅游增添更多趣味与信息。在游览历史古迹时，游客通过手机 AR 应用对准建筑，就能看到古建筑原本的色彩、结构复原图，了解其变迁历史。例如，在参观故宫时，AR 可以展示太和殿建造过程、昔日朝会场景，让游客仿佛穿越回古代，目睹历史的繁华。

（2）虚拟主题公园。虚拟主题公园是利用 VR、AR 等技术，结合人工智能等前沿技术，在虚拟空间中创建的具有主题性、互动性和娱乐性的数字化娱乐场所。用户通过佩戴 VR 设备、使用手机或其他终端，能够身临其境地体验各种主题场景和游乐项目。VR 技术可凭借头戴式显示器，将用户瞬间"传送"至光怪陆离的奇幻天地，想象一下，自己正置身于远古的虚拟恐龙世界，与那些史前巨兽来一场亲密接触；AR 技术则巧妙融合虚拟与现实，当游客手持手机或平板电脑漫步街头，便能惊喜发现现实场景中突然冒出可爱的虚拟卡通人物或新奇道具，开启趣味互动。

密室逃脱、剧本杀等娱乐业态融合 VR 技术，打造出科幻、悬疑等多元主题空间，玩家通过与虚拟环境交互，解锁线索、完成任务，获得前所未有的娱乐体验，丰富了文旅与经济内容。

（3）文化遗产保护。运用 VR 技术对濒危古建筑、文物进行数字化建模。专业人员通过高精度扫描、建模，不仅可以将文化遗产以三维虚拟形式永久留存，还能在修复文物过程中发挥重要作用。既便于学术研究，又能让公众随时领略其精妙构造。例如，通过 XR 技术将清东陵的建筑和文物数字化建模，实现了永久性保存。同时，利用虚拟修复技术，可以模拟文物在不同历史时期的外貌。

思　考　题

1. 什么是虚拟现实技术？
2. 虚拟现实系统有哪些特征？
3. 虚拟现实系统有哪些常用的设备？

第 7 章　鸿蒙操作系统

7.1　鸿蒙操作系统概述

7.1.1　鸿蒙操作系统的定义

鸿蒙操作系统（HarmonyOS）是华为公司开发的一款全新的分布式操作系统，旨在为多种设备提供统一的智能体验。它不仅仅是一款传统意义上的操作系统，还是一个面向全场景、全设备的智能生态系统。鸿蒙操作系统的核心理念是"全场景智慧互联"，通过一套操作系统打破设备之间的壁垒，实现不同设备的无缝协作和资源共享。

"鸿蒙"一词源于中国古代哲学和文化中的概念，原指的是宇宙初始的状态，道家思想中将"鸿蒙"描述为天地尚未分化、混沌未开的初始阶段，象征着宇宙的开端和无限的潜力。这个词本身带有一种未分化、无边无际的意味，寓意着一种全新的开端和创新的力量。

鸿蒙操作系统的设计初衷是应对当前智能硬件不断增长的复杂性，特别是在 5G、物联网等技术快速发展的背景下，传统操作系统的单一性和局限性逐渐暴露。鸿蒙操作系统通过分布式技术，能够让不同类型的设备在同一个操作系统下互联互通，设备间的数据、服务和计算能力能够实现共享，从而提供更流畅、更智能的用户体验。

不同于传统的操作系统，鸿蒙操作系统不仅仅是为智能手机设计的，它的应用场景广泛，涵盖了智能穿戴、智能家居、车载系统、智慧屏幕等各种智能设备。鸿蒙的分布式架构使得硬件的差异不再成为限制，任何设备都可以作为操作系统的一部分参与到更大规模的智能生态中。

例如，当用户在智能手机上播放音乐时，鸿蒙系统能够自动识别附近的智能音响设备，并将音频输出无缝切换到音响设备上，用户可以继续享受音乐而无需进行复杂的操作。鸿蒙通过其独特的分布式能力，将设备之间的协作提升到了一个新的高度。

鸿蒙不仅是一个操作系统，它还是一个开放的生态系统，支持开发者在这个平台上创建丰富的应用，推动硬件和软件的深度融合。通过鸿蒙操作系统，华为期望打破不同设备间的隔阂，最终实现万物互联的愿景。

7.1.2　鸿蒙操作系统的核心理念

进入 21 世纪 10 年代，传统的移动互联网逐渐步入成熟期，智能手机成为全球用户接入网络的主要设备。然而，随着智能手机的普及，增长的红利也开始逐渐见顶，尤其是在全球范围内，移动互联网的用户数量和应用需求趋于稳定。在此背景下，物联网迎来了蓬勃发展的机遇，开始推动全新的技术浪潮。

根据全球移动通信系统协会（Global System for Mobile communications Association，GSMA）发布的《2020 年移动经济》报告，预计到 2025 年年底，全球物联网终端连接数量将达到 246 亿个，其中消费类物联网设备将达到 110 亿个。此外，IDC 的《中国物联网连接规模预测，2020—2025》报告也指出，到 2025 年年底，中国的物联网连接总量将突破 102.7 亿个。这一数据的增长趋势预示着物联网时代的到来，全球的设备底座从传统的几十亿部手机，扩展到数百亿的智能设备和终端。

这种转变对消费者的使用习惯和开发者的工作方式产生了深远的影响。全场景、多设备协同的需求日益增强，开发者不仅需要支持更为多样化的设备，还要面对跨设备协作的挑战。这意味着，应用开发不再仅限于单一的手机设备，还需要考虑不同硬件能力、传感器配置、屏幕尺寸、操作系统以及开发语言之间的差异化。同时，如何在不同设备之间实现高效的网络通信和数据同步，成为开发者面临的主要难题。

如果继续采用传统的开发模式，开发者将不得不为每种设备编写单独的版本，维护多套代码库。这样的重复劳动会大大增加开发的复杂性和维护的成本。目前，移动应用开发面临的挑战主要体现在以下几个方面：

（1）针对不同设备和操作系统进行重复开发，需要维护多个版本。

（2）不同语言栈和开发框架要求开发人员具备多种技能。

（3）开发框架和编程范式的差异化使得跨平台开发变得更加复杂。

（4）传统的命令式编程方式要求开发者关注细节，且频繁变更，维护成本较高。

与此同时，人工智能的崛起也为应用开发带来了新的机遇。在过去，AI 的计算能力主要集中在云端数据中心，但随着技术的发展，越来越多的 AI 功能开始在移动设备上得到实现，例如语音识别、图像识别、环境感知等。这一趋势不仅提升了设备的智能化水平，还使得应用程序能够在设备端提供更快的响应和更高效的处理能力，极大地改善了用户体验。

然而，传统的厚重应用在此过程中也逐渐显现出局限性。大型应用虽然功能齐全、体验丰富，但开发周期长、成本高，且需要用户主动下载、安装、升级等操作，这些显性操作无形中提高了用户的使用成本。与之相对的是轻量化应用的崛起，例如小程序、快应用、App Clips 等，它们的即用即走、无需安装卸载、永远最新等特点使得用户能够更加便捷地完成特定任务。

根据阿拉丁研究院发布的《2021 年度小程序互联网发展白皮书》，全网小程序数量已经突破 700 万个，远超传统 App 的数量。根据 Quest Mobile 报告，截至 2024 年 10 月，微信小程序的月活跃用户已达 9.49 亿，用户月人均使用时长已达 1.7 小时，月均使用近 70 次。在许多特定场景下，小程序等轻量化程序的使用比例甚至超过了 App，成为主要的用户触达方式。这种轻量化应用的崛起，不仅推动了从传统的"搜索下载安装使用"模式向"服务主动寻找用户"的智能分发模式转变，还帮助开发者提高了用户的参与度和投资回报率（Return On Investment，ROI）。

为应对万物互联时代带来的挑战，新的应用生态应该具备以下几个关键特征：

（1）从单一设备到多设备的支持。开发者能够一次性开发应用，使其能够在多个设备上运行，并且不同设备间能够实现协同工作，从而为消费者带来全新的跨设备体验。

（2）从厚重应用到轻量化服务的模式转变。通过提供轻量化服务，最小化资源消耗，让用户能够迅速完成特定任务，减少操作成本。

（3）从集中化分发到 AI 加持的智慧分发。通过智能化场景服务实现"服务寻找用户"的模式，提升用户体验并提高开发者的投资回报。

（4）从纯软件到软硬协同的 AI 能力。借助硬件与软件的深度协同优化，提供更强大的原生 AI 能力，满足应用的高性能需求。

这些趋势和挑战促使鸿蒙操作系统在其设计理念中，聚焦于跨设备、智能化和轻量化的目标，旨在为开发者提供一个更高效、便捷的开发平台，同时满足用户对于更智能、更高效应用体验的需求。

7.1.3 鸿蒙生态应用开发核心概念

在传统的应用开发模式中，用户通常需要从应用商店下载安装完整的应用程序，才能享受其提供的功能。这些应用程序通常依赖设备的本地存储和计算资源，使用过程中用户需要进行相对复杂的操作，例如启动应用、更新版本、管理数据等。然而，随着物联网和万物互联时代的到来，传统的应用形式越来越不适应多设备、跨场景的需求，开发者和用户都面临新的挑战。

HarmonyOS 应用的出现正是为了解决这些问题。与传统应用不同，HarmonyOS 应用不仅可以在华为的各种终端设备上运行（如智能手机、平板电脑等），而且具备更加灵活和高效的运行方式。具体来说，HarmonyOS 应用有两种主要的形态：一种是传统的、需要用户下载安装的 App；另一种则是轻量级的应用形式，即所谓的元服务。

元服务是一种全新的应用形态，专为实现万物互联时代设计。与传统应用相比，元服务具有免安装、随时可用、服务直达、自由流转等关键特点。用户无需像传统应用那样通过烦琐的下载安装过程来使用服务，只要在设备上打开相关界面，就能直接访问需要的服务。这种灵活性使得用户能够更加便捷地在不同的设备之间切换，无论是在手机、智能家居设备还是穿戴设备上，用户都能获得无缝的良好体验。

在技术实现上，HarmonyOS 元服务基于 HarmonyOS 平台的开放能力，被打包成一个 App Pack，并能够通过操作系统进行管理和调用。每个元服务都可以通过一张或多张万能卡片来展示和交互，这些卡片是 HarmonyOS 系统的一项独特设计，旨在让服务更加直观、快速地呈现给用户。通过将关键信息或操作放置在卡片上，用户无需进入复杂的界面层级就能快速访问和操作，极大地提高了使用效率。

万能卡片作为元服务的一部分，是其与用户交互的核心方式之一。它类似于传统应用中的快捷方式，但其功能更为灵活和丰富。万能卡片可以被嵌入系统的桌面、负一屏等多个系统界面，用户点击后能够直接调起元服务，而无需经历传统的应用启动流程。这一设计不仅简化了用户的操作路径，还让应用的展示方式更加多样化，能够根据不同的场景需求快速呈现最相关的内容和功能。

值得注意的是，HarmonyOS 应用和元服务虽然在表现形式上有所不同，但它们都建立在同一个技术栈之上，共享鸿蒙操作系统的生态和开发框架。开发者可以通过业务解耦的方式，将传统应用的复杂功能拆解成若干个元服务，并根据具体需求和场景进行组合，从而形成一个更加灵活、可扩展的应用体系。这种方式大大降低了开发和维护的复杂性，且能够适应多设备、多场景的需求。

通过这种创新的方式，HarmonyOS 不仅改变了传统应用的开发和分发模式，还使得设备间的协同工作变得更加自然和高效。无论是开发者还是用户，都能在这一新生态中获得更加流畅和智能的体验。对于开发者来说，HarmonyOS 提供了更加统一和开放的开发平台，能够有效减少重复劳动和版本管理的工作，而对于用户来说，他们则能享受到更快速、更个性化的服务体验。

总体来说，HarmonyOS 应用和元服务的设计理念充分体现了跨设备、智能化和轻量化的趋势。它不仅优化了传统应用的使用体验，还为万物互联时代的到来提供了更具前瞻性和适应性的解决方案。

7.2　鸿蒙操作系统的发展史

鸿蒙操作系统的诞生并非一蹴而就，它是华为多年技术积累和创新的结晶。早在 2012 年，华为就开始关注操作系统领域，着手研发自主操作系统。随着移动互联网、物联网等技术的飞速发展，传统操作系统逐渐显现出难以满足未来智能设备多样化需求的局限性。为了应对这一挑战，华为决定推出一款全新的操作系统——鸿蒙，鸿蒙操作系统的版本目前经历了多次更新，表 7-1 是 HarmonyOS 各个版本的主要特性和支持设备的对比表格，便于直观展示版本的演进。

表 7-1　HarmonyOS 各版本系统的特性和支持设备

版本	发布日期	主要特性	支持设备
HarmonyOS 1.0	2019 年 8 月	首个发布版本，主要面向物联网设备，具备分布式架构、微内核、低延迟、高安全性	手机，智能家居，智能穿戴设备，华为智能屏系列等产品
HarmonyOS 2.0	2020 年 9 月	增强分布式功能，引入了更强的 AI 和跨设备互联能力	华为 Mate 系列、P 系列等手机，华为 WATCH GT 3 手表，华为 MatePad 等平板，PixLab X1 打印机，智能电视，路由器等产品
HarmonyOS 3.0	2022 年 7 月	引入全新分布式软硬件协同，优化性能和交互体验，支持更多开发者接入，进一步提升系统流畅性与扩展性	华为 Mate 系列、P 系列、Nova 系列、畅享系列以及荣耀系列手机，华为手表，平板和华为智能屏等产品
HarmonyOS 4.0	2023 年 8 月	强化 AI 功能、分布式计算，进一步提升系统性能，支持鸿蒙 AI 大模型，智能助手升级，增加多屏协同等新功能	新支持华为路由 AX3 Pro 等华为路由器、华为智能门锁、华为各系列耳机、华为智能眼镜等产品
HarmonyOS NEXT	2024 年 1 月	去安卓化，完全摆脱安卓底层代码，支持鸿蒙原生应用，全面强化 AI 计算、分布式多设备协作能力，提升安全与性能	华为 P60/P50 系列、Mate40 系列、Mate 20 系列手机，智驾汽车，全场景设备等产品

7.2.1　HarmonyOS 1.0

2019 年 8 月 9 日，华为在其开发者大会（Huawei Developer Conference，HDC）上正式发布了鸿蒙操作系统的第一个版本——HarmonyOS 1.0。该版本的发布是华为对未来智能设备互联愿景的重大布局，也是对安卓和 iOS 主导的智能手机操作系统市场的挑战。HarmonyOS 1.0 的推出，意味着华为不仅仅是想要打造一个手机操作系统，更是希望通过这一全新的操作系统，全面打通智能终端设备的边界，实现从手机到其他设备的无缝协同和统一管理，如图 7-1 所示。

图 7-1　2019 年 8 月 9 日华为开发者大会上发布了 HarmonyOS 1.0

　　HarmonyOS 1.0 的设计理念是万物互联。华为的目标是通过这一操作系统，构建一个覆盖智能手机、智能穿戴设备、智能家居、智能汽车等多个领域的全场景生态。这一点与传统的移动操作系统有显著不同，后者通常只局限于智能手机或其他特定设备。鸿蒙操作系统的目标是成为一个能够适配不同硬件平台、支持不同设备的统一操作系统。

　　这一版本的发布并没有立刻推向广泛的市场，而是选择了逐步推广，首先在华为的部分产品中进行试水。例如，HarmonyOS 1.0 被预装在荣耀智能电视上，逐步吸引用户体验其全新的操作方式。同时，HarmonyOS 1.0 也吸引了越来越多的开发者参与到鸿蒙生态的建设中，特别是在智能硬件和物联网设备领域，逐渐构建起一个多元化的设备生态，如图 7-2 所示。

图 7-2　搭载 HarmonyOS 1.0 的华为智慧屏与华为手机双向投屏

7.2.2　HarmonyOS 2.0

　　在 HarmonyOS 2.0 的发布过程中，华为不仅仅聚焦于智能手机的升级，还大力推动了其全场景生态的扩展。2020 年 9 月，华为发布了 HarmonyOS 2.0，标志着鸿蒙操作系统在从智能手表、电视到智能手机的逐步适配与布局的完成。HarmonyOS 2.0 的发布进一步强化了其作为面向全场景的分布式操作系统的核心地位，如图 7-3 所示。

HarmonyOS 2.0 的亮点之一是支持多个设备的分布式能力，这意味着除传统的手机设备外，鸿蒙系统也能跨越到 IoT 设备、智能家居设备等多个领域。与以手机为主的安卓系统不同，鸿蒙系统的核心目标是通过同一套系统能力来适配和支持多种终端设备之间的无缝连接与协同工作。这一分布式理念使得鸿蒙系统具备了手机、智能家居、车载设备等多样化设备间的互联互通能力。值得注意的是，华为发布的智慧屏 S 系列和车载智慧屏就是 HarmonyOS 2.0 支持的终端之一，智慧屏不仅可以作为家庭的物联网控制中心，还能作为跨屏体验和娱乐中心，进一步推动了鸿蒙操作系统的应用范围。

图 7-3　搭载鸿蒙 OS 2.0 的手机 UI

在智能家居领域，华为智慧生活 App 是鸿蒙系统生态的重要一环。截至 2020 年年底，华为智慧生活 App 已经拥有超过 4 亿次的装机量，活跃用户超过 5400 万，且每天的请求次数达到 10.8 亿次。这一数据展示了华为在智能家居领域的广泛布局，也表明鸿蒙系统在日常生活中的渗透能力，尤其是在物联网设备管理和跨设备协作方面的优势。

总的来说，HarmonyOS 2.0 的发布不仅仅是一个操作系统版本的升级，它标志着华为在全场景智能设备和物联网生态中的深入布局。通过增强的分布式技术和多设备的互联互通，鸿蒙系统不仅满足了手机设备的需求，还开创了全新的智慧生活体验，并且对智能家居、车载系统等领域产生了深远影响。

7.2.3　HarmonyOS 3.0

HarmonyOS 3.0 于 2022 年 7 月 27 日正式发布，标志着华为在操作系统领域的进一步突破。此次发布的 HarmonyOS 3.0，基于对用户需求的深入理解和技术的持续创新，进行了六方面的重大升级，包括超级终端、鸿蒙智联、万能卡片、流畅性能、隐私安全和信息无障碍等核心功能的增强和优化，如图 7-4 所示。

图 7-4　HarmonyOS 3.0 特性一览

1. 超级终端：跨设备无缝协作

超级终端是 HarmonyOS 3.0 的一大亮点，它大幅提升了设备之间的协同能力。HarmonyOS 3.0 支持 12 种智能设备（包括打印机、智能眼镜、车载设备等）进行无缝协作，并且更多设备支持"一拉即合"。这意味着，无论是智慧屏、手表还是 PC，都可以作为超级终端的中心，进行跨设备协作和操作。通过"平行视界"功能，用户可以在 PC 上实现手机与电脑的左右分屏，大幅提高工作效率。智慧场景编排的功能还使得不同设备可以根据场景自动联动，提升了用户的智能体验，如图 7-5 所示。

图 7-5　HarmonyOS 3.0 丰富的设备协同能力

2．鸿蒙智联：多设备一网打尽

HarmonyOS 3.0 进一步扩展了其智联功能，不仅支持更多设备的接入，而且优化了设备之间的信息流转和协作。无论是在家中还是在办公室，用户都可以享受到设备间的快速协作和信息共享。通过鸿蒙智联，用户可以将不同品牌和类型的设备整合成一个统一的智慧生态系统，打破了设备间的壁垒，打造了一个更加开放和互联的生态环境。

3．万能卡片：更直观的操作体验

万能卡片作为 HarmonyOS 3.0 的原子化核心能力，增强了系统的交互性和个性化。用户可以自由地堆叠、拼装和调整卡片的尺寸，使得操作更加灵活便捷。此外，AI 捏脸算法的加入使得卡片的个性化定制更加精细，可以根据用户的使用习惯和偏好进行个性化推荐。而且，万能卡片不仅支持时间感知和位置感知，还可以通过"小艺建议"等提供更加智能和直观的服务，提升用户的体验感，如图 7-6 所示。

图 7-6　HarmonyOS 3.0 的桌面布局

4．流畅性能：提升响应速度和能效

HarmonyOS 3.0 在流畅性和性能方面也进行了大幅优化。得益于超帧游戏引擎的优化，图形渲染的能耗减少了 11%，而超级内存管理的优化则使得应用操作的响应速度提升了 14%。这些性能上的提升，不仅为游戏和应用带来了更加流畅的体验，也在日常使用中进一步降低了能耗，提升了系统的整体效率。

5. 隐私安全：更强的隐私保护能力

在信息安全方面，HarmonyOS 3.0 进行了全面升级，增强了系统的隐私保护能力。系统提供了隐私中心，用户可以通过它管理锁屏数据、高频数据以及高敏感行为的访问权限。同时，安全中心新增了病毒查杀、骚扰拦截、纯净模式等功能，进一步保障了用户的数据安全。此外，AI 隐私保护和图片脱敏保护等功能也为用户的个人隐私提供了更加精细和全面的保护。

6. 信息无障碍：为所有用户提供便捷体验

HarmonyOS 3.0 还特别关注信息无障碍功能的优化，旨在为有特殊需求的用户提供更便捷的使用体验。新增的 AI 字幕功能能够帮助听力障碍用户更好地理解视频内容，助听设备也能与 HarmonyOS 3.0 设备直连，提升了无障碍技术的普及性。同时，HarmonyOS 3.0 还支持图像描述、出行辅助和拍照辅助等功能，为视力障碍用户提供更多的帮助。

HarmonyOS 3.0 的发布不仅仅是操作系统本身的升级，还伴随着多个华为设备的适配更新。截至 2022 年 7 月，HarmonyOS 3.0 支持 14 款设备，涵盖了手机、智慧屏、MatePad 等多款热门产品。首批支持 HarmonyOS 3.0 的设备如下：

（1）华为 P50 系列。包括华为 P50、华为 P50 Pro、华为 P50 Pro 典藏版、华为 P50 Pocket 等。

（2）华为 Mate 40 系列。包括华为 Mate 40、华为 Mate 40 Pro、华为 Mate 40 Pro+等。

（3）华为智慧屏 V 系列。如华为智慧屏 V65 Pro、V75 Pro。

（4）华为 MatePad 系列。如华为 MatePad Pro 12.6 2021 等。

HarmonyOS 3.0 的发布是华为在操作系统领域的重要里程碑。通过超级终端、鸿蒙智联、万能卡片等多项功能的创新和提升，HarmonyOS 3.0 不仅提升了设备间的协同能力，也增强了系统的流畅性和安全性。同时，HarmonyOS 3.0 在无障碍功能上的强化，也体现了华为对全体用户需求的关注。随着 HarmonyOS 3.0 的不断推广和普及，华为正在打造一个更加智能、互联、开放的全场景生态系统，为未来的智慧生活奠定基础。

7.2.4　HarmonyOS 4.0

华为的鸿蒙操作系统自 2019 年首次亮相以来，已经逐步发展为一个跨平台的智能操作系统。2023 年 8 月，华为正式发布了 HarmonyOS 4.0，该版本不仅在性能上做出了显著的提升，还进一步推动了 AI、大数据、智能互联等技术的深度融合，标志着鸿蒙操作系统向更加智能、开放的方向迈出了关键一步。

HarmonyOS 4.0 的发布，伴随着华为在智能硬件生态中不断拓展的步伐，进一步加速了其在手机、智能手表、车载系统等领域的布局。华为通过 HarmonyOS 4.0 的创新，使其设备在用户体验、系统性能、安全性以及多设备协同等方面得到了全面提升。

1. 智能互联与车机系统的突破

HarmonyOS 4.0 的一个重要亮点是其在车载系统中的应用。与其他操作系统相比，HarmonyOS 4.0 能够更好地支持车机系统中的多屏交互和智能互联。通过优化多设备、多屏、多音区的协作功能，HarmonyOS 4.0 极大提高了用户的驾车体验。例如，在问界 M9 和阿维塔等智能汽车中，HarmonyOS 4.0 能够实现不同设备之间的无缝连接，支持车载屏幕、手机、智能家居等设备之间的实时互动。特别是在多屏跨设备投屏的应用场景下，用户能够在车载屏幕上轻松查看手机、平板等设备上的内容，极大提高了车机系统的使用效率和智能化程度，如图 7-7 所示。

图 7-7　HarmonyOS 4.0 在智能座舱中的多屏互联

2.　AI 与多模态交互的融合

HarmonyOS 4.0 的发布，伴随着 AI 大模型的引入，使得该操作系统在智能交互方面迈出了重要一步。华为将 AI 技术深度整合进系统中，尤其是通过其语音助手小艺，为用户提供了更加智能化的语音交互体验。AI 大模型使得小艺不仅可以进行更为复杂的场景理解，还能够提供个性化的服务，包括语音生成、图像创作、快速摘要等功能，进一步提升了系统的交互能力。

同时，HarmonyOS 4.0 在视觉交互方面也进行了创新，引入了"实况窗"和"弦月窗"功能。这些功能允许用户在锁屏界面实时查看应用信息和通知，类似于苹果的 iOS"实况活动"，但更具定制化，能显示更多维度的信息，如天气、日程安排等，大大增强了系统的互动性，如图 7-8 所示。

图 7-8　内嵌 AI 语音助手小艺

3.　性能提升与系统优化

作为一个深度优化的操作系统，HarmonyOS 4.0 的性能提升不容小觑。华为在其方舟引擎的基础上对图形渲染、内存管理、系统调度等方面进行了全面优化。通过对六大引擎的提升，HarmonyOS 4.0 在性能方面的表现比上一版本提高了 20%，特别是在相机启动速度、图像加载速度和动画效果的流畅性上都有显著进展。

更为重要的是，HarmonyOS 4.0 在功耗管理方面也做出了显著优化。通过更加高效的资源调度和智能电池管理，用户能够获得更长的设备续航时间，尤其是在高负载下，系统的续航时间比上一版本增加了约 30 分钟。此外，折叠屏的动画效果也变得更加自然，用户在操作过程中能够享受到更加流畅的体验。

4.　安全性与隐私保护

在安全性方面，HarmonyOS 4.0 加强了应用风险的管理。操作系统通过严格的权限控制和应用行为监控，最大程度地保护用户的数据安全。特别是在应用安装和运行时，系统能够对潜在的风险应用进行自动拦截，并限制其访问敏感数据。用户还可以选择是否允许应用在不同平台间追踪活动，进一步增强了隐私保护。

此外，HarmonyOS 4.0 还通过加强与硬件的协同工作，提高了整个系统的安全防护能力，确保了在多个设备协同工作时，数据传输的安全性和用户隐私的保护。

5. 生态扩展与设备升级

HarmonyOS 4.0 的升级不仅局限于手机设备，还扩展到了多个华为智能硬件产品。华为推出了 Mate 50 系列、P60 系列、Mate X3 折叠屏等产品的 HarmonyOS 4.0 系统更新，极大提升了现有设备的性能和用户体验。同时，华为也宣布将于 2024 年第一季度，为 Mate 20、P30 等老旧机型推出 HarmonyOS 4.0 的升级服务，力求通过系统的持续优化，延长设备的使用寿命。

值得注意的是，HarmonyOS 4.0 的发布还带来了对华为智能硬件生态的全面拓展，包括智能手表、路由器、智能座舱等设备的同步升级，进一步完善了华为在智能设备互联中的布局。这些设备的无缝衔接不仅增强了系统的智能互联能力，也让用户在不同场景下都能享受到统一的操作体验。

7.2.5　HarmonyOS NEXT

随着华为鸿蒙生态的不断扩展，HarmonyOS NEXT 作为鸿蒙操作系统的全新阶段，正式迈向纯血鸿蒙时代。这一版本的推出，不仅标志着华为在自主操作系统领域的突破，也意味着鸿蒙正式摆脱对安卓的依赖，构建起一个完整的、独立的智能终端操作系统生态。

1. HarmonyOS NEXT 的发布背景

华为自 2019 年推出鸿蒙操作系统以来，一直在逐步推进其生态独立性。早期版本的鸿蒙系统（1.0～4.0）在一定程度上仍然兼容 Android 应用，以保证用户能够无缝过渡到鸿蒙系统。然而，面对全球技术环境的变化，以及华为长期推动自主可控操作系统的战略目标，HarmonyOS NEXT 迈出了关键性的一步，即全面去除对安卓开放源代码项目（Android Open Source Project，AOSP）的依赖，彻底建立起华为自己的应用生态。

2024 年 1 月，华为在 HarmonyOS 开发者大会上首次展示 HarmonyOS NEXT，强调该版本将不再兼容安卓应用，转而采用鸿蒙原生应用架构，并进一步加强分布式计算、AI 能力以及软硬件协同优化，如图 7-9 所示。

图 7-9　纯血鸿蒙，迈向星辰大海

2. 去安卓化：真正的纯血鸿蒙

HarmonyOS NEXT 最大的变革之一，就是彻底去除了安卓底层代码，实现全新的鸿蒙内核和应用框架。此前，鸿蒙操作系统虽然有自己独特的分布式架构，但仍保留了对安卓应用的兼容性，以便让用户和开发者平稳过渡。然而，在 HarmonyOS NEXT 版本中，华为彻底摒弃了安卓生态，构建了自己的应用开发体系，并推出鸿蒙原生应用（HarmonyOS Native Apps）。

这一变化不仅使鸿蒙系统拥有了更强的独立性，还意味着未来的鸿蒙应用将完全基于鸿蒙原生 API 开发，而不再支持 Android APK 格式的应用。这一变革将大幅优化系统性能，使应用运行效率更高，并提供更好的安全性和隐私保护能力。

3. 全新的应用生态

华为在 HarmonyOS NEXT 版本中，推出了完整的鸿蒙原生应用开发框架，鼓励开发者基于鸿蒙架构重新构建应用。华为宣布，已经有超过 4000 款核心应用适配了鸿蒙 NEXT，并且这一数字还在快速增长。其中包括国内主流的社交、金融、娱乐、办公、地图等应用，例如支付宝、微信、百度地图、抖音、淘宝等纷纷加入鸿蒙生态，开发适配的鸿蒙原生应用。

华为还推出了一整套全新的开发工具，包括方舟开发语言（ArkTS），以取代 Java 和 Kotlin 作为鸿蒙应用的主力开发语言。ArkTS 提供更高效的编译性能和更流畅的执行效率，使得鸿蒙应用能够更充分利用系统资源，提供媲美 iOS 级别的流畅体验。

4. 分布式计算与软硬件协同优化

HarmonyOS NEXT 进一步强化了鸿蒙系统的分布式特性，使其在多设备协同方面更进一步。HarmonyOS 本身就具备强大的分布式计算能力，而在 NEXT 版本中，这一能力得到了全方位的升级。

（1）多设备共享计算能力。HarmonyOS NEXT 允许用户将多个设备（如手机、平板、PC、智能手表等）的计算资源进行整合，实现更高效的计算体验。例如，手机可以调用平板或 PC 的 GPU 进行复杂图像处理，使得高性能计算不局限于单个设备，而是多个设备协同完成。

（2）跨终端的无缝体验。用户可以在手机上编辑文档，随后直接在 PC 或平板上无缝继续编辑，甚至可以在车机系统或智慧屏上流畅地切换任务。

（3）端云协同增强。HarmonyOS NEXT 深度优化了云计算与本地计算的结合，使得 AI 计算能力能够在本地设备上运行，同时与云端进行协同处理。例如，在 AI 语音识别、图片处理、智能推荐等场景下，HarmonyOS NEXT 可以智能分配计算任务，提高执行效率的同时降低设备功耗。

5. 性能与安全性提升

HarmonyOS NEXT 由于完全摆脱了安卓的历史包袱，系统底层架构得到了更深入的优化，使得设备在性能、续航、安全性等方面都有了显著提升。

性能优化：

（1）系统整体流畅度提升 30%。

（2）应用响应速度相比安卓提升 40%。

（3）续航优化，使得设备在高负载运行下能比 HarmonyOS 4.0 多出 40 分钟续航时间。

安全性提升：

（1）鸿蒙原生应用采用全新的权限管理体系，使得应用权限控制更加严格，有效防止恶意软件滥用权限。

（2）应用行为追踪管理，用户可自定义哪些应用可以访问隐私数据，并在后台进行监控。

（3）AI 级别的安全防护，能够智能识别风险应用并进行实时拦截。

6. 生态扩展与未来发展

华为在 HarmonyOS NEXT 版本发布后，也宣布了未来的发展规划。鸿蒙操作系统不仅将应用于华为的手机、平板、PC 设备，还将全面进军智能家居、车载系统、智能穿戴以及工业物联网（Industrial Internet of Things，IIoT）等多个领域。

在车载系统方面，HarmonyOS NEXT 将为智能汽车提供更强大的 AI 计算能力，使车机系统不仅限于导航、娱乐，还能深度整合智能驾驶系统，实现更加智能化的驾驶体验。

同时，华为还计划通过鸿蒙 OpenHarmony 开源项目，推动鸿蒙生态向全球市场扩展。OpenHarmony 作为鸿蒙的开源版本，将为全球开发者提供更大的灵活性，使其能够在不同的智能硬件设备上运行，进一步扩大鸿蒙生态的影响力。如图 7-10 所示。

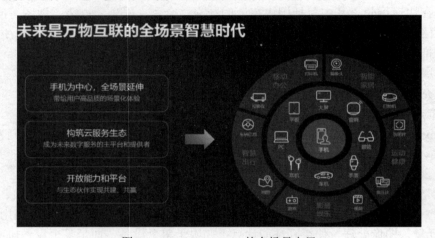

图 7-10　OpenHarmony 的全场景布局

7.2.6　鸿蒙与安卓

作为一款自 2019 年正式亮相的操作系统，鸿蒙自诞生之日起便无法回避与安卓（Android）的对比。两者的关系既复杂又充满演变，从最初的兼容并存到后来的逐步分道扬镳，背后不仅是技术路线的选择，更是中国科技企业在全球竞争格局下的战略考量。本节将以时间线为轴，结合底层架构的变迁，深入探讨鸿蒙与安卓之间的关系。

1. 早期阶段：2019 年之前的技术积累与安卓生态的影子

鸿蒙的研发并非始于 2019 年的正式发布，而是可以追溯到 2012 年左右华为内部的操作系统探索。当时，华为正面临美国技术制裁的潜在威胁，尤其是对安卓生态的依赖成为一大隐忧。安卓作为谷歌主导的开源操作系统，其核心基于 Linux 宏内核，通过 Android 开源项目向全球厂商开放。然而，谷歌服务框架（Google Mobile Service，GMS）的缺失以及安卓生态对谷歌的深度绑定，让华为意识到需要一个自主可控的替代方案。

在这一阶段，鸿蒙的底层架构尚未完全成型，但已有迹象显示其借鉴了安卓的部分技术基础。例如，华为早期推出的 EMUI 系统（基于安卓定制）积累了大量移动设备开发的经验，这些经验无疑为鸿蒙的诞生提供了技术土壤。尽管如此，华为明确表示，鸿蒙的初衷并非简单复制安卓，而是面向物联网和全场景设备的分布式操作系统。这一点在后续的架构设计中逐步显现，但早期鸿蒙还未真正脱离安卓的影响。

2019 年 8 月 9 日，华为在东莞举办的开发者大会上正式发布了鸿蒙 1.0。这是一款面向智能设备的操作系统，首款搭载产品是荣耀智慧屏，而非智能手机。发布会上，华为消费者业务 CEO 余承东坦言，鸿蒙的定位是面向未来的全场景分布式操作系统，但同时也提到，如果安卓无法继续使用，鸿蒙可以迅速适配智能手机。

从底层架构看，鸿蒙 1.0 采用了混合内核设计，其中部分模块基于微内核理念（区别于安卓的 Linux 宏内核），但为了快速落地，其应用框架大量复用了 AOSP 代码。这种设计使得鸿蒙能够兼容安卓应用（APK 格式），为开发者提供熟悉的开发环境，同时降低用户迁移成本。然而，这一选择也引发了争议。不少技术评论认为，鸿蒙 1.0 本质上是"安卓的套壳"，因为其核心运行时依然依赖 Linux 内核和 AOSP 的 ART（Android Runtime）虚拟机，而微内核的应用仅限于部分子系统。

这种兼容策略在当时是务实的。华为手机业务高度依赖安卓生态，贸然推出完全独立的系统将面临生态断层的风险。因此，鸿蒙 1.0 更像是一个过渡产品，既展示了华为的技术愿景，又保留了与安卓的紧密联系。

2. 2020—2021 年：鸿蒙 2.0 的深化与双框架并行

2020 年 9 月，鸿蒙 2.0 发布，标志着系统开始向智能手机领域迈进。同年 12 月，华为推出了手机开发者 Beta 版，并在 2021 年 6 月 2 日正式发布鸿蒙 2.0 的商用版本，首批适配华为 Mate 系列和 P 系列手机。这一阶段，鸿蒙的底层架构进一步明确，同时与安卓的关系也变得更加微妙。

鸿蒙 2.0 引入了分布式软总线技术和更完善的微内核框架。微内核将操作系统的核心功能（如线程管理和内存分配）剥离出来，其他模块（如文件系统、网络栈）以用户态服务运行，理论上提升了系统的安全性和模块化能力。与之对比，安卓的 Linux 宏内核将大部分功能集成在内核态，虽然性能高效，但灵活性和安全性稍逊。这种架构差异奠定了鸿蒙独立于安卓的技术基础。

然而，为了维持生态连续性，鸿蒙 2.0 依然保留了 AOSP 兼容层，形成了双框架结构。一方面，鸿蒙原生应用基于自研的 Ark 编译器和 HarmonyOS API 开发；另一方面，安卓应用通过 AOSP 兼容层运行。这种并行策略让鸿蒙 2.0 在用户体验上与安卓高度相似，但在底层已开始展现分布式能力，例如多设备协同和资源共享功能，这是安卓所不具备的。

值得一提的是，2020 年 9 月，华为将鸿蒙的开源部分捐赠给了开放原子开源基金会，命名为 OpenHarmony。这部分代码剔除了 AOSP 成分，完全基于微内核构建，面向 IoT 设备。而商用版的 HarmonyOS 则继续保留安卓兼容性，形成开源与闭源并存的局面。这一举动进一步表明，鸿蒙并非简单沿袭安卓，而是以此为跳板，逐步构建自主生态。

3. 2022—2023 年：鸿蒙 3.0 与鸿蒙 4.0，兼容与独立的平衡

2022 年 7 月 27 日，鸿蒙 3.0 发布，强调性能优化和多设备协同，进一步完善了分布式架构。2023 年 8 月 4 日，鸿蒙 4.0 亮相，用户规模已突破 7 亿。此时，鸿蒙的底层架构已显著区别于安卓。微内核的比例逐步扩大，分布式能力覆盖更多场景（如跨设备任务接续和数据同步），而对 AOSP 的依赖逐渐减少。

尽管如此，鸿蒙 3.0 和鸿蒙 4.0 依然支持安卓应用，这反映了生态构建的现实挑战。安卓凭借多年的积累拥有庞大的开发者社区和应用市场，鸿蒙若完全抛弃兼容性，将面临用户流失的风险。因此，这一时期的鸿蒙与安卓的关系更像是一种渐进式脱离。底层架构上，鸿蒙

加速自研化；应用生态上，鸿蒙则通过兼容争取时间。

4. 2024 年：鸿蒙星河版，彻底告别安卓

2024 年 10 月，华为发布了鸿蒙星河版（HarmonyOS NEXT，即 5.0），标志着与安卓关系的重大转折点。这一版本彻底放弃了 Linux 内核和 AOSP 代码，采用纯自研微内核和全新应用框架，仅支持鸿蒙原生应用（HAP 格式），无法运行安卓 APK。这一变革始于 2023 年开发者预览版，并在 2024 年正式商用。

从底层架构看，鸿蒙星河版的微内核全面接管系统核心，配合分布式软总线和 Ark 引擎，实现了从内核到应用层的完全自主化。与安卓的宏内核相比，微内核的优势在于模块化设计和高安全性，但开发难度和性能优化要求更高。华为通过多年的技术积累，克服了这一挑战，使鸿蒙星河版在运行效率和跨设备协同上超越了安卓的传统模式。

此时的鸿蒙与安卓已无技术交集，二者分道扬镳。安卓继续深耕智能手机市场，依赖宏内核和谷歌生态；鸿蒙则定位于全场景互联，凭借微内核和分布式架构，试图重塑智能设备生态。这一步骤不仅是对技术独立性的宣示，也是在全球科技竞争中的战略布局。

7.3　鸿蒙生态应用核心技术理念

鸿蒙系统在万物智联时代提出三大技术理念：一次开发，多端部署；可分可合，自由流转；统一生态，原生智能，如图 7-11 所示。这些理念帮助开发者高效工作，并提升用户跨设备体验，尤其是在智能家居和移动设备间。

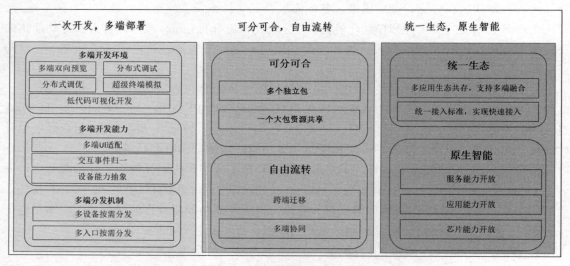

图 7-11　鸿蒙系统三大技术理念

7.3.1　一次开发，多端部署

"一次开发，多端部署"是指开发者通过一个工程项目，仅需进行一次开发和打包，即可实现应用在多个终端设备上的灵活部署，如图 7-12 所示，其目标在于提升开发者的工作效率，帮助他们快速构建适用于各种设备的应用程序，如智能手机、平板电脑、智能手表乃至

车载系统。为达成这一目标，鸿蒙操作系统整合了多项核心技术支持，包括统一的跨设备开发环境、强大的多端适配能力以及高效的多端分发体系。这些能力共同确保了开发过程的简化和应用体验的一致性。

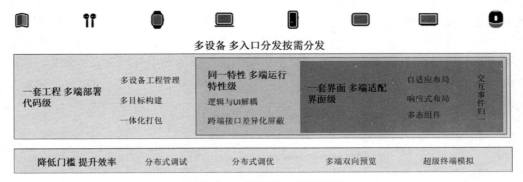

图 7-12　一次开发，多端部署

1. 多端开发环境

HUAWEI DevEco Studio 是一款专为全场景多设备设计的综合性开发平台，旨在支持开发者高效构建适用于智能手机、平板电脑、智能手表、智慧屏以及车载设备等各类终端的应用。该平台提供一站式开发体验，集成了多端双向预览、分布式调优、分布式调试、超级终端模拟以及低代码可视化开发等多种功能，帮助开发者显著降低开发成本、提升工作效率，并确保应用质量的优化。HUAWEI DevEco Studio 提供的核心功能，如图 7-13 所示。

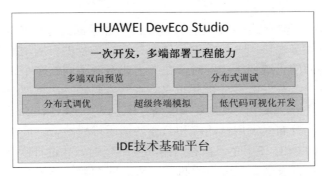

图 7-13　HUAWEI DevEco Studio 提供的核心功能

（1）多端双向预览。在鸿蒙生态应用的开发过程中，由于不同设备的屏幕分辨率、形状和尺寸存在显著差异，开发者需要确保用户界面（User Interface，UI）在各类终端上的显示效果与设计目标保持一致。传统开发模式要求开发者获取多种真机设备进行反复测试和验证，这不仅耗时耗力，还可能因设备碎片化导致效率低下。HUAWEI DevEco Studio 提供了强大的多端双向预览功能，开发者可以在同一开发环境中同时查看 UI 代码在多种设备（如智能手机、平板、智慧屏和智能手表）上的预览效果。更为重要的是，该功能支持 UI 代码与预览效果之间的双向定位和修改。开发者可以在预览界面直接调整布局或样式，并实时同步到代码中；反之，通过修改代码也能即时更新预览效果。这一能力极大简化了跨设备 UI 适配的工作，特别是在设计复杂交互界面时尤为突出。

（2）分布式调试。鸿蒙生态应用天然具备分布式特性，即同一应用可在多个设备之间进行广泛交互，例如手机与电视之间的内容共享或任务接续。在开发过程中，调试这些跨设备交互时，传统方法需要为每个设备分别建立调试会话，并在设备间频繁切换。这种操作不仅容易导致调试流程中断，还会因复杂性增加而降低效率。HUAWEI DevEco Studio 引入了分布式调试功能，支持跨设备的一体化调试。通过设置代码断点和查看调试堆栈，开发者可以轻松跟踪不同设备间的交互流程，快速定位多设备协作场景下的代码缺陷。例如，在开发一个智能家居控制应用时，开发者可同时调试手机端的操作界面和电视端的显示效果，实时分析数据流转和交互逻辑，显著提升调试效率，如图 7-14 所示。

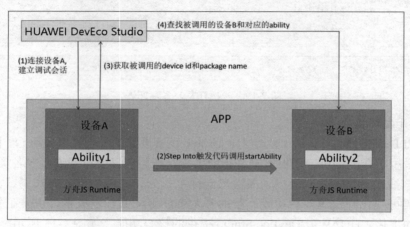

图 7-14　分布式调试示意图

（3）分布式调优。分布式应用的运行性能是用户体验的关键，尤其在跨端迁移（如手机到平板的内容延续）和多端协同（如多设备资源共享）场景中。应用需要在目标设备上快速启动，实现与原设备间的无缝衔接；同时，在算力或资源不同的多个设备上运行时，必须保持整体流畅性。传统上，开发者在分析分布式应用性能问题时，需要分别采集每个设备的性能数据，并手动关联分析，操作烦琐且复杂度高。HUAWEI DevEco Studio 提供了分布式调优功能，支持多设备间的分布式调用链跟踪和跨设备调用堆栈整合。同时，该功能能够实时采集多设备性能数据（如 CPU 使用率、内存占用和网络延迟）并进行联合分析。例如，在优化一个视频播放应用时，开发者可以分析手机与电视之间的数据传输性能，确保切换过程中无卡顿或延迟。这一能力帮助开发者快速识别瓶颈，提升应用的整体性能，如图 7-15 所示。

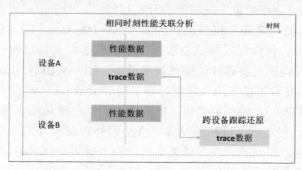

图 7-15　跨设备联合分析

（4）超级终端模拟。在移动应用开发中，开发者通常使用本地模拟器进行应用调试，以实现快速迭代和验证。针对鸿蒙生态应用的多设备特性，其运行环境覆盖智能手机、平板、智慧屏等多种终端类型。HUAWEI DevEco Studio 提供了多样化的终端模拟功能，支持开发者在多个模拟终端上进行开发和调试，涵盖不同设备类型、硬件配置和操作系统版本。这一功能降低了开发者获取真机设备的门槛，显著节约了测试成本。此外，HUAWEI DevEco Studio 还支持多个模拟终端与真机设备自由组合，形成超级终端。这种组合方式进一步降低了开发者构建分布式调测环境的难度。例如，开发者可以在模拟器中测试手机与平板间的协同功能，再通过真机验证实际效果，确保应用的分布式能力在真实场景中表现优异。

（5）低代码可视化开发。低代码开发是 HUAWEI DevEco Studio 的一大亮点，旨在通过可视化方式简化开发流程。该功能提供 UI 组件的拖拽式编辑和数据绑定的可视化配置，开发者可以快速预览应用效果，实现所见即所得的开发体验。通过直观的拖拽操作和模板化设计，开发者减少了重复性代码编写的工作量，从而快速构建适用于多端设备的应用程序。

低代码开发的产物（如 UI 组件、数据模型或模板）可以被其他模块或项目引用，并支持跨工程复用。这不仅提升了开发效率，还便于团队协作完成复杂应用的开发。例如，一个智能音箱的语音交互界面可通过可视化工具快速设计，并被其他设备（如手机）复用，加速项目进度。

2. 多端开发能力

为了让应用能够顺畅运行于多种设备上，开发者需要应对诸多挑战，例如不同设备的屏幕尺寸、分辨率、交互方式（如触摸屏、键盘和语音输入）以及硬件能力（如内存大小、传感器类型）的多样性。这些差异往往导致开发成本高昂，维护复杂，代码复用率低。因此，鸿蒙系统通过多端开发能力这一核心目标，致力于降低多设备应用的开发与维护成本，并提升代码的复用效率。为实现这一目标，鸿蒙系统提供了多端 UI 适配、交互事件归一以及设备能力抽象等关键能力。这些能力共同支持开发者高效适配多样化的设备环境。

（1）多端 UI 适配。不同设备的屏幕特性（如尺寸、分辨率和显示比例）差异显著，这给开发者带来了界面适配的复杂性。鸿蒙系统通过逻辑抽象和丰富的布局、视觉能力，简化了跨设备 UI 设计，确保应用在各种终端上的显示效果一致且优美，屏幕尺寸抽象类别如图 7-16 所示。

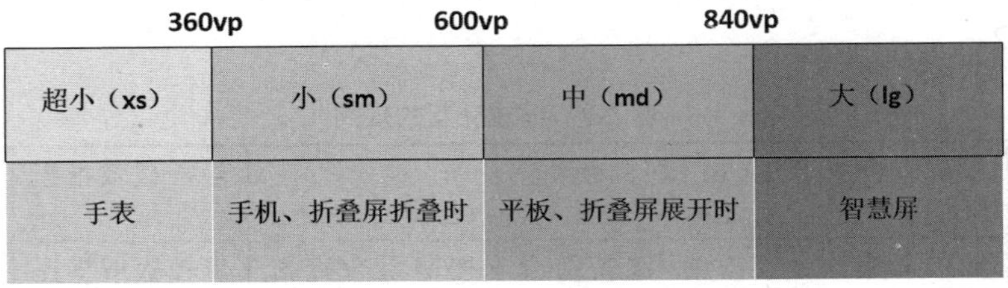

	360vp	600vp	840vp	
超小（xs）	小（sm）	中（md）	大（lg）
手表	手机、折叠屏折叠时	平板、折叠屏展开时	智慧屏

图 7-16　屏幕尺寸抽象类别

1）屏幕逻辑抽象。鸿蒙系统引入虚拟像素（virtual pixel，vp）作为分辨率的统一抽象单位，底层将各设备的物理像素转换为虚拟像素，为开发者提供了一个标准化的尺寸单位。这种抽象消除了物理分辨率差异带来的困扰。

此外，鸿蒙系统根据设备的屏幕水平宽度，定义了四种抽象屏幕尺寸类别：超小（xs）、小（sm）、中（md）、大（lg）。这些类别与常见设备类型对应。

- 超小：适用于智能穿戴设备，如手表。
- 小：适用于智能手机或折叠屏的折叠状态。
- 中：适用于展开状态的折叠屏或中型平板。
- 大：适用于智慧屏或大型电视。

开发者可以根据目标设备的屏幕类型进行适配，快速调整界面布局，确保视觉效果与设计目标一致。

2）布局能力。鸿蒙系统提供了灵活的布局机制，包括自适应布局和响应式布局，帮助开发者应对不同屏幕尺寸的变化。

- 自适应布局：当外部容器大小发生变化时，内部元素根据相对关系（如占比、固定宽高比、显示优先级）自动调整位置和大小。目前支持七种自适应能力：拉伸、均分、占比、缩放、延伸、隐藏、折行。这些特性确保界面在不同设备上保持自然流畅。
- 响应式布局：当显示空间大小变化（如屏幕方向或窗口调整）时，布局根据预设断点、栅格系统或特定特征（如屏幕宽度）自动切换。目前支持三种响应式能力：断点、媒体查询、栅格布局。

例如，网格、列表和轮播等默认组件内置了响应式属性，可根据屏幕宽度自动增加列数，充分利用显示空间，从而减少开发工作量。

3）视觉能力。鸿蒙系统提供了丰富的视觉样式支持，包括分层参数、多态组件和主题设置。开发者可以通过这些工具定制界面风格，适应不同设备的视觉需求，如调整颜色、透明度或动画效果，确保一致的高品质体验。

（2）交互事件归一。不同设备的交互方式（如触摸、键盘、鼠标、语音或手写笔）存在显著差异，这增加了开发者的适配难度。鸿蒙系统通过交互事件归一化，简化了跨设备交互的开发逻辑，确保应用在多种输入方式下都能提供一致的用户体验。

1）事件归一抽象。鸿蒙系统将不同设备的输入方式映射为统一的交互事件，开发者无需针对每种输入设备单独编写代码。例如，以缩放交互为例，传统上多指触控的手势可能在不同设备上表现为张合、滚动或按钮操作，但鸿蒙系统将其抽象为统一的缩放事件。缩放交互的规则见表 7-2。

表 7-2　缩放交互的规则

操作方式	触屏双指捏合交互	Ctrl 键+鼠标滚轮交互	Ctrl 键+"+/-"键交互	触控板双指捏合交互	表冠旋转交互
上报事件	触屏双指捏合事件	按键+滚轮组合事件	按键组合点击事件	触控板双指捏合事件	表冠旋转事件

2）组件归一响应。当应用部署在不同设备上时，界面需要根据用户的输入方式提供适当的视觉反馈。例如：触摸操作时，组件显示按压状态；鼠标操作时，显示悬停状态；键盘聚

焦时，突出走焦状态。

鸿蒙系统默认提供了支持多种输入方式的组件实现，开发者无需额外适配即可确保交互一致性。例如，一个按钮组件可自动响应触摸、鼠标单击或键盘输入，减少开发工作量。

（3）设备能力抽象。不同设备的软硬件能力（如是否支持定位、摄像头、蓝牙等）差异显著，这对应用功能的适配提出了挑战。鸿蒙系统通过设备能力逻辑抽象和统一接口，简化了开发者对多样化硬件的支持，确保应用在各种设备上的功能一致。

1）设备能力逻辑抽象。鸿蒙系统使用 SystemCapability（简称 SysCap）定义设备提供的软硬件能力，涵盖定位、摄像头、蓝牙、传感器等功能。开发者可以通过统一的 API 查询设备是否支持特定能力，从而进行功能适配。例如，一款导航应用可检测设备是否具备 GPS 功能，若不支持则自动切换到网络定位模式。这种抽象方式消除了硬件差异带来的复杂性，开发者只需基于统一的接口编写代码，即可适配多种设备。

2）功能适配与复用。通过 SysCap，鸿蒙系统为开发者提供了标准化的访问方式，确保应用在不同设备上的功能表现一致。例如，一款智能家居应用可在支持蓝牙的手机上控制设备，也可以在无蓝牙但支持 Wi-Fi 的平板上通过网络通信完成相同任务。这种能力抽象提高了代码复用率，降低了维护成本，如图 7-17 所示。

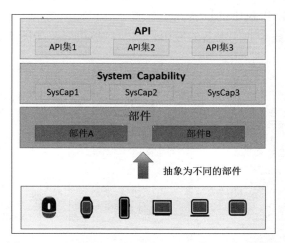

图 7-17　API、SystemCapability、部件和设备的关系

3. 多端分发机制

如果开发者想创建一个能在多个设备上运行的应用，比如手机、平板或智慧屏，传统方法可能会让开发者头疼。通常，开发者需要针对每种设备类型分别设计、开发，并独立上架到应用市场。这种方式不仅开发工作量大，维护起来也很麻烦，成本自然就高了。为了让大家更轻松地应对这一挑战，鸿蒙系统引入了"一次开发，多端部署"的方法。简单来说，开发者只需用一个工程项目编写代码，完成一次打包，就能生成多个 HarmonyOS Ability Package（HAP）文件，然后统一上架到应用市场。系统会根据设备类型自动分发到合适的终端，比如手机运行一个版本，平板运行另一个版本——省去了重复开发的麻烦。

更妙的是，除了传统的应用，鸿蒙还支持开发一种叫作元服务的新型应用。元服务就像一个未来感十足的小助手，它没有传统应用的复杂安装过程，拥有独立入口，能为用户提供快捷、实用的服务，比如快速查询天气或付款。鸿蒙系统为元服务设计了更多分发入口，让用户更容易发现和使用，同时也给开发者更多机会让服务被看见。

（1）多设备按需分发：灵活适配每种设备。鸿蒙系统提供两种简单易用的模式，让用户的应用或元服务能够根据不同设备的需求，自动分发到合适的终端。

1）模式1：一个包搞定所有设备。

如果用户的应用或服务的用户界面可以自动适配不同设备的屏幕大小，并且功能在各种设备上基本一致（比如一个游戏在手机和平板上的玩法一样），那么可以选择这种方式。开发者只需用一个模块开发应用，设置这个模块支持多种设备类型，然后打包生成一个 HAP 文件。之后，这个 HAP 会被分发到手机、平板、电视等不同设备上运行，就像用一个万能钥匙打开所有门，简单又高效。

2）模式2：定制化分发，满足不同需求。

如果用户的应用或服务在不同设备上的界面或功能有明显差异（比如手机上是个简洁的聊天界面，平板上是个大屏的视频会议界面），一个 HAP 包可能不够用。这时，用户可以根据实际情况，创建多个模块，每个模块针对特定设备类型设计，比如手机用一个版本，电视用另一个版本。编译后生成多个 HAP 包，一起上架到 HUAWEI AppGallery Connect 应用市场。系统会自动读取每个 HAP 包中的设备类型配置信息，然后智能分发正确的版本给对应的设备——用户拿到的是最适合他们设备的应用，体验自然更好，如图 7-18 所示。

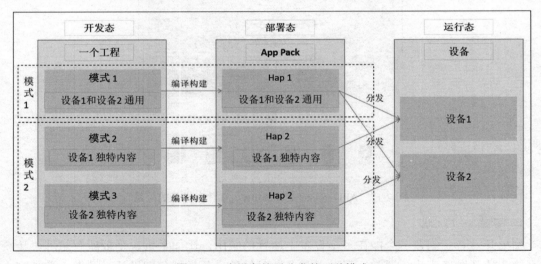

图 7-18　多设备按需分发的两种模式

（2）多入口按需分发：让元服务触手可及。对于元服务这种新颖的服务形态，鸿蒙系统特别设计了丰富的分发入口，让用户随时随地"服务直达"，根据场景或需求快速调用服务。例如，想查看实时天气或快速付款，元服务就能在恰当的时刻跳出来帮你搞定。

鸿蒙生态提供的分发入口种类繁多，比如通过搜索栏、通知栏、快捷方式或智能推荐等，用户可以轻松找到元服务。想象一下，当你打开手机查看天气时，系统直接拉起一个免安装的天气元服务，告诉你今天的晴雨情况——既方便又省心。这些入口的设计不仅让用户操作更简单，也为开发者提供了更多机会，让元服务更广泛地被用户发现和使用，如图 7-19 所示。

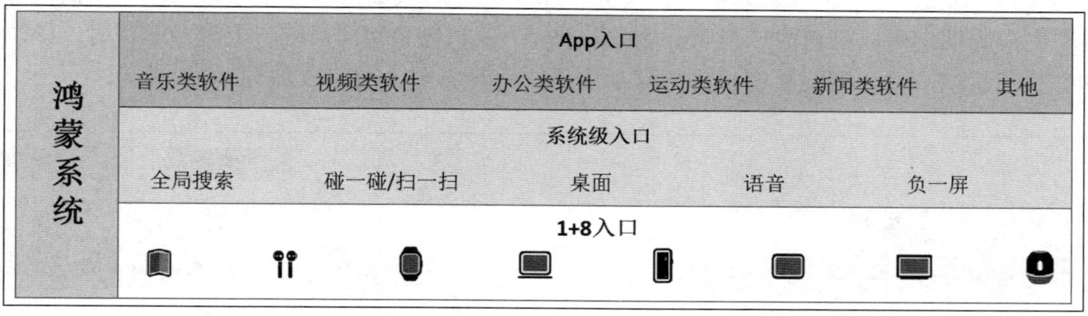

图 7-19　多入口按需分发

7.3.2　可分可合，自由流转

在鸿蒙系统这个充满创意的世界里，有一种特别的应用形态叫作元服务，它就像一个轻巧的小帮手，为用户带来全新的使用体验。元服务拥有独立入口，用户可以通过简单的方式触发它，比如点击屏幕、用手机碰一碰其他设备，或者扫一扫二维码——完全不用像传统应用那样费力安装。一旦触发，系统会在后台悄悄完成安装，用户就可以立刻享受到快捷的服务了。比如，快速查天气、付款或查看日程安排等服务都变得很方便。

相比传统的移动应用开发，过去开发者需要为每种设备打造一个原生应用版本，甚至如果想提供小程序，还得开发多个独立的小程序，工作量可想而知。在鸿蒙生态中，情况完全不同，这里原生支持元服务的开发，开发者不用再维护一大堆版本，只需要通过业务解耦的方法，把应用拆分成若干独立的小模块，也就是元服务。这些元服务可以根据不同场景灵活组合，打造出复杂而强大的应用。更有趣的是，元服务可以运行在鸿蒙支持的"1+8+N"设备上，从手机到平板、智慧屏，甚至车载设备和智能音箱，用户总能在最适合的场景和设备上轻松使用它们。元服务正是支撑"可分可合，自由流转"的关键，它让开发者的服务更快、更广泛地触达用户。

1. 可分可合：像搭积木一样建应用

元服务的可分可合功能让开发变得像搭积木一样简单有趣。在开发阶段，开发者可以把应用的不同功能拆分成多个小模块（也就是元服务），每个模块负责单一任务，比如天气查询、地图导航或付款功能。在部署时，这些模块可以自由组合，打包成一个完整的应用包（App Pack），然后统一上架到应用市场。

运行时，每个 HAP 可以被单独分发，满足用户简单的单一需求；也可以多个模块组合，满足更复杂的使用场景。比如，一个旅行应用可能包括天气、地图和预订服务，开发者可以按需组合这些元服务，让用户体验更丰富。开发者可以选择以下两种打包和上架模式，灵活应对不同需求。

（1）模式一：多个独立包。如果用户的应用或服务需要完全独立运行，比如每个功能都有自己的生命周期，可以打包成多个 App Pack，每个包有不同的名称，单独上架。运行时，这些包互不干扰，适合功能差异较大的场景。

（2）模式二：一个大包共享资源。如果用户的应用或服务功能紧密相关，多个模块可以共享生命周期，可以打包成一个 App Pack，所有 HAP 包名相同，统一上架。运行时，模块共享资源和状态，适合需要紧密协作的复杂应用，两种打包上架模式如图 7-20 所示。

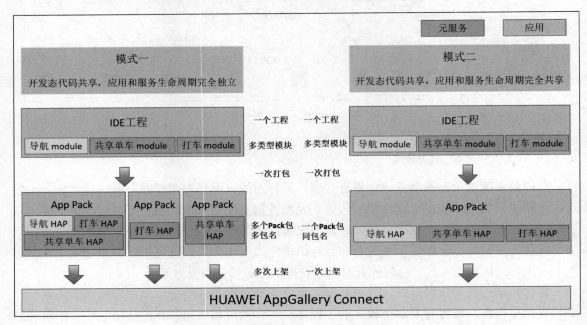

图 7-20　两种打包上架模式

2．自由流转：跨设备无缝体验

传统应用通常只能在一个设备上运行。如果用户有手机、平板和电视，想完成多个任务，就得在设备间来回切换，体验断断续续。为了让生活更方便，鸿蒙系统带来了自由流转功能，让应用能在多个设备间顺畅切换，不间断地为用户服务。自由流转包括两种情况。

（1）跨端迁移。跨端迁移就像接力赛，一个任务从一个设备传递到另一个设备。例如，用户在手机上开始写邮件，切换到平板继续编辑，内容和进度无缝衔接。

（2）多端协同。多端协同就像并行合作，多个设备一起完成任务。例如，智慧屏显示文档，手机当遥控器翻页，平板用于批注，团队协作更高效。

7.3.3　统一生态，原生智能

在鸿蒙系统的设计中，"统一生态，原生智能"体现了一种全新的理念，帮助开发者打造覆盖多种设备、充满智能化的应用体验。下面从统一生态和原生智能两个方面，逐步了解这一理念如何为学习和实践带来便利。

1．统一生态：轻松跨越平台的桥梁

在传统的移动和桌面操作系统中，开发跨平台应用常常面临挑战，因为不同系统的应用

框架和渲染方式差异较大。从技术角度看，常见的渲染方式可以分为三类：WebView 渲染（基于网页技术）、原生渲染（基于系统原生控件）和自渲染（自定义图形处理）。这些差异使得开发者需要为每种平台重新适配代码，增加了学习和开发负担。

鸿蒙系统通过其独特的架构，提供了统一的生态支持，方便开发者跨越这些障碍。具体来说，鸿蒙系统整合了以下能力，支撑不同类型的跨平台开发框架。

（1）系统 WebView。适合基于网页技术的应用，开发者可以使用熟悉的 HTML、CSS 和 JavaScript 编写界面，轻松适配鸿蒙设备。

（2）ArkUI 框架。ArkUI 框架是鸿蒙的原生开发框架，提供了强大的界面设计能力，适合需要高性能和流畅体验的应用。

（3）XComponent 能力。支持自定义渲染，开发者可以灵活设计独特的界面效果，满足复杂场景的需求。

更重要的是，许多主流的跨平台开发框架（如 React Native、Flutter 等）已经开始适配鸿蒙系统。基于这些框架开发的应用，可以以较低的成本迁移到鸿蒙系统上。例如，如果开发者之前用 React Native 开发了一个手机应用，只需做少量调整，就能让它在平板或智慧屏上运行，节省了大量时间和精力。这种统一生态的设计，让初学者也能轻松上手，快速构建跨设备应用。

2. 原生智能：让应用更聪明、更贴心

鸿蒙系统的另一大亮点是内置强大的 AI 能力，为开发者提供了丰富的工具，让应用变得更智能、更贴近用户需求。通过开放不同层次的 AI 功能，鸿蒙系统降低了开发的复杂性，帮助开发者快速实现应用的智能化，无论是简单场景还是高级需求都能轻松应对。具体来说，鸿蒙系统提供了以下几种 AI 能力，供开发者灵活使用。

（1）MachineLearning Kit。MachineLearning Kit 是一个场景化的 AI 工具包，适合多种实际应用场景，帮助开发者轻松集成智能功能。包括通用卡证识别（比如识别身份证或票据）、实时语音识别（比如语音转文字）等，让应用能快速处理日常任务。并且，系统中的控件（如按钮或输入框）可以融合 AI 功能，比如文字识别直接嵌入输入框，方便用户操作。

（2）Core AI API。Core AI API 提供更深入的 AI 功能，适合需要高级智能的应用开发。例如图像语义分析（理解图片内容）、语言和语音解析（翻译或语音理解）、OCR 文字识别（扫描文档提取文字）等，这些能力让应用更聪明，能更好地理解用户需求。

（3）Core DeepLearning API。Core DeepLearning API 为开发者提供高性能、低功耗的端侧 AI 推理和学习环境。这种能力适合需要本地处理的大型模型，比如在手机上运行复杂的人脸识别或语音模型，而无需依赖云端，节省流量并提升响应速度。

此外，鸿蒙系统还通过意图框架构建了一个系统级的意图理解体系。简单来说，这个框架利用多维系统感知（比如位置、时间和用户行为）以及大模型等技术，深入理解用户的显性需求（比如查天气）和潜在需求（比如可能想订外卖）。通过这种方式，系统能及时、准确地将用户需求传递给应用或服务，推荐最合适的服务。比如，当用户说"我想去公园"时，系统可能推荐导航、天气预报甚至附近的活动信息，带来多模态、场景化的智能体验，如图 7-21 所示。

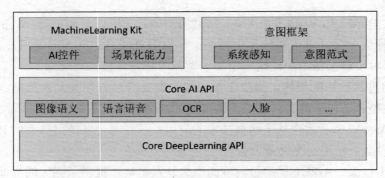

图 7-21　原生智能 AI 能力分层开放框架

思　考　题

1. 鸿蒙操作系统的核心理念是"全场景智慧互联"。请描述这一理念如何解决了传统操作系统的局限性，并举出生活中一个具体的例子，说明它如何改善你的设备使用体验。

2. "一次开发，多端部署"是鸿蒙系统的重要技术理念。假如你是一名开发者，想开发一个教育应用，适用于手机、平板和智慧屏。你会如何利用 HUAWEI DevEco Studio 的多端开发能力（如多端双向预览、分布式调试等）来完成这个项目，并预测这种方法相比传统开发方式的优势。

3. "统一生态，原生智能"被视为鸿蒙系统的关键优势。请分析这一理念如何帮助鸿蒙系统在物联网时代占据一席之地，并预测未来几年内，结合 AI 能力的应用，鸿蒙生态可能如何改变人们的日常生活。

附录　思考题答案

第1章

1. 信息技术是一个广泛且综合性的概念，是用于管理和处理信息所采用的各种技术的总称。它涉及信息的获取、存储、加工、传输、展示等多个环节，其目的是通过技术手段，让信息能够更高效、准确、安全地被人们利用，从而满足各种需求，如科学研究、企业管理、教育教学、娱乐休闲等众多领域的需求。

2.

（1）萌芽阶段。信息技术的萌芽可以追溯到古代的结绳记事、烽火传信等手段。

（2）电子管和晶体管时代。

（3）集成电路与微处理器时代。

（4）个人电脑与网络时代。

（5）移动互联网与云计算时代。

（6）人工智能与大数据时代。

3. 办公信息化技术、教育信息化技术、医疗信息化技术、工业信息化技术、娱乐信息技术。

第2章

1. 物联网是指通过各种信息传感器、射频识别技术、全球定位系统、红外感应器、激光扫描器等各种装置与技术，实时采集任何需要监控、连接、互动的物体或过程，采集其声、光、热、电、力学、化学、生物、位置等各种需要的信息，通过各类可能的网络接入，实现物与物、物与人的泛在连接，实现对物品和过程的智能化感知、识别和管理。物联网是一个基于互联网、传统电信网等的信息承载体，它让所有能够被独立寻址的普通物理对象形成互联互通的网络。

物联网典型体系结构分为3层，自下而上分别是感知层、网络层和应用层。

2.

（1）工作频段全球通用、安全性高。蓝牙设备工作在全球通用的 2.4GHz ISM 频段，采用了多种安全机制，如身份认证、加密算法等，保密性强。

（2）无线连接、功耗小。蓝牙技术特别适用于电池供电的移动设备，如智能手机、可穿戴设备等。

（3）传输距离较短。蓝牙技术主要工作范围在 10 米左右，适用于个人区域网络环境。

（4）适用设备多，连接方便。蓝牙技术被广泛应用于多种设备，包括手机、电脑、耳机、音箱设备等，配对连接过程简单。

（5）抗干扰能力强。蓝牙技术采用短数据包进行数据传输，数据短，误码率毕竟低。

3．传感器是物联网的基础环节，能精确感知客观世界。传感器是一种检测装置，它能感知被测量的物理、化学或生物信息，并将被测量的信息转换为电信号或其他形式的输出信号，以便进行处理、传输和显示。

一般传感器主要由敏感元件、转换元件和变换电路组成。

4．

（1）支付系统。支付宝付款时，可以采用面部识别方式快速支付。

（2）机场安全。通过面部识别、虹膜扫描等方式，快速准确地确认旅客身份。

（3）智能家居。采用指纹或面部识别技术进行用户身份验证，例如智能门锁。

第 3 章

1．信息安全的核心目标是机密性（Confidentiality）、完整性（Integrity）和可用性（Availability），简称 CIA 三要素。

（1）机密性。机密性指防止未授权的访问或泄露敏感信息，确保只有授权用户才能访问数据。

例子：在银行系统中，只有授权用户才能查看自己的账户余额，未经授权的用户无法查看他人账户信息。

（2）完整性。完整性指确保信息在存储、传输和处理过程中未被未经授权篡改或损坏。

例子：企业数据在传输过程中通过哈希校验确保数据没有被篡改或丢失。

（3）可用性。可用性指确保信息和资源在需要时是可访问的，并且能够持续为合法用户提供服务。

例子：电子商务网站应保持稳定运行，确保用户在任何时间都可以完成购买流程。

2．

对称加密：

特点：加密和解密使用相同的密钥。适用场景：适用于大规模数据的加密，如文件加密、磁盘加密、数据库加密。优点：加密和解密速度较快。密钥管理简单。缺点：密钥分发的安全性，一旦密钥泄露，所有通信都不安全。

非对称加密：

特点：使用一对密钥，公钥加密，私钥解密；私钥加密，公钥解密。适用场景：适用于需要全通信和身份验证的场景，如电子邮件加密、数字签名、SSL/TLS 协议。优点：无需密钥共享，公钥公开，私钥保密；提供身份验证和完整性保护（数字签名）。缺点：加密和解密速度较慢，计算复杂度较高，密钥管理复杂（需要生成和管理公私钥对）。

3．攻击者伪装成公司 IT 部门，通过伪造的邮件诱导员工点击链接并提供登录凭据。攻击者可能通过伪造的公司官网或登录页面收集员工的用户名和密码。

（1）原因。

1）缺乏安全意识。员工未能识别出邮件中的异常，未能核实发件人和链接的真实性。

2）缺乏多因素认证。即使密码泄露，缺乏额外的安全验证措施（如双因素验证）增加了攻击成功的几率。

3）弱密码管理。员工可能使用简单、重复的密码，增加了密码被破解的风险。

（2）防范措施。

1）安全培训。定期对员工进行网络安全培训，教导如何识别钓鱼邮件和可疑链接。

2）多因素验证。启用双因素认证，以确保即使密码泄露，攻击者也无法直接访问账户。

3）邮件过滤。加强邮件系统的防钓鱼功能，自动检测和隔离可疑邮件。

4）加强访问控制。限制对敏感信息和系统的访问权限，采用最小权限原则。

4.

（1）木马。

1）特征。木马是一种伪装成合法程序的恶意软件，通常以文件或程序的形式进入受害系统。木马并不自我复制，而是通过欺骗用户打开执行程序来感染系统。

2）传播方式。木马通常通过电子邮件附件、下载的文件或伪造的软件程序传播。攻击者可能诱使用户下载并执行恶意软件。

3）危害。木马能够偷偷窃取敏感信息（如密码、信用卡信息）、远程控制受害系统、删除或修改文件、安装其他恶意软件等。木马往往不被立即发现，能够长期潜伏在受害系统中。

（2）病毒。

1）特征。计算机病毒是能够自我复制并传播的恶意软件，通常通过文件、程序或操作系统漏洞传播。病毒可以附着在其他可执行程序或文件中，在用户执行这些文件时触发病毒活动。

2）传播方式。病毒通常通过共享文件、电子邮件附件、下载的程序或感染不安全的外部设备（如 USB 驱动器）进行传播。

3）危害。病毒可以损坏或删除文件、修改系统设置、消耗系统资源、降低设备性能，甚至导致系统崩溃或丢失数据。它们通常依赖用户的行为来激活（如打开含有病毒的附件或下载恶意程序）。

（3）蠕虫。

1）特征。蠕虫是一种自我复制并能自动传播的恶意软件，不需要依赖其他程序或文件。蠕虫通过网络传播，并能够在不需要用户干预的情况下自动复制自己并扩散到其他计算机。

2）传播方式。蠕虫通过网络漏洞（如未打补丁的系统或服务）或通过电子邮件、即时消息等方式传播。它们通常会搜索易受攻击的系统并自动复制。

3）危害。蠕虫的传播可能会迅速占用网络带宽和计算机资源，导致系统性能下降或瘫痪。蠕虫还可能携带其他恶意软件、窃取信息或破坏数据。由于蠕虫的传播速度较快，能够对大规模的网络或企业造成严重的影响。

第 4 章

1. 数据是事实或观察的结果，是对客观事物的逻辑归纳，是用于表示客观事物的未经加工的原始素材。数据是信息的表现形式和载体，可以是符号、文字、数字、语音、图像、视频等。数据和信息是不可分离的，数据是信息的表达，信息是数据的内涵。数据本身没有意义，数据只有对实体行为产生影响时才成为信息。

2.

（1）Volume（大量）。大数据的体量巨大，起始计量单位通常达到 PB、EB 级别，远远超出传统数据库的处理能力。

（2）Variety（多样）。大数据不仅包括结构化数据，如表格和数据库记录等，还涵盖了大量的非结构化数据，如文本、图像、音频、视频、地理位置信息等。

（3）Velocity（高速）。数据无时无刻不在产生，并且产生的速度极快。

（4）Value Density（低价值密度）。在海量的数据中，真正有价值的数据相对较少，大部分数据可能是噪声、冗余或无效的。

（5）Veracity（真实性）。大数据的来源广泛，数据的准确性、完整性和一致性难以保证。其中可能包含错误、虚假、重复或过时的数据。

3．大数据目前主要应用在商业领域、金融领域、医疗健康领域、交通领域、教育领域、制造业领域、城市建设与管理领域和科学研究领域。

第 5 章

1．人工智能是研究使计算机来模拟人的某些思维过程和智能行为（如学习、推理、思考、规划等）的学科，主要包括计算机实现智能的原理、制造类似于人脑智能的计算机，使计算机能实现更高层次的应用。人工智能将涉及计算机科学、心理学、哲学和语言学等学科。

2．图像识别技术是人工智能的一个重要领域，图像识别技术是指计算机对图像进行处理、分析和理解，以识别不同模式的目标和对象的技术。它通过对图像的特征提取、分类和匹配等操作，将图像中的内容转换为计算机能够理解的信息，从而实现对图像的自动识别和理解。

3．知识图谱是一种拥有极强表达能力和建模灵活性的语义网络，它以符号形式描绘现实世界中的各种概念及其相互关系，本质上是一种精细化的语义知识库。知识图谱可以被视为由节点和边构成的图，节点代表物理世界中的实体或概念，边代表实体或概念之间的语义关系。它是一个结构化的语义知识库，用于存储实体之间的关系和属性，通过图形方式组织信息，使数据之间的连接变得直观可操作。

第 6 章

1．虚拟现实技术通过计算机生成的三维环境模拟真实世界，为用户提供沉浸式体验。这项技术最早起源于 20 世纪 60 年代，但在 21 世纪初期才开始迅速发展，并逐渐发展出增强现实、混合现实和扩展现实技术。

2.

（1）沉浸感（Immersion）。借助适当设备，通过欺骗人体感官（视觉、听觉、嗅觉、触觉、味觉、温度等感觉），让使用者在虚拟环境中的一切感觉都非常逼真，有种身临其境的感觉。沉浸感是虚拟现实的最终实现目标，即追求越来越真实的虚拟世界。

（2）交互性（Interaction）。使用者可以用自然的方式与虚拟环境交互，计算机能根据使用者的头、手、眼、语言及身体的运动，调整系统呈现的虚拟环境。虚拟现实系统的使用者能够通过头戴式显示设备、数据手套、数据衣等传感设备进行虚实之间的交互。

（3）构想性（Imagination）。在自然交互的基础上激发人的想象力，使人在虚拟世界中构想出真实的感觉。也就是使用者在虚拟环境中通过获取的多种信息和自身在系统中的行为，通过联想、推理和逻辑判断等思维过程，对系统运动的未来进展进行想象，以获取更多的知识，认识复杂系统深层次的运动机理和规律性。

3.

（1）三维扫描仪。三维扫描仪通过对实物或环境的外形、结构和色彩进行光学或其他方式的侦测，获得物体表面的空间坐标数据。它的重要意义在于能够将实物的立体信息转换为计算机能直接处理的数字信号，进而实现三维重建计算，是实物等数字化过程中获取数据的一种快捷手段。

（2）全景相机。全景相机能够对大空间（如外景环境、建筑内景）拍摄水平360°，垂直接近 360°的照片，然后通过算法软件对这些照片进行拼接与图像融合，从而呈现出一幅全景图像或全景视频，在虚拟现实领域可用于 VR 直播、空间漫游等领域。

（3）头戴式显示设备。头戴式显示设备是一种穿戴设备，产品采用高分辨率的显示屏或光学投影技术将图像或视频内容直接显示在用户的眼睛前方。并能通过内置传感器追踪用户头部运动，实时调整显示内容的视角和位置。

此外，数据手套、力反馈手套、手柄、力反馈操纵杆、三维鼠标等也是较常见的交互设备。

第 7 章

1. 鸿蒙操作系统的全场景智慧互联理念旨在通过分布式技术，实现智能手机、智能穿戴设备、智能家居、车载系统等众多设备的无缝协作与资源共享，从而突破传统操作系统的单一性和局限性。传统操作系统（如安卓或 iOS）通常针对特定设备（如手机）设计，难以适配多样化的智能设备，也无法实现设备间的深度协同。例如，传统智能手机只能在单一设备上运行应用，若需要与电视或音箱互动，用户需要手动操作多个应用或设备，操作复杂且效率低下。

鸿蒙系统通过其分布式架构，解决了这些问题，使不同设备能够在同一操作系统的支持下互联互通，共享数据、计算能力和服务。例如，当你在手机上播放音乐时，鸿蒙系统可以自动检测附近的智能音响设备，并通过分布式软总线将音频输出无缝切换到音响上，用户只需轻点屏幕即可完成操作，无需复杂的设置。这种跨设备协作不仅简化了使用流程，还提升了体验的智能化程度。

举一个生活中的具体例子，假设你在家中学习时，用手机查看教材内容，但想展示在大屏幕上。使用鸿蒙系统，你可以在手机上启动学习应用，然后通过"多屏协同"功能，将内容直接投屏到智慧屏上，内容和操作状态无缝衔接。这种能力不仅方便了学习交流，也体现了全场景智慧互联如何让设备间壁垒消失，带来更高效的生活体验。

2. 作为一名开发者，我计划开发一个教育应用，旨在帮助学生学习数学知识，并支持手机、平板和智慧屏的使用。我会利用 HUAWEI DevEco Studio 的多端开发能力来实现一次开发、多端部署的目标，具体步骤如下：

（1）使用多端双向预览。首先，我会在 HUAWEI DevEco Studio 中编写应用代码，利用其多端双向预览功能，实时查看应用在手机（小屏幕）、平板（中屏幕）和智慧屏（大屏幕）上的用户界面表现。例如，我可以设计一个包含课程视频、练习题和笔记功能的界面，通过调整布局确保视频在手机上适合竖屏观看，在平板和智慧屏上自动适配横屏或大屏幕显示。如果预览中发现问题（如按钮位置不合理），我可以在界面上直接调整，同步修改代码，简化适配工作。

（2）借助分布式调试。在开发过程中，我需要确保应用在多设备间的协同功能正常，比如学生在手机上完成练习后，平板可以显示详细解答，智慧屏可用于课堂展示。我会使用分布式调试功能，设置代码断点，跟踪手机、平板和智慧屏间的交互，确保数据同步和任务接续无误。例如，如果学生在手机上输入答案后，平板未正确显示结果，可以通过调试堆栈快速定位问题，优化代码。

（3）通过分布式调优优化性能。为了确保应用在不同设备上的流畅性（如视频加载速度或练习题响应时间），我会使用分布式调优功能，分析手机和平板的性能数据，调整资源分配。例如，减少智慧屏上的高分辨率视频加载，以提升响应速度，同时确保手机端的低功耗运行。

（4）利用超级终端模拟测试。在没有真实设备的情况下，我可以使用 HUAWEI DevEco Studio 的超级终端模拟器，模拟手机、平板和智慧屏的环境，测试应用的分布式功能和界面适配。这降低了获取真机的成本，也加快了开发速度。

（5）采用低代码可视化开发。对于复杂的 UI 设计（如交互式练习题或课程菜单），我会使用低代码可视化开发功能，通过拖拽组件快速构建界面，并预览效果。生成的组件和模板可以复用于手机和平板，减少重复工作。

相比传统开发方式（如为每种设备单独开发 Android 或 iOS 版本），这种方法的优势包括：

（1）降低开发成本。无需为每个设备维护多套代码，只需一次开发即可适配多端，节省时间和资源。

（2）提高效率。HUAWEI DevEco Studio 的工具（如双向预览和分布式调试）简化了跨设备测试和优化，缩短了开发周期。

（3）提升用户体验。应用在多设备间的无缝协同（如练习同步到智慧屏）提供了更一致、流畅的学习体验。

3."统一生态，原生智能"是鸿蒙系统在物联网时代的关键优势，帮助其在数百亿智能设备互联的背景下占据重要地位。这一理念通过统一的应用开发框架（如 WebView、ArkUI 和 XComponent）和强大的内置 AI 能力，解决了传统操作系统在跨平台适配和智能化上的局限。

鸿蒙的统一生态支持智能手机、平板、智慧屏、智能家居设备和车载系统等"1+8+N"设备运行同一套应用，降低了开发者和用户的碎片化成本。例如，许多主流框架（如 React Native）已适配鸿蒙，开发者只需少量调整即可将应用迁移到智能音箱或车载系统，减少重复开发工作。同样，"原生智能"通过内置 AI 能力，让设备具备本地语音识别、图像分析等功能，减少对云端依赖，提升响应速度和隐私保护。在物联网时代，鸿蒙的分布式架构和 AI 能力使其成为连接不同设备、实现万物互联的理想平台，特别适合智能家居和智能交通场景。结合 AI

能力，鸿蒙生态可能深刻改变人们的日常生活：

（1）智能家居的全面整合。未来几年，家庭中的智能音箱、电视、空调等设备可能通过鸿蒙实现深度协同。例如，早上起床时，意图框架感知你的位置和时间，自动启动音箱播放音乐、调整空调温度，并通过智慧屏推荐每日计划，省去手动操作。

（2）车载与出行体验优化。在智能汽车中，鸿蒙的 AI 大模型可理解驾驶者的语音指令（如"带我去最近的咖啡店"），结合地图、天气和交通数据，推荐最优路线，同时将导航信息同步到手机和平板，提升出行效率和安全性。

（3）个性化服务升级。意图框架可能通过多维感知（位置、习惯、时间）理解用户潜在需求，例如，当你在商场时，手机可能推荐附近的优惠活动或元服务（如付款助手），无需手动搜索，服务直达。

预计到未来几年，随着鸿蒙生态的扩展和 AI 技术的进步，用户将享受到更自然、智能化和无缝的跨设备生活体验，而开发者也将受益于更开放的平台，推动创新应用的发展。

参 考 文 献

[1] 秦凯．计算机基础与应用[M]．北京：中国水利水电出版社，2024．

[2] 孙锋申，李玉霞．新一代信息技术[M]．北京：中国水利水电出版社，2021．

[3] 何凤梅，詹青龙，王恒心．物联网工程导论[M]．2 版．北京：清华大学出版社，2018．

[4] 兰楚文，高泽华．物联网技术与创意[M]．北京：北京邮电大学出版社，2020．

[5] 张翼英．物联网导论[M]．3 版．北京：中国水利水电出版社，2020．

[6] 徐颖秦，熊伟丽．物联网技术及应用[M]．2 版．北京：机械工业出版社，2021．

[7] 郏东耀．大数据与人工智能[M]．北京：北京交通大学出版社，2022．

[8] 范丽亚，张克发．AR/VR 技术与应用[M]．北京：清华大学出版社，2020．

[9] 刘向群，郭雪峰，钟威，等．VR/AR/MR 开发实战：基于 Unity 与 UE4 引擎[M]．北京：机械工业出版社，2017．

[10] 娄岩．虚拟现实与增强现实技术概论[M]．北京：清华大学出版社，2016．

[11] 张丽霞．虚拟现实技术[M]．北京：清华大学出版社，2021．